本书由国家自然科学基金面上项目（71371041）资助出版

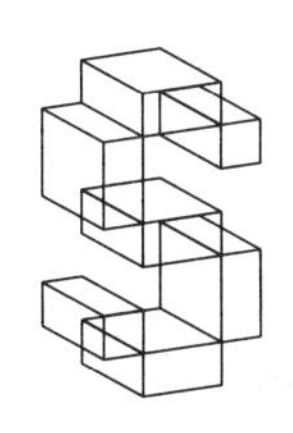

SI 体系百年住宅
工业化建造指南

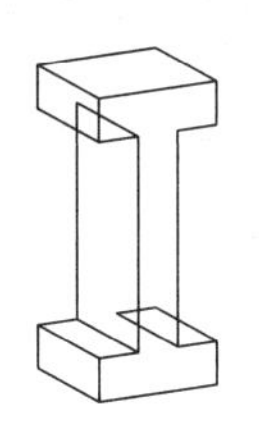

李忠富　编著

中国建筑工业出版社

图书在版编目（CIP）数据

SI体系百年住宅工业化建造指南／李忠富编著.
—北京：中国建筑工业出版社，2018.11
ISBN 978-7-112-22756-3

Ⅰ.①S… Ⅱ.①李… Ⅲ.①住宅-建筑工业化-工
程施工-指南 Ⅳ.①TU241-62

中国版本图书馆CIP数据核字（2018）第226049号

工业化建造是建筑产品生产的必由之路。SI体系百年住宅以其支撑体与填充体相分离方式实现当前需要与长远改造相结合、公共利益与个性需求的统一，近年来，SI体系在我国取得较快发展，成为发展建筑工业化和住宅产业化的重要目标产品。本书以SI体系百年住宅的工业化建造为目标，在调研国内外发展历程的基础上，研究SI体系百年住宅的体系划分、结构支撑体施工方式、内填充体施工方式、结构支撑体与内填充体的接口施工、SI体系百年住宅的发展路径，并以一个自拟案例对前述建造方式进行应用，为SI体系百年住宅的工业化建造提供理论依据。

本书可作为百年住宅研究者的重要参考，也可为实际工作者提供重要的实践参考。

责任编辑：张智芊　杨　虹
版式设计：锋尚设计
责任校对：姜小莲

SI体系百年住宅工业化建造指南
李忠富　编著
*
中国建筑工业出版社出版、发行（北京海淀三里河路9号）
各地新华书店、建筑书店经销
北京锋尚制版有限公司制版
北京京华铭诚工贸有限公司印刷
*
开本：787×1092毫米　1/16　印张：17¾　字数：366千字
2019年2月第一版　2019年2月第一次印刷
定价：58.00元
ISBN 978-7-112-22756-3
（32871）

代序

努力建造长寿命高品质百年住宅（建筑）

房地产业是典型的大量消耗资源和能源的产业，是节能减排的重点领域。我国政府已承诺，到2020年单位GDP碳排放比2005年降低40%～45%，节能提高能效的贡献率要达到85%以上。因此，加快转变住宅发展方式，大力推进住宅产业化，推广低碳技术，建造百年住宅，对于推动住宅产业走“资源利用少、环境负荷低、科技含量高、生态良性循环”的可持续发展之路，具有重要的战略意义。

关于百年住宅，很多国家都在研究。日本最早提出了百年住宅的概念，按照他们的定义，百年住宅是可以有效地使用地球上有限的资源和能源，同时降低环境负荷，持续地提供舒适的居住生活，居住者可以通过自身维护和更新，有效地再利用的住宅，从而形成可持续的居住环境。参照日本的定义，我认为，我们国家的百年住宅，应是以住宅的全寿命周期为基础，在规划、设计、建造、使用、维护和拆除再利用全过程中，通过提高建筑结构的耐久性、居住的安全性、建筑的节能性、功能的适居性、空间的可变性、设备的可维护性、材料的可循环性、环境的洁净性、建造的集成性和配套的完善性，实现居住与环境和谐共生，可持续使用百年以上的优质住宅。这样就实现了住宅的“四节一环保”。

建造百年住宅（建筑）是项复杂的系统工程，不仅需要生产方式上的转变，而且需要认识理念上的提高；既要有技术上的支撑，也要有政策、组织上的保障。我认为，首先要树立两个方面的理念：一是提高住宅（建筑）使用寿命是最大的节约；二是要从规划、设计、建造、使用、维护和拆除再利用全过程和住宅（建筑）全寿命周期综合考虑建筑节能。在生产方式转变上，关键是大力推进住宅产业化。

（一）以科学规划引领百年住宅（建筑）

建造长寿命高品质百年住宅，首先要靠规划。规划是提高住宅使用寿命的基础，是引领百年住宅建造的“龙头”。只有保持规划的稳定性，才有传承百年建筑的可能。为此，要提高规划编制的前瞻性、科学性，通过详细调研、深入分析、系统论证，确保规划的严谨、全面、科学。

要维护规划的强制性和严肃性，规划一旦确定，要严格执行，不得随意调整，将规划的实施全程纳入法制轨道，并强化问责。确需调整的，要严格执行法定程序，做到公开、透明，避免长官意志。要切实改变一些地方“规划规划、纸上画画、墙上挂挂、橡皮擦擦，最后能不能实施，全靠领导一句话”的做法。

在城市规划中应科学功能分区，要完善土地分类体系，建设居住、商业、办公为一体的多功能社区，积极推广城市综合体，降低交通能耗。要统筹规划城市旧城改造，重视对既有住宅（建筑）的维护改造，把节能改造与提升建筑功能与改善城市（住区）环境结合起来，避免大拆大建。要建立建筑拆除的法定程序，明确拆除条件，切实做到建筑拆除有法可依、有章可循。应大力促进城乡规划一体化，统筹城乡发展，引导城镇化有序推进。

（二）以产业现代化打造百年住宅（建筑）

推进住宅产业化，是住宅生产方式的根本性变革，是实现住宅产业由传统建筑业向先进制造业的转变的关键。我认为，推进住宅产业化，核心是要实现住宅（建筑）设计的标准化，部品部（构）件生产的工厂化，现场施工的装配化和土建装修的一体化。

首先是实现设计的标准化，这是完善技术保障体系的重要环节。要尽快建立建筑与部品模数协调体系，统一模数制，统一协调不同的建筑物及各部分构件的尺寸，提高设计和施工效率。要制定技术规范和标准，统一建筑工程做法和节点构造，为成套新技术推广提供依据。要对构配件开展通用性和互换性的标准研究，以适应工业化施工和建造要求。如果建筑模数标准不完善，会造成设计和住宅部品生产的随意性，造成同类部品规格杂乱，严重影响安装质量和效率。因此设计的标准化不仅仅是技术问题，也涉及到科学管理问题，需要开展多层次的系统性研究。

其次是实现部品部（构）件生产的工厂化。构建住宅产业化体系首先是要完善住宅部品体系，在标准化、通用化、配套化的基础上，逐步形成住宅部品、构件的系列开发、规模生产、配套供应，将住宅的生产从现场转移到工厂制造。由于大部分部品、构件均在工厂预制，其加工精度和品质是传统的现场操作无法比拟的。现场的建筑工人转变为装配工人，操作更加简单，质量也更加有保障。

三是实现现场施工的装配化。住宅的部分或全部构件在工程预制完成后运输到施工现场，将构件通过可靠的连接方式组装装配成整体，实现“像装配汽车一样造房子”。新型的产业化建造模式比传统建造模式会大大缩短施工工期。同时，由于大量的干式作业取代了湿式作业，现场施工的作业量减少，污染排放也明显减少。装配式施工一般节材率可达20%左右、节水率达60%以上，提高施工效率4～5倍，也使先进的建筑节能技术得以更广泛的应用。

四是实现土建装修的一体化。土建装修一体化本质是由开发企业统一组织装修施工，向用户提供成品住宅，是用科技密集型的规模化工业生产取代劳动密集型的粗放的手工业生产，从而全面提升住宅装修的品质。土建装修一体化的优势在于：住宅部品工厂制作，加工精细，确保质量；现场组装，省时省料，提高效率；集中采购，规模生产，降低成本；减少污染，避免扰民，利于环保；成品住宅，减少投机，稳定市场。

从成品住宅设计建造的流程来说，土建与装修施工具有不可分割的系统工作链。尤其住宅装修设计是住宅建筑设计的延续，装修设计既相对独立，又必须强化与土建设计的相互衔接。住宅装修设计应作为施工图设计必不可少的组成部分，在住宅主体施工前完成，以避免施工过程中的拆改。

土建装修一体化具有鲜明的产业化特征，有利于将整个住宅产业引向集约化生产的轨道。从某种意义上讲，不实现住宅土建装修一体化，就谈不上住宅产业的现代化。对于推行土建装修一体化，我已在多次会议上呼吁，应该讲时机和条件都已具备，关键是看决心和力度。许多地方已开始行动起来，像厦门市今年3月规定岛内新建商品住宅实行一次装修到位，上海、江苏等地对全装修成品房实行装修单独开发票计税的鼓励措施。在国家层面应尽快提出禁止“毛坯房”上市交易的时间表，新建的保障性住房应首先实行成品住宅供应。

推进住宅产业化，建设省地节能环保型住宅，总体进展上不理想，除前面我说的原因，开发企业积极性不高也是重要方面。去年我在中国房地产研究会换届时讲过，目前国内开发企业对于开展住宅产业化有几种情况，一是没有产业化的意识，因为前几年有房子不愁卖；二是有意识没有知识，不知道怎么搞产业化；三是有意识、有知识，没有动力。我认为，当前房地产市场处于调整期，开发企业应该充分利用这一时期，加大科技投入，加强对产业化方式的研究，在提高产业化水平和产品品质上下功夫，推动产品转型升级，增强未来市场的竞争力。据我了解，中国建筑设计研究院、中国建筑科学研究院等在住宅产业化研究方面很有成绩，一些企业如浙江宝业、深圳万科等都在住宅产业化方面做的不错。

（三）以成熟配套技术支撑百年住宅（建筑）

要加快完善技术标准体系，开展针对我国国情的百年住宅（建筑）建设评价基准的研究。围绕住宅（建筑）的规划、设计、建造、使用、维护和拆除再利用全寿命周期，进行相关技术标准研究。制定完善针对全国不同区域、不同类型建筑的能耗设计标准、新型建筑结构体系标准、各种可再生能源与建筑一体化应用标准等，实现配套化、系列化。要大力推进先进适用的基础技术、关键技术研发，加强技术集成和配套，加快科技成果推广转化，强制淘汰落后技术。重点研发有利于节能减排的新材料、新产品、新技术，如资源节约和废弃物循环利用技术、能源综合利用和再生技术、既有住宅节能改造技术等，力求在关键技术上有所突破。

要积极引进推广国外先进的被动式住宅和“SI体系”住宅，实现建筑结构与设备管线的分离，在不改变主体结构的前提下，进行设备管线更换、装修更新、建筑维护以及空间布局调整。

中国房地产研究会住宅产业发展和技术委员会初步编制了《低碳住宅产业化技术体系框架及减排指标》，该体系框架为技术整合和技术创新提供了简明的系统平台，便于在实际工程中推广应用，为建设百年住宅（建筑）提供技术支撑。今后要不断完善这个技术体系，逐步实现与住宅部品的对接，进而形成有机的住宅质量保障体系，让低碳住宅产业化技术应用能够落到实处，而不是停留在对概念的炒作上。

在推进百年住宅（建筑）建设上，可考虑分三步走，一是严格执行相关法律法规和标准规范，如《民用建筑节能条例》《建设工程质量管理条例》等对开发企业、建设单位的有关要求，向购房者提供质量可靠、性能良好、价格合理的住宅；二是开展百年住宅（建筑）建设评价基准和关键技术研究，建设一批试点项目；三是在试点基础上逐步推广。因此，要推进住宅产业化示范园区建设，发挥引领示范作用。以居住小区为载体，以百年住宅的建设理念为指导，运用成熟的低碳产业化技术,建设示范园区，打造百年住宅产业化基地。要充分发挥企业推进住宅产业化的主体作用，鼓励开发企业按照国家产业政策和市场需要进行产业化技术创新、技术开发和技术推广。

住宅产业化的推进和百年住宅（建筑）的建设，离不开政府的支持和引导。建议有关部门尽快制定住宅产业化发展规划和相关政策，明确加快推进产业化的工作体制和激励机制，在金融、财政、税收、土地等方面给予支持，推动住宅产业化的发展。

刘志峰

（中国房地产业协会会长，

建设部原副部长、党组副书记，

全国政协原常委、人口资源环境委员会副主任）

前言

SI体系百年住宅告诉我们什么？

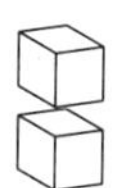

最近几年，在建筑行业最受关注和追捧的莫过于BIM和装配式建筑啦！

装配式建筑的提法容易将建设者引导向高装配率方向，从而不分青红皂白，尽可能将各种材料、构件、部品都向工厂制作然后现场装配方向发展，而忽视了构件、部品本身是否适合预制装配。而不当的装配（包括不当的技术）可能会带来质量安全方面的隐患，也引起了业内人士的担忧。另外不当的装配也带来了构件成本高、各参与方利益不一致等问题，影响了有关各方参与的积极性。目前装配式建筑的问题已经给建设业内和相关领域带来了激烈的争论。可以说：用户和专家的担心并非多余的，而单靠争论也是没法解决问题的。

然而在业界大多数人视线之外，在装配式建筑提法出现之前，百年住宅在中国的研究和应用悄然兴起，逐渐发展，成为近期建设业界一道亮丽的风景线。

百年住宅的思想发源于欧洲，成熟于日本。百年住宅采用结构支撑体与内部填充体分离的SI结构体系，分别针对支撑体和填充体各有一套可行的分析设计施工方法，并将“S”支撑体与填充体“I”有机结合，将城市发展、结构功能与房屋性能、个人喜好融合在一体，达到各方利益的完美统一。

SI体系百年住宅告诉我们的道理：

1. SI体系百年住宅将住宅分为支撑体和填充体，因此在确定采用的建造方式之时首先要明确这种方法针对的是支撑体还是填充体。如果是填充体，要讨论它是否适合装配，如果是支撑体，也要讨论它是否适合装配。适合装配的可以在工厂里制作好后到现场安装，而不适合预制装配的部分在产品上现场施工，不以装配率水平高低为目标。实质上，在当前技术水平下，大多数的填充体适合装配施工方式，而大多数的支撑体（钢筋混凝土结构）并不适合装配式施工。

2. 由于SI住宅划分为结构支撑体和填充体，结构体作用是作为结构支撑骨架，支撑整个房屋的全部重量并传递到地基，并作为内填充体的支撑平台。而填充体则要体现建筑的各种功能，如分隔围护、防风防雨、采光照明、保暖通风、生活起居等，是通过附着在结构体之上的各种部品来实现的。结构支撑体做得好不好决定了房屋的安全性和耐久性，并为填充体的填充提供基础平台；而填充体做得好不好决定了房屋的使用功能是否适用先进完善。结构支撑体一旦建成要挺立上百年，必须具有足够的耐久性，而填充体的各种部品可以方便地更换，从而保证房屋常用常新，永葆青春。

3. 结构支撑体是由房屋开发商与设计者依据城市规划、建筑用地、建筑结构设计规范等设计的，它与具体用户无关。而填充体则是由开发商、设计施工者根据使用者的需要及各种设计规程进行设计和施工，它与使用者密切相关。在客户需求多样化和个性化的今天，如果有可能，一定要让用户参与其中，听取用户的意见，从而决定填充体的设计施工。

4. 传统现浇住宅的施工方式可以为企业降低开发成本，在完全按照标准施工的情况下也能达到百年住宅对质量的要求。对于处于当前发展阶段和大环境下的SI体系住宅，其支撑体混凝土结构采用传统现浇方式完成比装配式更利于SI体系住宅在我国的发展。当然如果有更好的施工工法（如SSGF等）则更能够满足SI住宅对结构支撑体的需要。

内装工业化基本上是填充体的工业化施工方式，它可以解决传统装修的施工问题，提高装修质量，满足业主个性化需求，便于日后的维修更换。内装工业化的实现从设计阶段和安装阶段入手。部品的标准化应遵循填充体模数协调原则，实现部品、节点和产品的标准化，从而使其通用化、系列化，符合安装、生产的尺寸需求。

5. 在推进建筑业工业化进程之时，一定要把客户放在第一位，把安全和质量放在第一位，建设者不能以自我为中心，不能为了节能环保而忽视了对建筑物最起码的要求。

6. SI体系百年住宅是现阶段中国住宅产业化的最佳技术产品选择。SI体系百年住宅与装配式并不矛盾，SI体系百年住宅的出现从另一角度有助于装配式现存问题的认识和解决。SI体系百年住宅的产生至少可以使装配式建筑变得理性和科学。

本书的撰写出版源于2014年立项的国家自然科学基金面上项目“SI体系保障性住房的产业化机理与实现路径研究”（项目批准号71371041）。目前课题研究已完成，本书也是该课题完成的重要成果之一。在本课题的研究过程中，本人及全体参编者对SI体系百年住宅有了全新的认识和深刻的感悟。

感谢中国房地产业协会刘志峰会长和童悦仲副会长对本书的大力支持，他们作为中国百年住宅的组织领导者，对中国百年住宅的发展起着至关重要的作用；感谢中国建筑标准设计研究院刘东卫总建筑师的不吝赐教；感谢大连理工大学建筑与艺术学院院长范悦教授的鼓励与支持；感谢中国建筑工业出版社各位领导和编辑对本书出版的支持。

本书是大连理工大学课题组全体成员共同努力的结果。在撰写过程中建立了新的内容体系，在几位硕士研究生学位论文的基础上又进行了大量的修改和增删，补充了大量最新内容，历经半年多时间的写作才得以完成。研究生李龙、张胜昔、袁梦琪、蔡晋、陈思宇、张敏、项秋银、华一鸣、金玉格、李怡然等参与了各章节的编写，感谢大家的努力，感谢已毕业研究生孙丽梅、曹新颖、李晓丹、何雨薇、张宁、韩叙在课题研究过程中付出的努力和取得的成果。

本书撰写中引用了不少其他书刊作者的图表，书中都加了标注，若有遗漏，请作者海涵。SI住宅百年住宅的研究在我国才刚刚兴起，还有很多地方需要深入研究。本书的很多内容都是当前研究的热点，我们论述的仅是初步的结论，还有很多需要商榷的地方。加之研究者水平视野所限，不足之处一定有很多，敬请各位读者和专家批评指正。

2019年1月于大连

目录

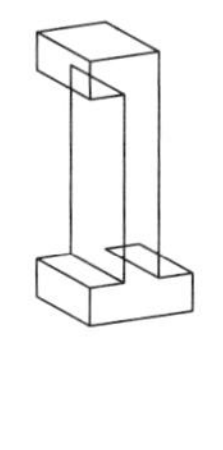

SI体系百年住宅概述

1.1　SI体系百年住宅的内涵　002

1.1.1　支撑体的内涵界定　002

1.1.2　填充体的内涵界定　003

1.2　SI体系住宅的出现基础　004

1.2.1　传统住宅建设问题的日益突出　005

1.2.2　多方需求的持续拉动作用　006

1.2.3　住宅相关领域技术的迅速发展　006

1.2.4　国家相关政策的引导与支持　007

1.3　SI体系住宅的特点　008

1.3.1　高耐久性的建筑主体结构　008

1.3.2　支撑体与填充体的有效分离　008

1.3.3　同层排水和干式架空的实现　010

1.3.4　模块化、集成化、标准化的部品　012

1.3.5　室内布局的灵活性　013

1.3.6　具有长效的住宅维修维护管理体系　015

1.4　SI体系住宅的优势与实施难点　015

1.4.1　SI体系住宅的发展优势　016

1.4.2　SI体系住宅的建设意义　020

1.4.3　SI体系住宅的实施难点　023

1.5　SI体系百年住宅相关的几个概念　025

1.5.1　住宅产业化　025

1.5.2　建筑工业化　027

1.5.3　装配式建筑　029

1.5.4　内装工业化　031

1.5.5　工业化建造　034

1.5.6　SI体系住宅的工业化建造　035

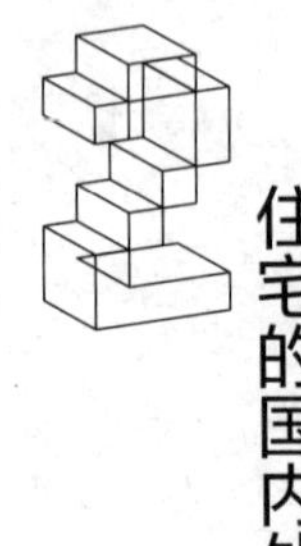

SI体系住宅的国内外发展

2.1　SI体系住宅的产生和发展　038

2.1.1　支撑体住宅　038

2.1.2　开放建筑理论　038

2.1.3　SI体系住宅　039

2.2　SI体系住宅在日本的发展　040

2.2.1　KEP开放性体系　041

2.2.2　NPS新标准体系　044

2.2.3　CHS综合性体系　045

2.2.4　KSI适应性体系　046

2.3　SI体系住宅在中国的发展与实践　052

2.3.1　济南的CSI体系　053

2.3.2　住博会“中国明日之家”的SI体系　054

2.3.3　万科的VSI体系　058

2.3.4　中日合作的SI体系住宅实践　059

2.4　SI体系住宅的推进　066

2.4.1　SI体系住宅推进中的问题　066

2.4.2　SI体系住宅未来的发展方向　067

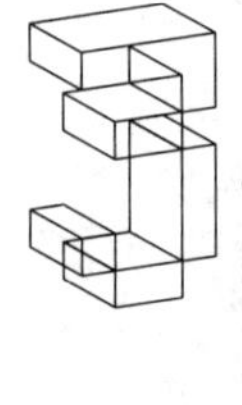

SI住宅的体系构成

3.1　SI住宅的空间构成及功能　070

3.1.1　SI住宅的公共空间及功能　071

3.1.2　SI住宅的户内空间及功能　072

3.2　SI住宅的结构构成及要求　078

3.2.1　主体结构部分及要求　079

3.2.2　梁、楼板和地坪　082

3.2.3　内装部品及要求　085

3.2.4　设备、管线及要求　086

3.3　SI住宅体系的划分　088

3.3.1　SI住宅体系划分的基本原则　088

3.3.2　SI住宅体系的划分方法　091

3.3.3　SI住宅体系的划分结果　093

3.4　SI体系住宅的主要集成技术体系　095

3.4.1　大型空间结构集成技术　095

3.4.2 外墙内保温集成技术 097
3.4.3 户内间集成技术 097
3.4.4 整体卫浴集成技术 099
3.4.5 整体厨房集成技术 102
3.4.6 全面换气集成技术 105
3.5 SI住宅的标准化、模数化 107
3.5.1 SI住宅体系的标准化与模数协调的基本概念 107
3.5.2 SI住宅的支撑体模数协调 109
3.5.3 SI住宅的填充体模数协调 110
3.5.4 模数网格的设置 111

4 SI体系住宅的支撑体结构体系

4.1 SI体系住宅支撑体结构的内涵 114
4.1.1 SI体系住宅支撑体的界定 114
4.1.2 SI体系住宅支撑体结构的种类 115
4.1.3 SI体系住宅支撑体混凝土结构的选型 116
4.2 支撑体结构需满足的要求 119
4.2.1 支撑体结构的安全性要求 119
4.2.2 支撑体结构的耐久性要求 121
4.2.3 支撑体结构的适应性要求 122
4.2.4 支撑体结构的经济性要求 125
4.2.5 支撑体结构的可持续性要求 126
4.2.6 支撑体结构的尺寸精确性要求 127
4.3 支撑体混凝土结构施工方式的选择 128
4.3.1 SI住宅结构施工方式 128
4.3.2 预制与现浇施工方式的选择 129
4.4 SI体系住宅支撑体混凝土结构的质量保障 132
4.4.1 传统现浇住宅工程混凝土结构施工质量现状及问题分析 133
4.4.2 传统现浇住宅工程混凝土结构施工问题分析 133
4.4.3 提高现浇混凝土结构质量的质量保证措施 135
4.5 SI体系住宅支撑结构的现场工业化施工方式 139
4.5.1 碧桂园SSGF现场工业化建造体系 140
4.5.2 “空中造楼机” 141

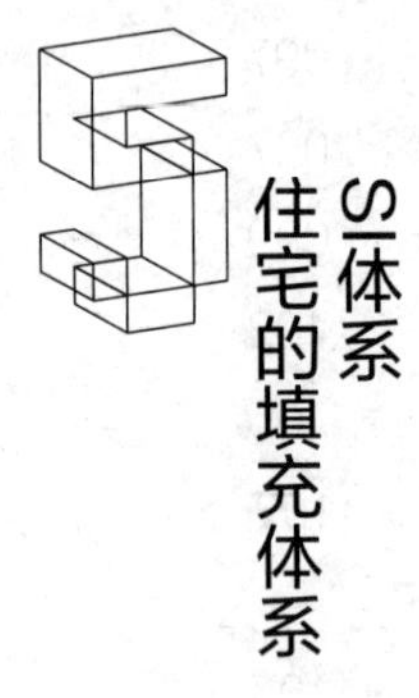

SI体系住宅的填充体系

5.1 SI填充体系的内涵 146

5.1.1 SI填充体的体系结构 146

5.1.2 SI填充体系的优势 147

5.2 SI住宅填充体系施工安装方法和流程 147

5.2.1 填充体部品的安装定位 147

5.2.2 填充部品的安装流程及连接方法 149

5.2.3 SI住宅室内装修模块化 150

5.3 SI住宅填充体系围护部品 152

5.3.1 预制混凝土外挂墙板 152

5.3.2 外墙干挂陶板 155

5.3.3 户外合成地板 155

5.4 SI住宅填充体系内装部品 156

5.4.1 轻质隔墙 157

5.4.2 墙面处理 159

5.4.3 架空地板 162

5.4.4 轻钢龙骨吊顶体系 163

5.4.5 门窗 164

5.4.6 整体厨房 165

5.4.7 整体卫浴 167

5.4.8 系统收纳 168

5.5 SI住宅填充体系设备及管线部品 170

5.5.1 给水排水系统 170

5.5.2 换气、空调和采暖系统 172

5.5.3 燃气系统 174

5.5.4 电气照明系统 174

5.5.5 弱电系统 176

5.5.6 新能源系统 176

5.5.7 家庭智能终端 179

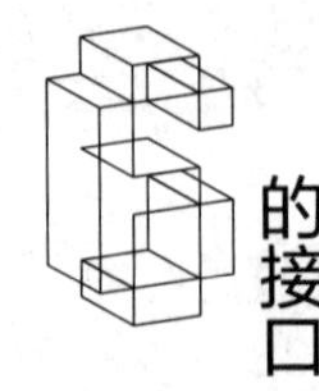

SI住宅的接口

6.1 SI住宅接口的内涵 182

6.1.1 SI住宅接口的定义与成因 182

6.1.2 SI住宅接口的特征 182

6.1.3 接口的设计原则 184

6.2 SI住宅接口的分类与连接方式 188

6.2.1 SI住宅接口的分类 188

6.2.2 SI住宅接口的常用连接方式 189

6.3 SI住宅各类接口系统 193

6.3.1 围护部品接口系统 194

6.3.2 内装集成接口系统 198

6.3.3 内装模块接口系统 202

6.3.4 设备管线接口系统 203

6.4 SI住宅接口的维护管理 206

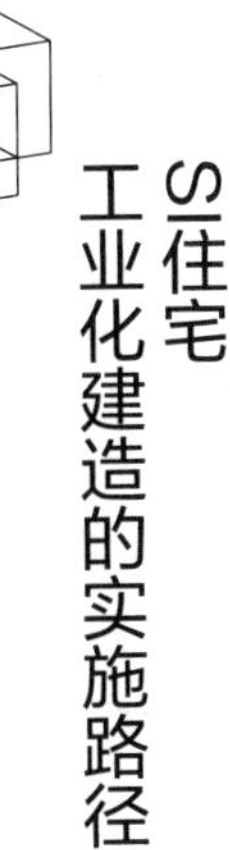

SI住宅工业化建造的实施路径

7.1 结构的施工方式 208

7.2 两种混凝土结构的对比分析 209

7.2.1 现浇混凝土结构的优缺点 210

7.2.2 预制混凝土结构的优缺点 210

7.3 支撑体各构件的施工方式选择 214

7.3.1 钢筋混凝土柱 214

7.3.2 钢筋混凝土梁 214

7.3.3 钢筋混凝土楼板 215

7.3.4 剪力墙 218

7.3.5 非承重外墙 220

7.3.6 楼梯 221

7.3.7 实际项目各构件施工方式统计分析 222

7.4 填充体各部品的施工安装方式 224

7.4.1 整体卫浴 224

7.4.2 整体厨房 225

7.4.3 系统收纳 227

7.4.4 集成吊顶 228

7.4.5 架空地板 229

7.4.6 架空墙体 230

7.4.7 轻质隔墙 231

7.5 SI住宅工业化建造的实施路径分析 232

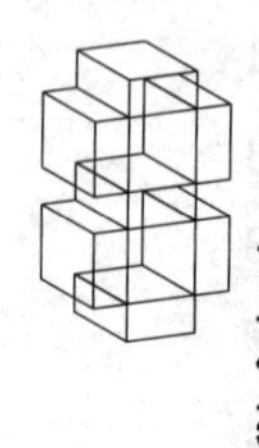

8.1 工程项目概况 236

8.2 SI体系百年住宅的设计 237

8.2.1 用户参与的二阶段设计概述 237

8.2.2 第一阶段设计——商家设计 238

8.2.3 第二阶段设计——用户设计 239

8.3 SI体系百年住宅主体结构施工 243

8.3.1 主体结构现浇 243

8.3.2 楼梯安装 245

8.4 内装修施工 246

8.4.1 部品的采购及运输 246

8.4.2 现场施工的要点及流程 248

8.4.3 现场施工各阶段细部做法 250

8.5 竣工交付 255

8.5.1 竣工验收 255

8.5.2 交付用户 258

参考文献 261

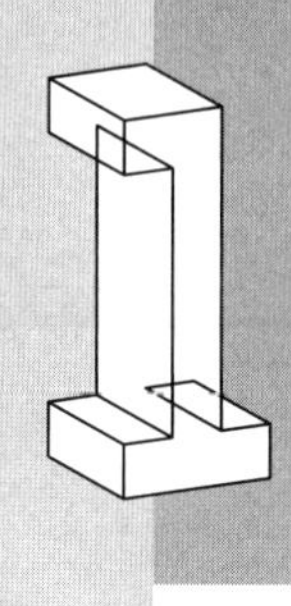

SI体系百年住宅概述

1.1 SI体系百年住宅的内涵

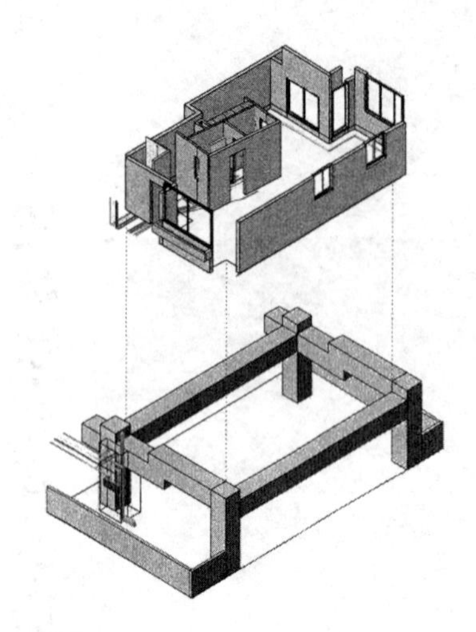

图1-1
SI体系住宅支撑体与填充体示意图

图片来源：
《KSI体系住宅 理念·技术·实践》

SI体系百年住宅（简称SI体系住宅或SI住宅）也称为支撑体住宅或可变住宅，由支撑体和填充体两部分组成，将这两部分进行分离，分别施工后在现场拼装，支撑体的耐久性和填充体的可变性使SI体系住宅达到百年以上的建筑使用寿命。S（Skeleton）表示具有耐久性、公共性的住宅支撑体，是住宅内不允许随意改动的部分；I（Infill）表示具有灵活性、专有性的住宅填充体，是住宅全寿命周期内可以根据需求进行灵活改造的部分。"SI"的核心理念是将住宅中的支撑体和填充体有效分离，在不破坏"S"的情况下对"I"进行维修、保养、更新，从而提高"S"的耐久性和"I"的可变性。图1-1为SI体系住宅支撑体与填充体示意图。

1.1.1 支撑体的内涵界定

支撑体S（Skeleton）是SI体系住宅的主体框架及核心内容，具有高耐久性和固定性，其归属权为所有业户共同所有，具有社会属性，不允许随意改动。主要分为主体承重结构和主体构成结构。其中主体承重结构包括梁、板、柱、承重墙，主体构成部分具体指屋面、楼梯、电梯井等公共部分以及阳台、空调板、飘窗、非承重外墙等围合自用部分。支撑体的概念划分如表1-1所示。

支撑体的概念划分 **表1-1**

	系统	子系统	所有权	使用权
支撑体	主体承重结构	梁、板、柱、承重墙	所有居住者的共有财产	所有居住者
	主体构成结构	屋面、楼梯、电梯井、阳台、飘窗、非承重外墙等		

SI体系住宅追求的“百年住宅”要求住宅的支撑体可以有长达百年的寿命，高品质的支撑体是提高住宅耐久性的关键要素，是SI体系工业化住宅的基础和前提。住宅的可持续长久发展依赖于建筑主体结构的坚固性，通过支撑体划分套内界限，也为实现可变居住空间创造了有利条件。所以支撑体结构的设计极其关键，既是实现住宅适应性调整的物质载体，又要有利于住宅的个性化设计和填充体的更新改造。

1.1.2 填充体的内涵界定

填充体I（Infill）是根据住户要求可以灵活变化的部分，可以根据不同需求自由改动。主要分为根据建筑质量要求变更的部分，如非承重墙、户内门、窗扇、公共管线设备等，以及根据个人意愿变更的内部空间，如内装部品、设备管线等，具有灵活性和适应性。SI体系住宅的支撑体结构界定了住户可以自由使用的建筑空间，而通过对填充体的合理配置和个性化设计，可以实现住宅的长寿化和多样化。填充体的概念划分如表1-2所示。

填充体部分是SI体系住宅的可变性、灵活性和适应性的直接体现，提高了住宅在建筑全寿命周期内的使用价值。从使用意义上来说，SI体系住宅的S部分与I部分分别对应住宅的公共部分与私用部分，公共部分由专业人员根据材料具体的使用年限进行定期的更新维护，私用部分可以根据住户自己的喜好进行变更设计，体现其灵活性。通过支撑体与填充体的分离及灵活衔接，使得住宅具备结构耐久性、户内空间灵活性以及填充体可更新性的特点，由此实现住宅的长寿化和可持续发展。SI体系住宅分体表示如图1-2所示。

填充体的概念划分 **表1-2**

	系统	子系统	所有权	使用权
填充体	围护结构	非承重分户墙、外门窗、楼地面等	所有居住者	所有居住者
	内装部品	模块化部品	居住者自有	居住者自有
		集成化部品		
	设备及管线	户内设备管线		
		公共设备管线	所有居住者	所有居住者

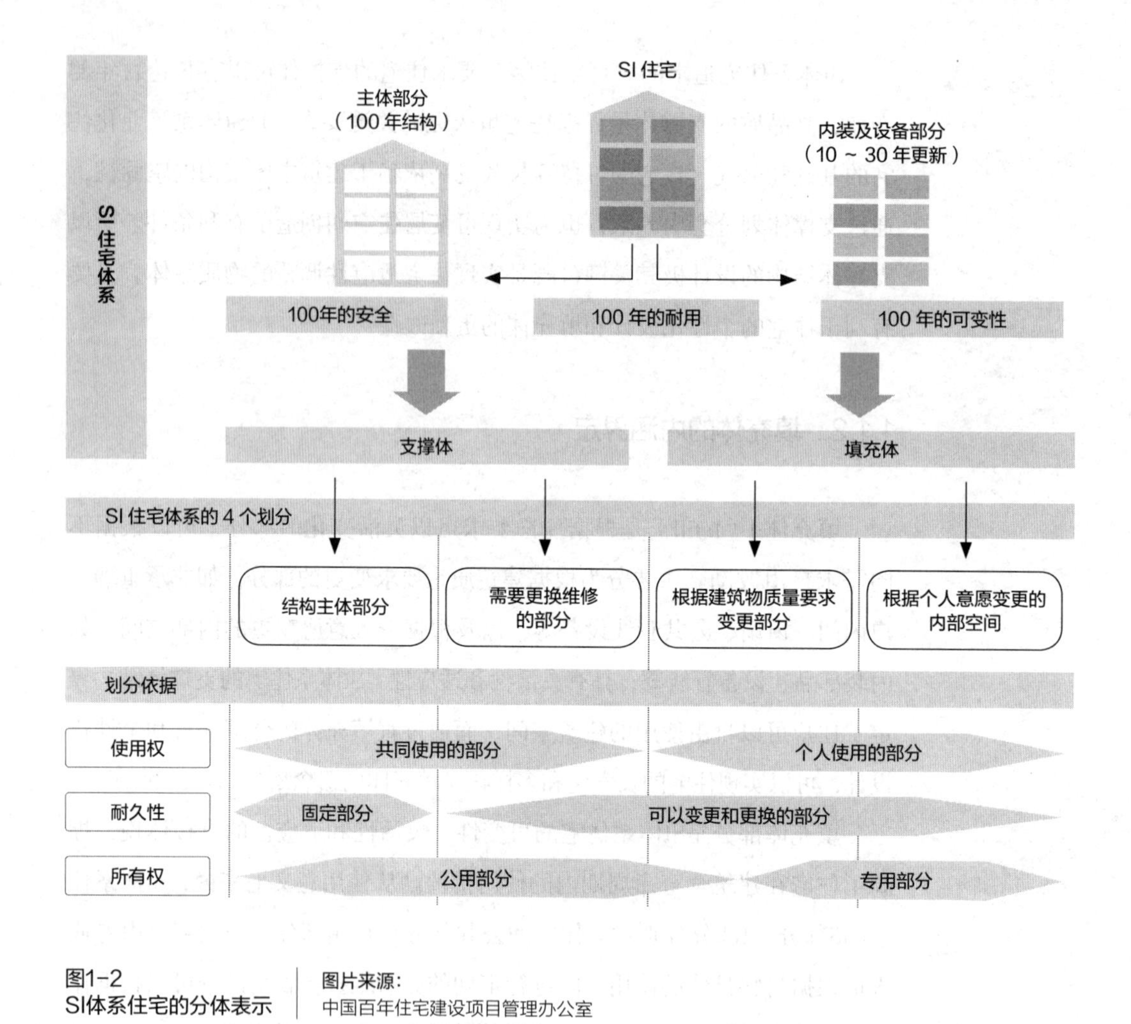

图1-2
SI体系住宅的分体表示

图片来源：
中国百年住宅建设项目管理办公室

1.2 SI体系住宅的出现基础

住宅产业在整个国民经济中占重要地位。我国住宅建设水平自改革开放以来有很大发展，但我国住宅生产的工业化生产水平相对较低，目前还是以“粗放型”的传统住宅建造模式为主导，造成大量的“能效低”“寿命短”“质量差”等住宅性能和品质问题，我国住宅建设正遭遇“需求量和废弃量同增长，建设和拆除齐步走”的尴尬境地。随着我国经济社会发展的转型升级，住宅建筑业的发展也亟待转型。一方面，我国住宅建设面临能耗大、寿命短、维修难和二次装修浪费等多方面的问题；另一方面，随着社会整体居住水平的改善，居住者对住宅使用的灵活性、个性化需求也不断提高。因此如何满足人们对住宅性能和品质要求的全面提升成为我们亟待解决的课题，而实现住宅建设的长寿化成为其课题的核心所在。在这一背景下，在国外发展多年的SI体系住宅理念被引进到国内。

SI体系住宅的出现在不同层面有不同的观点和看法。从社会层面来看，延长住宅使用寿命，是实现可持续居住和资源节约型社会的必经之路，而发展可持续性住宅对节约资源、能源，降低环境污染，节约社会财富，促进多个行业的可持续发展都有重要作用；从城市角度来看，长寿命化住宅的建设，可以让建筑成为城市文化的一种沉淀，形成可持续发展的城市骨骼；对于开发商来说，建造对于社会与居民具有长久价值的住宅，必将获得居住者的青睐，有利于企业品牌的树立与巩固，赢得更多的市场机会；而对于住房的使用者而言，灵活的户型变化，满足了整个家庭全生命周期的居住需求。

不论哪种观点看法，都推动了我国的住宅建设向SI体系住宅的方向发展、进步，总体来说，SI体系住宅的出现需要有以下几方面的基础，缺一不可。

1.2.1 传统住宅建设问题的日益突出

我国的住宅建设一直存在着生产效率低、资源能效低、工业化水平低等一系列问题，近年来，随着城镇化进程的加快，住房需求的持续增长与资源短缺问题的矛盾日益突出。根据相关统计，我国住宅建设的能耗占全国总能耗的11.45%，钢材用量占全国钢材用量的20%，水泥用量占全国总用量的17.6%。住宅的大规模建设消耗大量的资源、能源，产生废弃物，造成生态压力，并引发一系列环境问题和社会问题。

一方面是住宅大规模、快速建设带来的资源、能源的巨大消耗，另一方面却是大量远未达到设计使用年限的住宅被拆除而造成的资源、能源浪费和废弃物排放。根据研究指出，中国城市住宅的平均寿命，20世纪60年代的仅为25.5年，20世纪70年代的为35.7年，20世纪80年代为40.4年，均远低于其设计使用年限。这不但造成了资源、能源的巨额浪费，产生大量难以消除的建筑垃圾，同时对住户的生活也造成很大影响。欧阳建涛在其研究中指出，由于中国城市住宅使用寿命仅30年，普通用户在25~34岁购买住宅后，必须在55~64岁再次购买住宅，但此时，已经处于临近退休或已退休阶段，购买住宅这项大宗消费势必会减少其他消费，严重降低生活质量。

同时，住宅的可持续性差造成的一系列社会问题也是我国住宅建设面临的一大困境。根据“十二五”规划，我国在“十二五”期间大力发展保障性住房的建设，这些保障性住宅大都具有居住面积小、格局固定、装修标准化的特点。然而，随着社会整体居住水平的改善，以及居住者对住宅使用灵活性、个性化需求的提高，从使用功能的角度来看，这些远未达到设计使用年限的保障房将变成低端住房，未来的处置将成为社会的一大负担。

1.2.2 多方需求的持续拉动作用

集合住宅大量供给的需求。一方面随着我国经济的发展，社会人口快速增长对土地需求带来巨大的压力，并且随着城镇化进程的推进，经济发展区域不平衡，导致大量人口向大中型城市集中，城市土地面积有限，人口规模集中，人多地少的基本国情突出。充分利用城市土地资源，提高人均利用率，解决城市土地资源紧张和日益增长的住宅需求之间的矛盾迫在眉睫，集合住宅由于其高居住密度的特点成为应对这一问题的重要策略，其供给需求也急剧增加。另一方面，随着社会的进步以及独生子女政策和生育二孩政策的逐步开放，城市家庭结构和生活习惯也发生了改变，对于住宅空间的需求随之改变。集合住宅作为工业化和城市化发展的必然结果，在满足城市居民的住宅需求以及改善居住状况方面都有重要的价值，同时集合住宅大量供给的需求也促进了住宅设计标准化、建造工业化等的研究和开发。

多样化、个性化生活的需求。随着城市居民生活水平的不断提高，居民的生活需求也从传统的物质层面逐渐向多样化、个性化的需求方向转变，住宅消费者的消费需求已经不单单满足于基本的“住得下”，更多的是对住宅建筑的性能、品质、空间、环境等精神层面的需求，用户也更倾向于自主参与住宅空间及内装的设计。另外，不同的家庭结构，不同的居住模式也会产生不同的居住需求，随着家庭人口构成的变化，家庭结构也从两口之家、三口之家的核心家庭转变为两代居住或者双核心家庭，因此在住宅建筑的设计中，要考虑户内家庭人口构成状况及其变化趋势所带来的不同居住需求，这就要求住宅具有多样化的空间组合功能，为不同的家庭结构提供不同的住房套型，满足多样化的居住需求。同时也促进了住宅部品化以及部品产业化的发展，通过不同部品间的组合使用户参与住宅内装设计，满足其多样化、个性化的需求。

环保可持续的社会需求。在经济技术高速发展的背景下，可持续发展的重要性日益凸显，落实绿色发展理念，对于我国经济持续健康发展以及全面建成小康社会具有积极的作用，低碳环保也成为社会发展的共同需求。随着城镇人口的集中以及住宅需求的快速增长，建筑活动造成的高能耗、高污染等问题日益严峻，同时我国居民个性化装修需求增加，由此产生的二次污染和资源浪费十分严重，发展绿色建筑成为顺应时代潮流的必然结果。可持续的发展理念也推动了住宅长寿命化方向的发展。

1.2.3 住宅相关领域技术的迅速发展

20世纪70年代初我国建筑业推行“三化一改”，“三化”是指设计标准化、构配件生产工厂化和施工机械化，“一改”是指墙体改革，最终目标是为了实现“三高一低”，即高质量、高速度、高效率和低成本。在这一方针指引下，我国进行了大型砌块、楼板、墙体结构构件等施工技术的研发与实践，出现了系列化工业化住宅体系，并发展了大型砌块住宅体系、装配式大板住宅体系、大模板住宅体系和框架轻板住宅体系等，20世纪80年代末由于质量和技术问题，装配式大板住宅逐渐消失。20世纪末随着建筑工业化的推进，预制装配式混凝土结构体系不断完善，建造工艺、构建精度和设备水平都得到了长足的发展。

随着经济发展和居民居住需求的转变，对于住宅内装部品的关注也逐渐增加，1980年我国引入荷兰学者哈布瑞肯的SAR支撑体理论，之后建造了骨架支撑体实验住宅，1988年和1995年中日JICA项目的开展引入了日本的先进理念，同时内装部品干法施工等SI体系住宅相关的技术和原则也被引入，促进了我国住宅及相关产业的发展。最近十几年随着我国制造水平的提高，住宅相关的建材、厨卫、装修等产品发展速度很快，能够为最终成品住宅产品提供重要的支撑，也使得住宅产品的技术不只限于建筑技术，扩展到部品生产和使用领域，所完成的住宅产品更容易得到用户认可。换言之，即使在住宅主体建筑技术不变的条件下仍然可以通过上游产品的技术集成来实现住宅产品的质量和水平提升并能够满足用户的个性化需求。

1.2.4 国家相关政策的引导与支持

我国政府对于SI体系住宅的建设高度重视，相继下发一系列相关政策引导与支持，是SI住宅建设、发展的根本推动力。1998年成立了建设部住宅产业化促进中心，1999年国务院办公厅颁布《关于推进住宅产业现代化提高住宅质量若干意见》，首次全面地阐述住宅产业化，提出加快住宅由粗放型转变向集约型建设，实现住宅现代化，提高住宅质量。随后，在JICA项目（日本援华项目之一）专家的指导下，参考日本先进理念，先后颁布了《商品住宅性能指标体系》等文件，建立住宅性能的认证体系。2006年，建设部颁布《国家住宅产业化基地实施大纲》，指出住宅的发展方向——标准化、系列化和规模化，为住宅产业化的发展提供政策支持和技术指导。同年，济南市住宅产业化发展中心借鉴日本KSI住宅体系和欧美地区国家住宅建设的先进经验，自主研发了CSI住宅体系。2010年，住宅产业化促进中心颁布《关于印发〈CSI住宅建设技术导则〉（试行）的通知》，首次以国家技术导则正式文件的形式提出SI住宅体系，同时其他住宅产业化基地企业也进行了SI住宅体系的探索，如万科在研究SI住宅体系的基础之上，结合企业自身技术情况，开发出VSI住宅体系。2011年起，国家大力推动建设保障性住房，保障性住房因其具有户型面积小、设计简单等特点，适合工业化和标准化的生产，对于住宅产业化的发展是很好的机会。

1.3 SI体系住宅的特点

SI体系住宅采用产业化生产方式，将部品体系集中到预制工厂生产制作，在保证住宅主体结构长达百年的寿命基础上，实现住宅空间自由变换和住户参与设计的目标。与普通住宅相比，SI住宅由于其支撑体（S部分）和填充体（I部分）分离，且需要实现灵活连接、易于更新、环保可持续等特点，既能保证住宅结构的安全性和耐久性，也能体现内部体系的灵活性和可变性，不仅大幅度提升了住宅的使用寿命和居住品质，真正实现住宅的可持续发展，而且明显提升了社会效益，对于社会和居住者来说都具有重要的意义。具体特点包括以下几个方面：

1.3.1 高耐久性的建筑主体结构

SI体系住宅支撑体混凝土结构是住宅建筑的最主要的受力部件，其决定了建筑的外貌轮廓、空间大小、规模、交通体系、结构等，同时也控制及制约了住宅内部填充体的选择及安置，一旦支撑体结构确定，那么住宅的各种性能都会受到结构体形式的影响，例如住宅内部管线的铺设，部品的布置等，对该住宅的多适性起到决定性的作用。日本采用了200年耐久性的材料来建造KSI体系住宅的支撑体结构部分，使得其支撑体结构具有较长的寿命，相比之下，我国采用的支撑体结构设计标准是百年住宅的耐久性要求。

目前我国SI体系住宅的支撑体结构主要有框架结构、预应力板柱结构、钢筋混凝土大型支撑体系三种，无论采用哪种结构，均以达到100年为前提。主体结构可通过提高混凝土的强度等级，控制混凝土水灰比，增加配筋厚度，加大混凝土保护层厚度等方式，提高支撑体的耐久性能，同时，最大限度地减少结构所占空间，为填充体部分的使用创造空间。

1.3.2 支撑体与填充体的有效分离

支撑体与填充体的有效分离是SI体系住宅建造的基本原则，也是实现住宅百年目标的基础。我国住宅结构设计使用年限不少于50年，而内装部品和设备的使用寿命多为10～20年左右，目前国内传统住宅多将各种管线埋设于结构墙体、楼板内，当进行装修或改造时，需要破坏墙体重新铺设管线，给楼体结构安全带来重大隐患，减少了建筑本身的使用寿命。

与传统住宅技术相比，SI住宅技术最大的特点在于支撑体和填充体分离，传统体系住宅的结构墙体里多埋设管线、门窗、分接器等部品，在日后的装修和住户改造中必会破坏住宅结构，从而缩短了主体结构的使用寿命。SI体系住宅强调主体结构、内装部品和设备管线三部分的完全分离，通过架空地板层、吊顶架空层、墙体架空层，将墙体和管线设备分离，公共管道设置在公共空间，确保住宅的管线设备可以方便地维护和更换，各类管线敷设于架空地板或局部降板内，当管线与设备老化的时候，可以在不损坏结构体的情况下进行维修、保养和更换，从而达到延长建筑寿命的目标。如图1-3为支撑体与填充体分离技术解决方案示意图。

另外，SI体系住宅通过支撑体与填充体的分离，使公用部分和私有部分区分明确，有利于使用中的更新和维护。传统住宅的外部结构和内部填

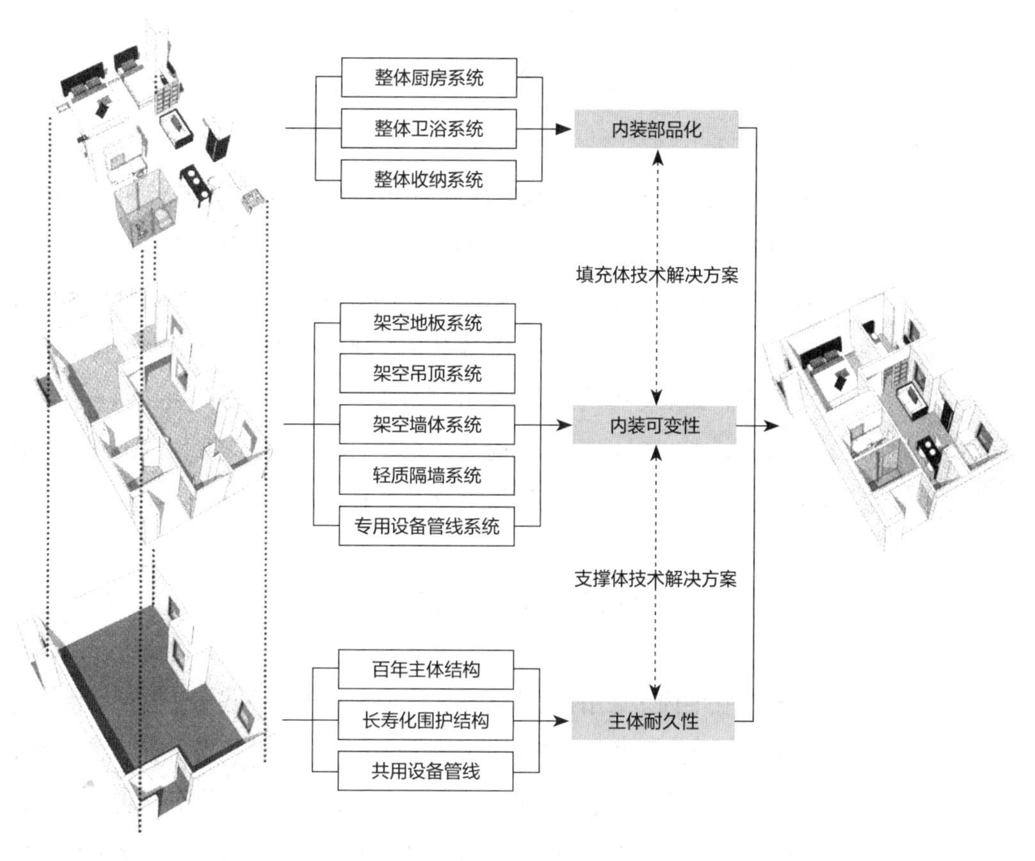

图1-3
支撑体与填充体分离技术解决方案

图片来源：
《SI体系住宅与住房建设模式体系·技术·图解》

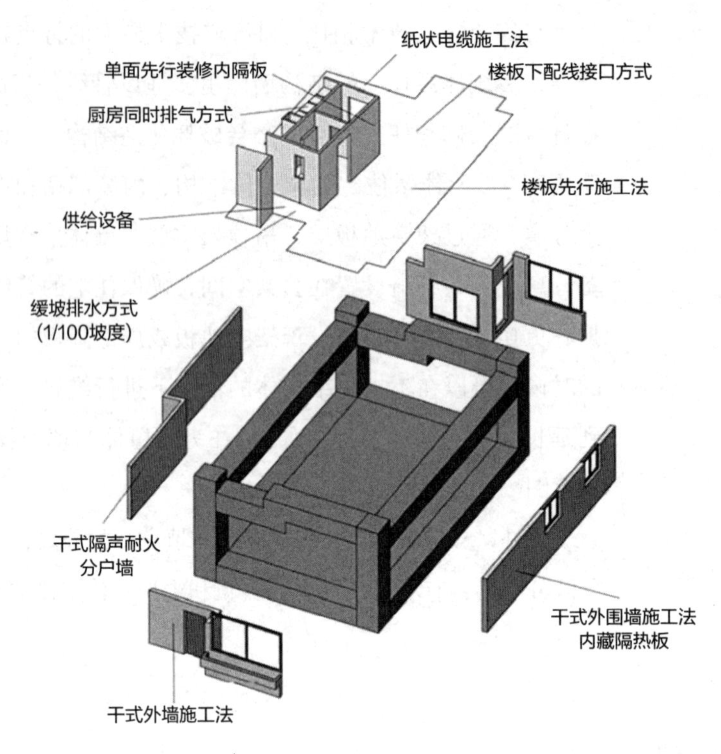

图1-4
SI住宅构件式建造方法

图片来源：
《KSI住宅可长久性居住的技术与研发》

充都是建设连接在一起，没有明确的分离建设，所以随着使用年份的增加，建筑物的支撑体仍可使用，可填充体部分逐渐老化，无法达到长久使用功能，并且传统住宅套内公用和专用的管线相互混杂，使用划分和所有权不明，维护更新困难。而SI体系住宅在建设时就明确区分开公用部分和专用部分，如果专用部分发生老化或故障，可以进行部分更换而不会影响整体使用，如图1–4所示。同时从所有权、使用权、耐久性等出发，对更新和维护管理的责任进行了明确的界定，便于后期的使用。

1.3.3 同层排水和干式架空的实现

传统住宅内多采用板下排水方式，排水管线串联设置于住宅户内，易造成噪声干扰，当出现渗漏或者修理情况时，都会影响多方住户，且产权难以界定。SI体系住宅通过在公共楼道部分设置公共管道井，将排水立管安装在公共空间部分，再通过横向排水管将室内排水连接到管道井内，便于日后管道的维护、更换，既实现了公共管井与建筑墙体分离，又避免了入户维修对住户的影响。同时室内采用同层排水和干式架空技术，通过架设架空地板或局部降板，将住户内的排水管线敷设于住户空间内，解决了我国现有集合住宅因排水管线集体公用造成的渗漏、噪声干扰、产权分界不明等问题，如图1–5所示。

除了架空地板外，SI体系住宅室内多处采用干式架空技术，通过架空龙骨吊顶设计，为电气管线灯具等设备预留空间，使管线完全脱离住宅结构主体部分，并实现现场施工干作业，提高施工效率，便于后期维护改造；通过承重墙内设置树脂螺栓，外贴石膏板实现双层墙。通过架空地板技术，提供地板以下区域的空间，供管线穿梭，如图1–6所示。

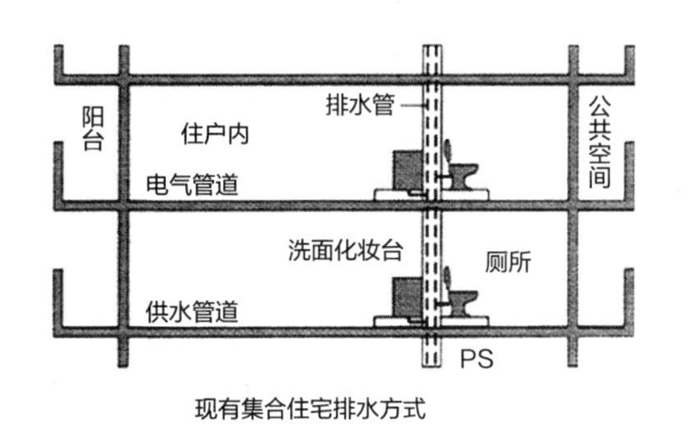

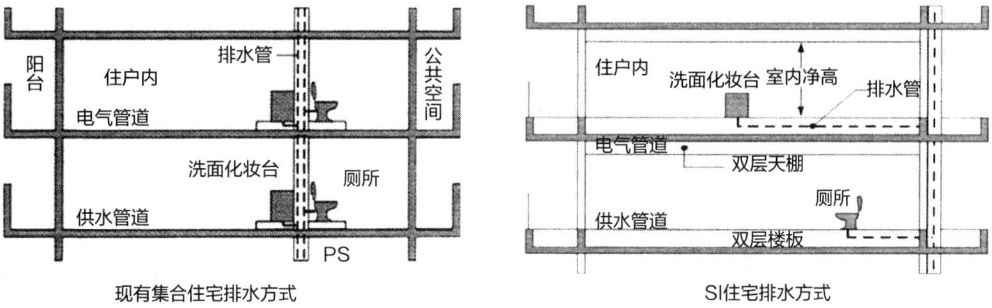

现有集合住宅排水方式

SI住宅排水方式

图1–5
同层排水示意图

图片来源：
《SI住宅建造技术体系研究》

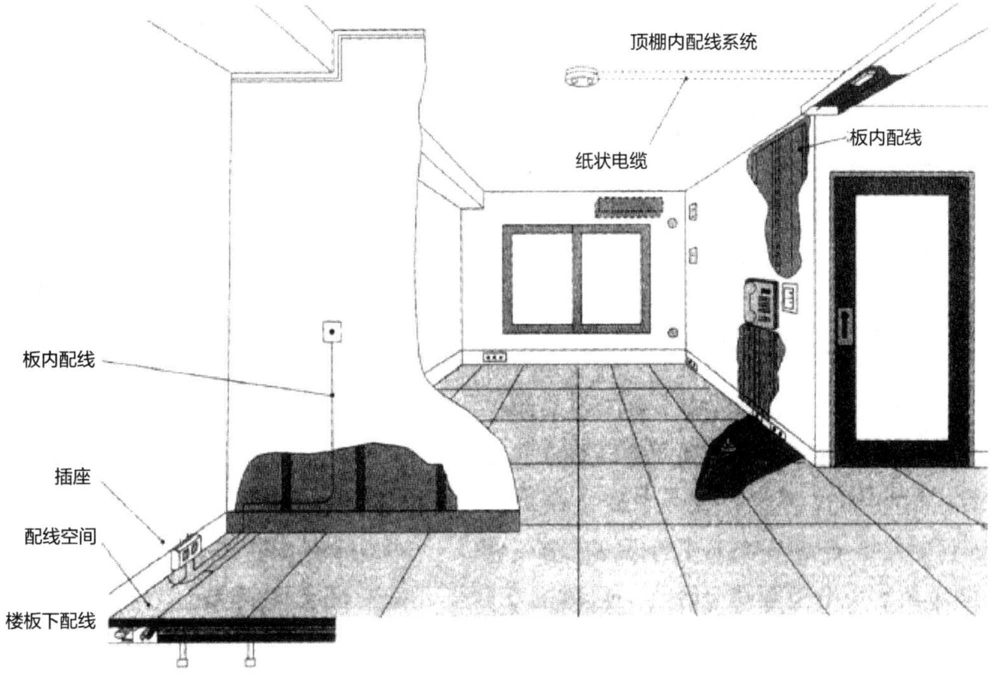

图1–6
SI住宅干式架空配线系统示意图

图片来源：
《KSI住宅可长久性居住的技术与研发》

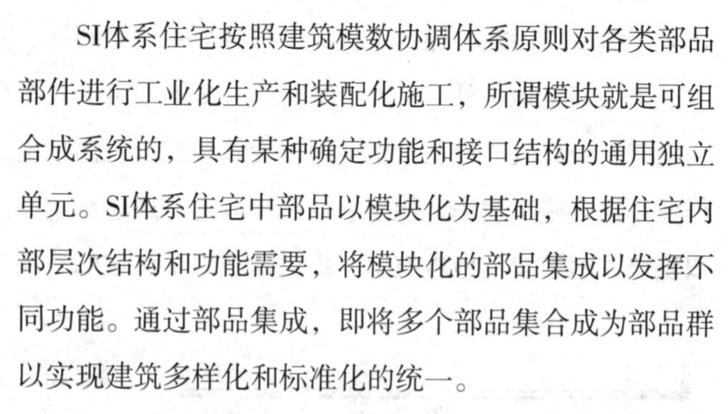

1.3.4 模块化、集成化、标准化的部品

SI体系住宅按照建筑模数协调体系原则对各类部品部件进行工业化生产和装配化施工，所谓模块就是可组合成系统的，具有某种确定功能和接口结构的通用独立单元。SI体系住宅中部品以模块化为基础，根据住宅内部层次结构和功能需要，将模块化的部品集成以发挥不同功能。通过部品集成，即将多个部品集合成为部品群以实现建筑多样化和标准化的统一。

模块化强调“部分”，偏重部件或元素在尺寸规格上的标准化、模数化。模块具有独立性的特点，因此各模块之间的依赖关系较弱。集成化强调整体多种功能的部件或元素的整合。模块化的最终目的是把模块按照一定的方式组合成整体，集成化是对整体特征的描述，但是实现集成化必须依赖于对标准化、模块化的部件的组合。可见模块化与集成化的本质、目标和实现途径是一致的。

所谓住宅部品标准化就是运用标准化的技术手段，依据标准化的简化和统一化、通用化、系列化、模块化原理，从住宅部品的功能性质入手，围绕通用部品、多功能模块、标准化接口、通用工具、尺寸模数和标准工艺等来设计住宅部品。住宅部品标准化就是要建立完善的部品体系，在满足住宅部品多样性和复杂性的前提下，有效地提高部品之间、部品与结构之间的维修更换的效率，实现部品开发、生产和供应的标准化、系列化、通用化。

SI体系住宅中的模块化、集成化和标准化是密不可分的，通过三者的有机结合，SI体系住宅得以实现住宅内装装配化，从而提高住宅的物理性能，实现低碳建筑的目标。图1-7展示了SI体系住宅中典型的模块化部品的示意图。

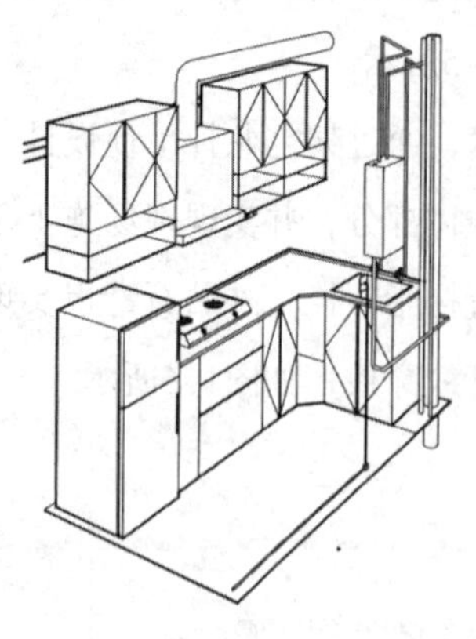

整体厨房

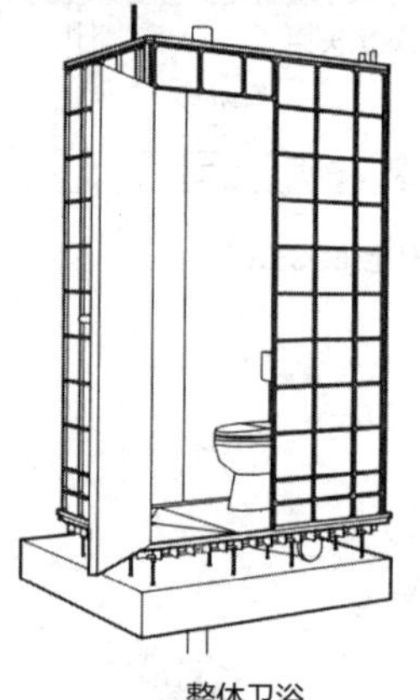

整体卫浴

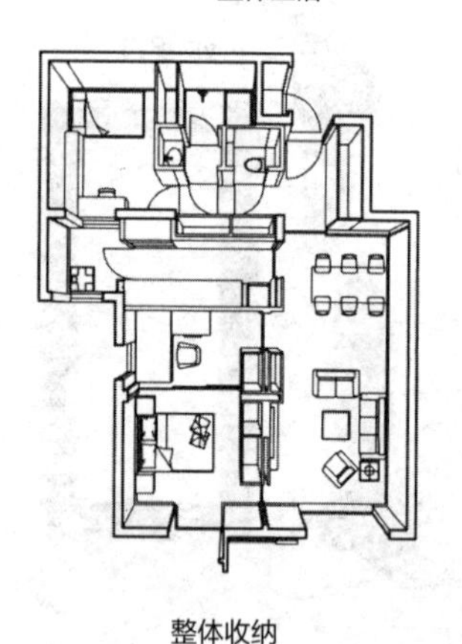

整体收纳

图1-7
整体厨房、整体卫浴、整体收纳模块示意图

图片来源：
《SI体系住宅与住房建设模式体系·技术·图解》

1.3.5 室内布局的灵活性

传统集合住宅的结构形式单一、管线布局固定等因素，使其室内布局不可变。而SI体系住宅在进行支撑体与填充体有效分离的基础上，采用大空间结构技术，减少了室内承重墙体，采用产业化生产的内隔墙部品系统进行空间分割。室内空间可以根据使用者的要求进行划分，隔墙、家具易于拆装，具有一定的灵活性、可变性。如图1–8所示，传统住宅结构中，隔墙无法移动，室内空间无法变换，而SI体系住宅具有灵活可移动的内隔墙，使室内空间可变。

SI体系住宅的可变性可以满足各种生活方式家庭的需求。开发商首先建起住宅建筑的结构躯体部分，而对于内部居住空间来说，由于不同住户的个人喜好或需求的不同，或者家庭规模和特征等的不同，对其的使用要求也存在很大的差别。SI体系住宅室内布局的灵活性和可变性恰好可以满足这一差异性，通过可移动的户内隔墙、可移动的家具、可变更的内装部品等工业化装修方法实现对同一居住空间的自由分割，最大化地实现不同住户的居住需求，如图1–9所示。

SI体系住宅室内布局的灵活性和可变性也可以适应家庭结构变化带来的户型使用要求的改变，满足家庭全生命周期的居住需求，实现住宅居住功能的长寿命化。我国的家庭生命周期大致经历家庭组建初期、家庭成长期和家庭后期三个时期，在家庭组建初期，家庭结构为一对夫妻组成的两

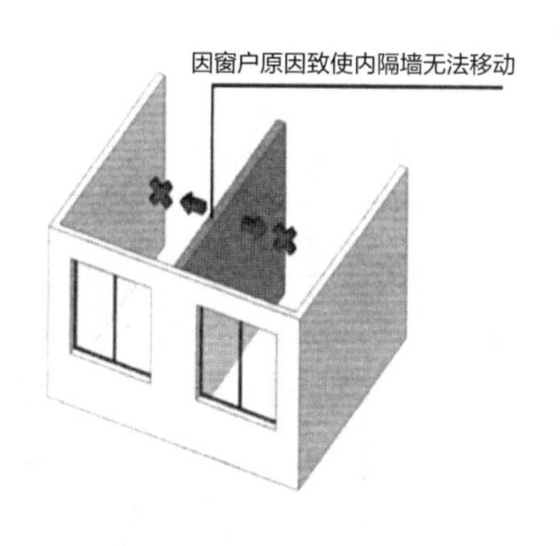

传统住宅进行更新有很多制约因素

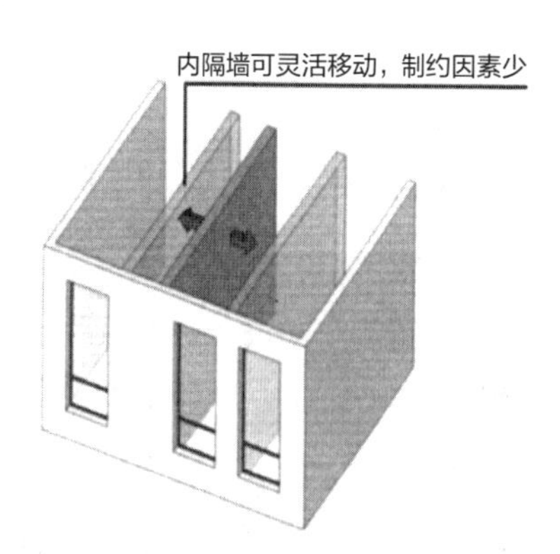

在SI住宅中可以根据要求进行更新

图1–8
SI体系住宅内隔墙示意

图片来源：
《百年住宅——建筑长寿化SI住宅的优势》

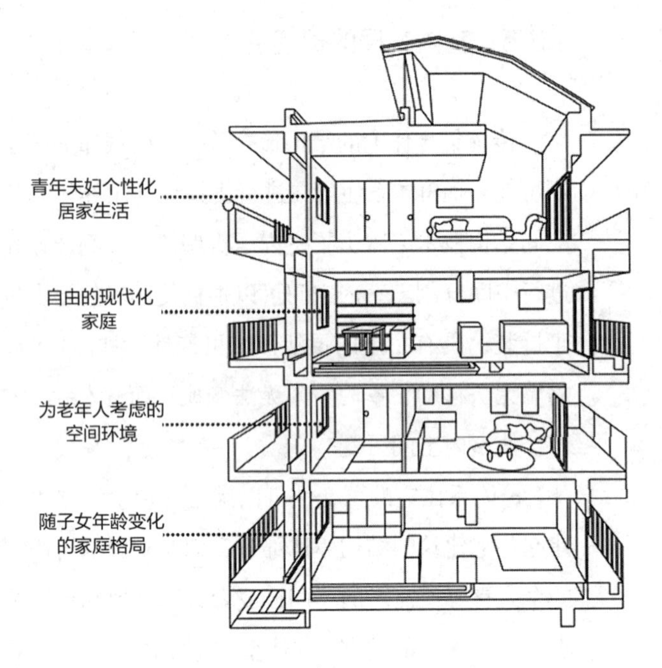

图1-9
满足不同居住者需求的SI体系住宅

图片来源：
《SI集合住宅设计阶段的特征性策划方法研究》

口之家，此时年轻夫妻可考虑1～2个居室空间，满足2个人的基本居住要求；在家庭成长期，随着孩子的出生长大以及父母的年老，家庭结构多为夫妻+父母+孩子的五口之家，内部空间实现重新分割，满足3个居室的基本居住要求，并且应该适应老年人特定的人体工学的居住需求；在家庭后期，由于子女的长大离家，基本居住要求又回到2个居室或3个居室的家庭同居模式。如图1-10所示。

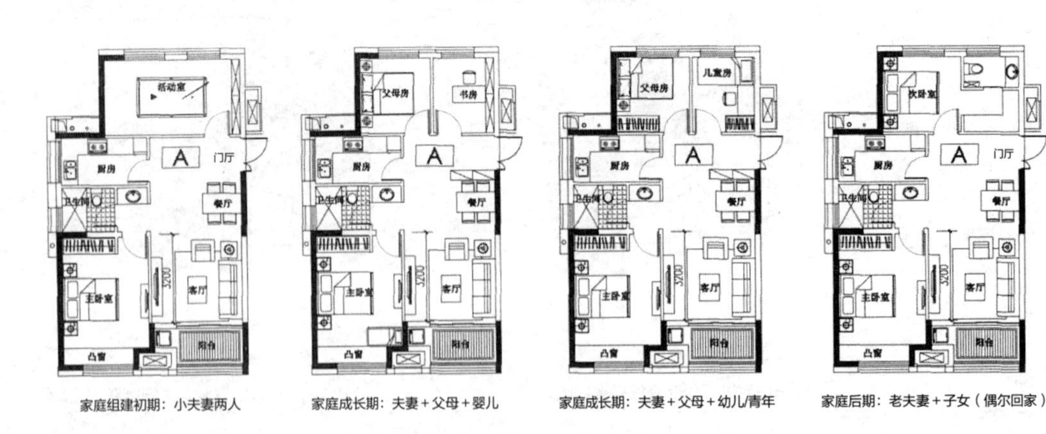

图1-10
SI体系住宅内部空间可变性示意图

图片来源：
绿地合肥新都会百年住宅项目探索与实践

SI住宅建造技术，通过实现户型和内装修的灵活改变，不仅可以满足家庭生命周期各个阶段的居住需求，适应不同时期的家庭人口结构变化和生活方式的改变，而且室内的填充体也适应了不同使用者的经济水平，人们可以选择适合自己经济条件的填充产品，室内填充产品也反映了使用者的风格，体现了家庭生活的多样化。

1.3.6 具有长效的住宅维修维护管理体系

传统体系住宅在后期的使用和更新维护过程中经常存在计划缺失和管理不到位的问题，而SI体系住宅追求长寿化的关键手段就是具备完善的维修维护管理体系。因此，政府在参考住宅质量保障和性能认定制度的基础上，以售后服务、保修保障和有偿维修等方面为主要内容，制定了一套长效的维修维护管理体系——《SI体系住宅维修和维护管理计划》。在SI体系住宅中，水管、电线等暖通构件作为穿插在支撑体与填充体之间的特殊构件，构造时与墙体分离，设置在架空吊顶、龙骨隔墙和架空地板内。在天花板部位，利用全吊顶空间敷设管线。在墙体部位，利用外围护结构墙、有保温的户间隔墙，保温内衬墙敷设水电管线。在架空地板内敷设水电管线，并设计检修口，便于检修改造。如此，实现了寿命较短的部品与结构体完全分离，当管线老化或损坏时，不需开墙凿壁，就可进行短寿命部品的自由更换与装配。这样既避免了墙体等结构部分的维修性破坏，又减少了二次装修的污染。

1.4 SI体系住宅的优势与实施难点

传统的住宅建设很少考虑住宅全寿命周期的更新和改造，住宅可维修性差、缺乏灵活性和可变性，使得住宅使用性、适应性降低，居住品质不能长期维持，这也是我国住宅普遍存在“短命”现象的原因之一，不但造成了资源、能源的巨额浪费，也给社会财富的积累带来巨大的损失。根据我国《住宅建筑规范》GB 50368—2005的规定，我国普通住宅结构的设计使用年限不应少于50年。据资料显示，英国、法国、美国、荷兰、德国的建筑统计平均使用寿命分别为125年、85年、78年、68年、64年，“百年老屋”随处可见，一栋房屋既能作为留给子孙的优良资产，也能成为印记城市历史文化的符号标志。而我国普通住宅建筑的平均寿命仅为30～40年，不仅远低于欧美各国的建筑寿命，也未达到设计使用年限。

因此，重新审视今天的高生产、高能耗、高废弃的粗放型传统住宅建设模式，加强全社会对于住宅寿命和可持续性问题的认识，大力推进长寿化住宅成为我国住宅产业发展的重中之重。

1.4.1 SI体系住宅的发展优势

SI体系住宅的建设理念是可持续发展，坚持用系统的方法来统筹住宅全寿命周期的规划设计、部品制造、施工建造、维护更新和再生改建，延长住宅使用寿命，满足住户多样化、个性化的居住需求，并以其特有的技术优势以及部品的工厂化生产、装配式施工等，明显缩短住宅的竣工验收期限，充分保证建筑质量，提供远远优于传统住宅建造模式的居住性价比和舒适度。其发展优势具体表现为以下几个方面：

1. 延长住宅使用寿命，节能环保可持续

我国目前的住宅设计寿命是50年，但是由于结构的不可变性和填充体的老化状况，实际使用寿命大多是30年。过低的设计标准和粗放的建设方式，导致资源能源的严重消耗、建筑垃圾的大量增加和环境的极大破坏。SI体系住宅追求的是长寿命、高性能、绿色低碳的“百年住宅”，设计使用寿命长达100年，可缓解高层建筑改造和拆除的压力，减少2/3的资源消耗，实现节能环保可持续的建设理念。SI体系住宅主要从三方面来提高住宅的节能性：

首先，SI体系住宅采用高耐久性的建筑主体结构，相较于传统住宅更加牢固，使用寿命更长，并且可以采用不同结构形式的骨架，以适应不同的施工技术和机械设备水平。填充体部分使用可更换的轻质隔墙等内装部品，实现与支撑体的有效分离，具有较高的灵活性，随着时间变化可以通过更换内装部品以及改变内部空间布局等来满足居住者不同时期的居住需求，从而延长住宅的使用寿命，减少住宅拆除重建消耗的大量资源、能源，减少建筑垃圾，减少传统住宅二次装修带来的浪费。据统计，一套100m^{2}的单元住宅所消耗的资源相当于消耗煤炭44.84t，原油0.37t，电力0.75万度，暂时或永久性破坏森林130m^2，农田114m^2。因此SI体系住宅的长寿命化对于资源的节约具有极大的优势。

其次，在住宅建设阶段，SI体系住宅内部的分隔墙、地板、厨卫、管线等填充体，充分考虑其节能性，选用质量可靠稳定且绿色环保无污染的建筑部品，并且通过标准化设计、工厂化生产和模块化集成等实现规模经济，减少现场手工作业，降低生产成本，保证产品质量。此外，工业化生产方式能够有效降低传统施工过程中的能耗，根据万科工厂化住宅的研究经验，采用工厂化的建造模式相比于传统建造模式，可以实现节电30%，节水

30%，节能50%，工期缩短50%，耗材减少60%，现场垃圾减少80%，同时还可降低施工噪声和扬尘污染。

然后，在住宅拆除时，大量的建筑材料可以回收利用，住宅内部的内隔墙板和木地板等部品构件拆除后可以重复循环使用，表1-3为日本KSI住宅实验楼部件回收再利用率。同时生产原材料为农作物秸秆或者树木枝条等的部品构件可以进行再生利用，避免传统建造模式中建筑材料废弃后直接焚烧或者难以再利用所造成的环境污染以及建设资源浪费，最大限度地实现住宅建设节能低碳环保可持续的发展理念。

2. 提高结构抗震性，保证住宅质量

SI体系住宅要求建筑支撑体结构具有很长的耐久年限，能够达到百年住宅的要求，这就要求其主体结构在建造过程中不仅要选用耐久性好、强度高、坚固稳定的建筑材料，并且还要考虑建筑全生命周期中可能遭遇的地震等各种自然灾害。SI体系住宅采用更高标准的具有耐久性、抗震性的主体框架结构以及轻质内隔墙，使其具有良好的抗震性能，给住户提供更高要求的居住安全度。

另外，SI体系住宅依据明确严格的住宅建筑设计质量标准建立其质量控制体系，从市场准入制度、质量监督制度、质量验收制度、责任赔偿制度、质量保证制度、住宅部品认定制度、住宅性能评价制度等方面全面保证SI体系住宅的建造质量，相比于传统住宅具有明显的质量优势。

日本KSI住宅实验楼住宅填充部品的再利用率　　表1-3

部位	部材	材质	拆除量（kg）	再利用量（kg）	废气量（kg）	再利用率（%）
吊顶	吊杆	铝	13.7	10.5	3.2	76.7
	支撑	轻钢	33.4	19.8	13.6	59.3
隔墙龙骨	龙骨	铝	49.5	42.2	7.3	85.3
	斜撑	轻钢	70.3	32.4	37.9	46.1
吊顶饰面	吊顶板	石膏板	368	56.2	311.8	15.3
	钉	塑料	6.7	2.4	4.3	35.8
隔墙饰面	壁板	石膏板	492.4	54.9	437.5	11.1
	钉	塑料	18.3	12.7	5.9	67.8
架空地板	垫板	刨花板	483.7	368	115.7	76.1
	衬板	胶合板	23.4 m^2	14.7m^2	8.7 m^2	62.8

（图表来源：《日本SI可变住宅节约理念》）

3. 公私产权明晰，便于后期维护

SI体系住宅的公用部分和私有部分区分明确，实现了支撑体与填充体的分离，而且利于使用中的更新和维护。传统住宅的普遍问题是随着使用年份的增加，建筑物的支撑体仍可使用，但填充体逐渐老化无法满足长久使用功能。传统住宅套内公用和专用的管线相互混杂，且使用划分和所有权不明，维护更新困难。SI体系住宅在建设时就明确区分开公用部分和专用部分，将竖向管井集中设置在公共区域，为所有居住者的公共财产，便于管线的后期检查维修且不会对单一用户造成影响；住宅套内采用同层排水和干式架空等技术，且关键设备节点留有检修口，如果专用部分发生老化或故障，可以进行部分更换而不会影响整体使用。SI住宅从所有权、使用权、耐久性等出发，对更新和维护管理的责任进行了明确的界定，便于后期的使用。

4. 室内布局灵活可变，提高住宅的适应性

SI体系住宅因为其支撑体与填充体分离，使得改变和更新填充体时，不会影响到支撑体，从而保证支撑体的建造不受建筑层数和平面类型的限制，同一支撑体由于内部分隔方式的不同可以形成不同的平面类型，因此SI体系住宅相比于传统住宅具有大开间的特点，有利于室内布局的变更。而填充体的灵活性和可变性，通过现代技术手段将厨房、卫生间、内隔墙等住宅部品像冰箱、彩电等家电一样任意摆放和自由更换，能够满足住户不同时期、不同需求层次对户型多样性和功能舒适性的需求，也可以通过对填充体的更新，有效地延长住宅寿命，提升住宅的可持续居住性，实现住宅的长寿和新陈代谢，为住宅日后的更新改造提供了有利条件。具体来说，SI体系住宅主要从以下两个方面提高住宅的适应性：

首先，通过室内的大跨度空间、可灵活移动的轻质隔墙、其他可更改的填充部品等形成不同的室内布局，以满足家庭全生命周期的居住需求。每个家庭从形成到衰退，其人口结构和年龄结构都处在不断的变化过程中，尤其是随着子女的出生、成长到最后的老年期，不同时期对于居住空间的需求也随之变化，改造住宅成为每个家庭成长过程中都必须面对的问题。SI体系住宅通过高耐久性的建筑主体结构形成大跨度空间，通过支撑体和填充体的有效分离，采用可以灵活移动的填充体隔墙形成不同的室内空间布局，满足不同时期的家庭需求。如图1-11展示了同一标准套型的多种适应性设计。

其次，通过内部填充体“菜单式”的选择模式满足不同收入层次用户的个性化需求。SI体系住宅内部的分隔墙、地板、厨卫、管线等填充体采用工业化的生产方式，业主可以根据自己的需求、生活方式和生活习惯选择不同档次、不同规格和型号的住宅部品，来改变住宅内部的结构布局，调整室内空间面积、户型，装修材料、风格等。此外，SI体系住宅还可以根据消费能力的差异，提供不同档次的设备设施，满足不同收入家庭的需求，有利于产品市场定制化的形成。

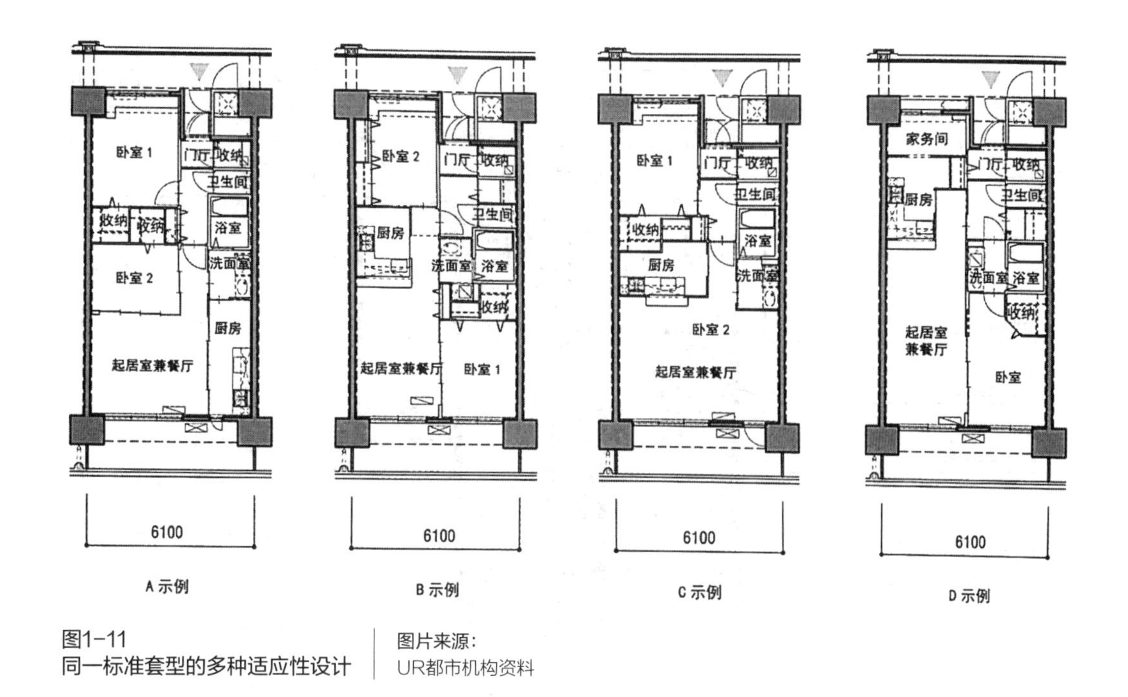

图1-11
同一标准套型的多种适应性设计

图片来源：
UR都市机构资料

5. 住宅精细化设计，提升居住品质

SI体系住宅通过部品、设备及其设计安装的精细化设计，提高了住宅的建筑质量和使用性能，实现了住宅的功能增量，提升了住宅的居住品质。

首先，通过住宅部品的标准化设计，解决接口问题，实现现场的装配式施工。SI体系住宅的构配件主要按照模数协调体系进行标准化接口设计，解决了住宅与部品、部品与部品、部品与建筑、不同品牌部品之间的接口问题，使不同部品之间可以相互连接、相互替换，为标准化生产、规范化施工、个性化选择奠定了基础。

其次，通过住宅部品的工业化生产，保证建筑质量，改善住宅品质。SI体系住宅的部品部件采用工业化生产模式，由预制厂按标准设计生产，质量可靠，规格标准，有效的解决了原来一次性设计、非标准化生产造成的质量通病问题。工业化生产使SI体系住宅的精准度以mm计，偏差率小于0.1%，失误率降低到0.01%，外墙渗漏率达0.01%，大幅度提高了住宅的建筑质量和使用性能。

最后，通过住宅设备配置的合理布局，实现住宅的功能增量，提高居住舒适度。SI体系住宅的内部设计通过采用优良的住宅部品、周全的设备配置以及各类管线的合理布置，充分利用内部空间，提供优于传统住宅的隔音、隔热节能、采光、通风等优良性能，提高住宅舒适度以及居住生活的质量。如图1-12为住宅套型的精细化设计要素。此外，SI体系住宅的卫生间采用干湿分离，细分为盥洗、洗浴、如厕三个独立的功能空间，既保证了卫浴功能的完整性，又使各功能间之间互不干扰，进一步体现了使用的方便舒适性。

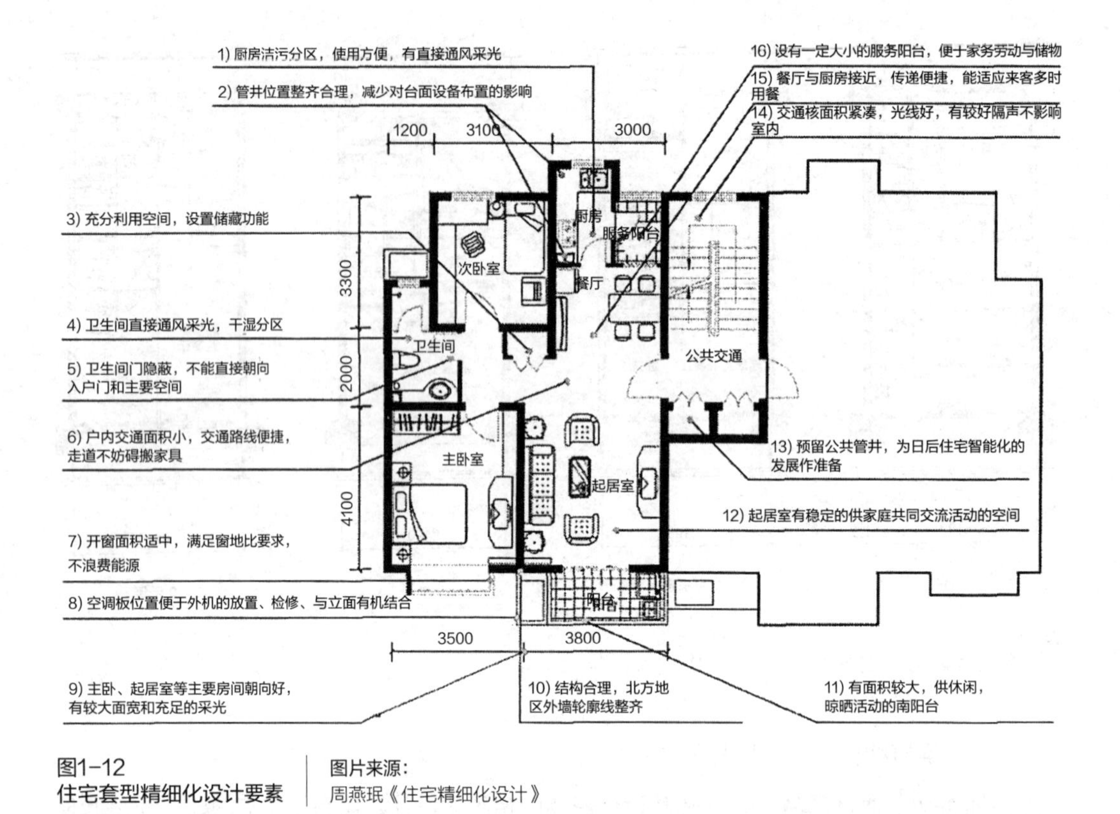

图1-12 住宅套型精细化设计要素 | 图片来源：周燕珉《住宅精细化设计》

1.4.2 SI体系住宅的建设意义

SI体系住宅是具有长寿命、高品质、高性能、持续优化的体系住宅，是可持续发展的优良绿色资产，对具有时代特征的住宅来说，它的推广建设对于社会、城市、开发商以及住户来说都具有重要的现实意义。

1. 推动节约型社会构建，拉动社会经济增长

SI体系住宅实现支撑体和填充体的基本分离，高耐久度的支撑体可长期使用，灵活可变的填充体可根据使用期限更新，从而使住宅的设计使用寿命达百年之久，减少建筑拆迁造成的环境污染和资源消耗达2/3，达到“节能省地”的要求；运用工业化的理念将住宅部品在工厂进行标准化、规模化的生产，从根本上改变了建筑业的生产管理方式，实现建筑业从资源粗放型转向资源集约型转变，不仅节约了建筑资源和社会财富，而且对于住宅产业和社会经济的可持续发展都具有重要的意义；通过合理的维护管理进一步延长住宅的使用寿命，避免其大拆大建，降低了住宅建设和使用过程中资源能源过度消耗的压力，符合节能环保的绿色建筑理念，有利于实现住宅的可持续居住和构建资源节约型社会。

另外，对于社会经济而言，SI体系住宅的推广能够大幅提高社会劳动生产率和住宅产品质量性能，并大范围带动住宅相关产业，有效拉动社会经济增长，对我国经济的发展具有重大作用。根据世界银行统计资料，我国住宅建设每投资1万元，可以带动相关产业1.93万元的收益。因此通过SI体系住宅的大力推广促进构件生产、材料生产、安装维护等新兴产业的产生，不仅可以形成新的社会化生产格局，还能够持续拉动社会经济的增长。

2. 符合可持续城市发展理念，利于城市文化的传承

SI体系住宅以其长寿命化的优势，大幅缩短城市建筑的拆建周期，让建筑成为城市文化的一种积淀。随着经济的高速发展，我国的城市住宅建设也处于一种“日新月异”的快速拆建模式，使得城市环境和建筑体系都处于一种极度不稳定的状态，阻碍城市的可持续发展和城市文脉的传承。SI体系住宅是能容纳城市发展的百年住宅，其外观风貌可以得到延续，适宜城区的可持续发展，利于城市的再开发建设，获得居住者的肯定。

SI体系住宅以可持续发展为建设理念，通过发展可持续住宅，将居民多变的居住需求与住宅未来的整体发展结合起来，减少生态环境的负荷，并将建筑处于开放的系统中，依据“开放建筑”所提倡的使用者对设计的主体性和参与性、建筑的可变性和适应性、建筑技术间的协调性和兼容性等理念将其划分为城市肌理、建筑主体和可分体三个层级，促进人、住宅、环境的和谐共生，使三者形成有机整体。同时从城市的角度来看，由于住宅的长寿命化和高耐久性，城市设施和街区设施可以处于长期稳定的状态，形成符号化的城市肌理。如图1-13展示了开放建筑的层级划分。

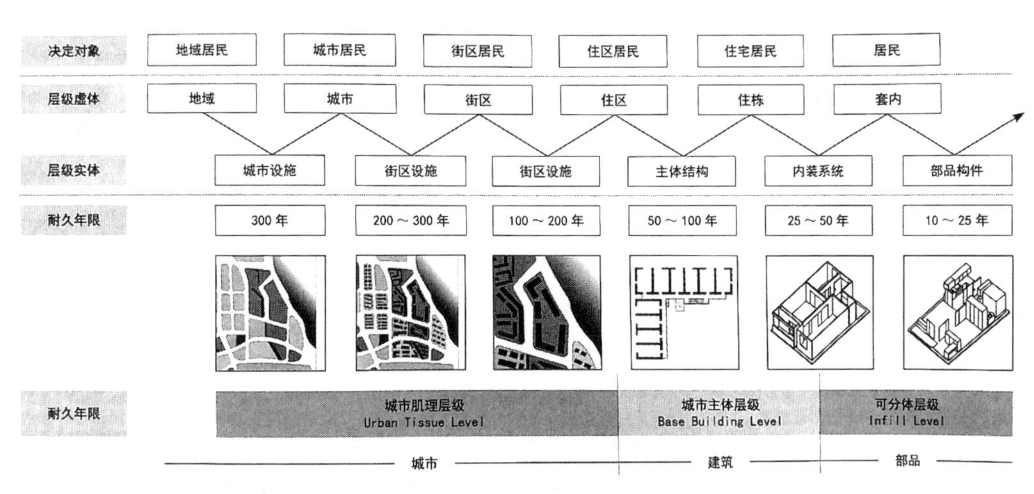

图1-13
开放建筑的层级划分

图片来源：
《SI体系住宅与住房建设模式 理论·方法·案例》

3. 提供开发建设的市场先机，扩大企业品牌效益

SI体系住宅的建设推广对于开发商来说，有利于企业品牌的树立和巩固，容易赢得更多的市场机会。首先，我国住宅建设方式向产业化或工业化方向转型是国家长远发展的要求，是时代发展的必然结果，开发商建设具有优良价值的SI体系住宅，是顺应国家发展需要，是领先于时代进行住宅储备，借助建筑主体结构的耐久性，提前致力于改造内装组合的产业发展，确立未来产业的可持续发展方式；其次，SI体系住宅的建造方式大幅提高了建筑建造速度，有利于开发商从建设和建造业向施工方向的制造业转型，并且能够为大众建造具有高耐久性、高性价比住宅的开发商必将获得购房者的青睐，有利于企业品牌的树立和巩固，从而获得更多的市场机会。

另外，SI体系住宅利于形成产业化联盟，有利于开拓房地产行业的新领域，增加建筑产品的附加价值。它的发展涵盖投资、建材、生产、制造、流通、管理、消费等诸多领域，串联房地产、建筑、建材、机械、装饰装修、冶金、轻工、电子、物流等多个相关行业和产品的集成与整合，有利于形成以SI体系住宅工业为主轴的产业链条和产业集群。如图1–14所示。

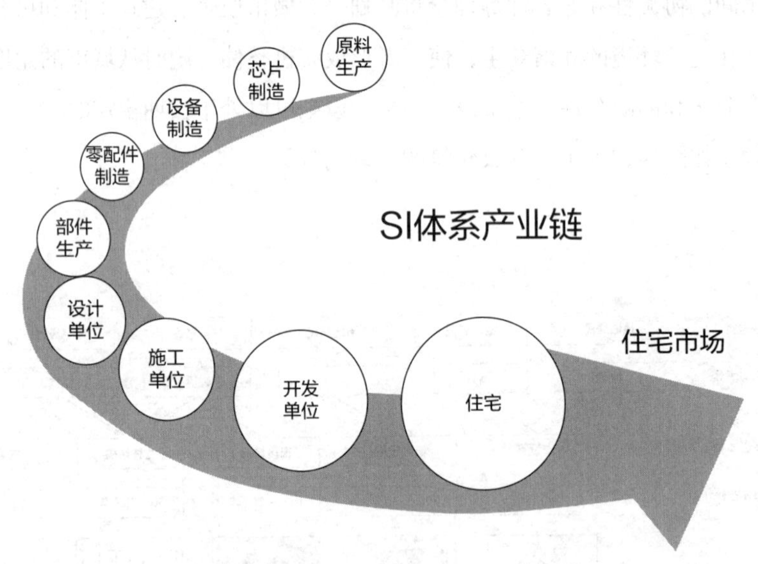

图1–14
SI住宅体系产业链

图片来源：
《住宅产业化发展中的SI体系研究》

4. 增加住宅的居住性价比，提高居民的生活质量

SI体系住宅户型的灵活多变，可满足家庭生命周期的居住需求。它的推广建设可以促进住宅的建筑工业化生产，利于高科技技术的应用，提升

住宅的综合品质，提高其质量性能，实现建设具有舒适性功能、多样化套型和个性化装修的符合居民需求的住宅。此外，SI体系住宅的长寿命也增加了住宅的居住性价比，降低了住户的生活成本。

首先，SI体系住宅的可变性和灵活性可以提高住宅的使用价值。对于居住者而言，购买一套SI体系住宅，随着使用年限的增长可以对房屋内部结构进行自由、便捷地检修、更换，对空调、地暖、卫生洁具等内部设备也可因产品的更新换代及时更换置新，其使用价值相当于3～4套传统住宅，大大提高了住房的使用率。

其次，住宅使用价值的提高也会减少家庭的住宅消费，改变家庭消费结构。根据有关研究，中国城市住宅使用寿命仅30年，普通用户在25～34岁购买住宅后，必须在55～64岁再次购买住宅，但此时，已经处于临近退休或已退休阶段，购买住宅这项大宗消费势必会减少其他消费，严重降低生活质量。另外，住宅寿命的短周期也会导致家庭生存成本的增加，对于家庭而言，随着人口结构的改变和住宅结构的不可变，不得不因换房而更换居住地点，由此不仅增加了购买住房和家庭用品的开支，也增加了因家庭搬迁后承担的工作、子女上学以及其他社会活动的交通成本和时间成本。SI体系住宅的可持续性恰好解决了这一系列的问题，减少家庭住宅消费支出，降低生活成本，对于居民生活质量以及居住幸福指数的提高都具有重要的意义。

1.4.3 SI体系住宅的实施难点

SI体系住宅根据使用寿命和使用功能的不同对骨架体和填充体分别设计，并实现部品的标准化、工厂化生产，具有长寿命、高耐久性、户型灵活可变、节能环保、现场施工速度快、质量优良等特点，不仅可以有效解决我国住宅能耗大、寿命短、维修难和二次装修浪费等多方面的问题，而且可以充分满足住户的潜在需求，全面提高住宅品质和综合价值，实现住宅产业的可持续发展，具有传统住宅不可比拟的显著优势和现实意义。但是由于我国的SI体系住宅建设还处于发展初期，许多技术、管理体系尚不成熟，明显区别于传统住宅的建造特点也决定了其存在一定的实施难度。现将SI体系住宅的实施难点总结如下：

1. 前期研发设计难度大

与传统的住宅建筑设计相比，SI体系住宅设计要充分考虑其精度和质量要求，在前期研发设计阶段就要统筹考虑住宅全寿命周期的规划设计、部品生产、现场施工、维护更新以及再生改建等全过程。首先，在住宅整体规划时要注重既与环境相协调又能服从长远规划，工厂化生产、现场拼装的建造模式提高了质量的稳定性，减少了工程工期，同时也要求长远规划科学合理，实现建筑与规划的协调；其次，在进行主体结构设计时，既要考虑满足住宅适应性需求的大开间体系，又要考虑增强骨架结构的耐久性以达到长寿命的要求；然后，还要考虑建筑中不同材料、设备、设施的使用年限，为实现支撑体与填充体分离提供条件，并要保证填充体设计的模块化、集成化，保证部品的质量和通用性。因此SI体系住宅的前期研发设计难度较大，要考虑全过程中各种因素的影响，面临技术难度和不确定性等挑战。

2. 住宅建设及结构技术要求高

住宅设计要实现“百年住宅”的关键就是保证主体框架的高耐久性，SI体系住宅中支撑体的确定是至关重要的，支撑体的确定也就意味着住宅的形式结构、层数、平面类型以及水平和垂直交通组织的确定等，因此对于SI体系住宅建设过程中基础技术和关键技术的要求很高，不仅对其规划设计、施工、材料部品和竣工验收的标准、规范体系提出要求，而且也对住宅节能、节水和室内外环境等功能性标准的制定提出相应的要求。另外，SI体系住宅支撑体的高耐久性也对其结构技术提出了更高标准的要求，在完善和提高以混凝土小型空心砌块和空心砖为主的新型砌体、内浇外挂、异形柱框架和钢筋混凝土剪力墙结构技术的同时，积极推动轻钢框架结构以及装配式板材等结构技术的开发和推广，以满足大开间、强承重性、高耐久性的要求。

3. 住宅部品生产的标准化要求高

从SI体系住宅的功能性角度来看，填充体是其关键构成部分，可以在支撑体形成的住宅套内空间起到灵活分隔的作用，塑造出不同的空间形态，并可通过住宅部品间的更换实现住宅的可持续性。住宅部品采用工厂化预制的方式加工生产，运至现场装配施工，部品的精准安装就位是保证住宅发挥功能作用的基础，这就要求住宅部品必须具有标准化、通用化、系列化、规模化生产的特点，并且部品本身具有多样性和复杂性，导致住宅部品与主体结构、部品与部品之间的接口准确连接与配合难度增大，因此对住宅部品开发设计的标准化、生产机具的通用化、生产工艺的标准化等都提出了更高的要求。

4. 项目全生命周期管理要求高

SI体系住宅的工业化建造模式使其在设计、施工、运营维护等全寿命周期阶段具有明显区别于传统住宅的管理特征，其实行标准化设计、工厂化生产、装配化施工和信息化运维的管理，因此在整个住宅项目开发过程中的管理提出了更高的要求。首先，为了满足住户的个性化需求，对标准化预制构件的订购管理提出了三维可视化的要求，以保证业主、设计单位、施工单位的协调统一；其次，预制构件大量订购和精准拼装的要求也使SI体系住宅的项目管理必须达到构件级的精细化程度，传统的粗放式管理模式已经不能满足要求；然后，与传统住宅相比，SI体系住宅具有参与主体多、专业要求高、

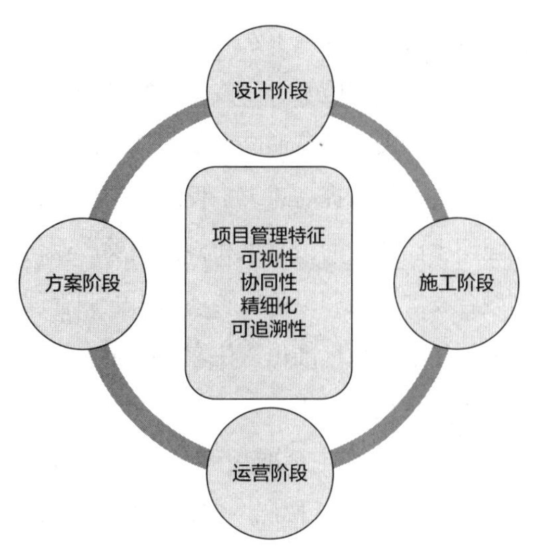

图1-15
SI体系住宅全寿命周期项目管理特征

图片来源：
《基于BIM技术的SI住宅项目管理体系研究》

信息交叉多、协调难度大等特点，需要参与主体之间的协同合作与密切配合；此外，住宅竣工交付使用后，在后期的运营维护阶段，需要整个项目建设全周期的建设信息以及预制构件的设计生产信息，即对项目的信息管理提出了可追溯性的要求。SI体系住宅全寿命周期的项目管理特征要求可归纳为三维可视化、精细化、协同化和可追溯性，如图1-15所示。

1.5 SI体系百年住宅相关的几个概念

1.5.1 住宅产业化

住宅产业化是采用社会化大生产的方式进行住宅生产经营的组织形式。具体说住宅产业化就是以住宅市场需求为导向，以建材、轻工等行业为依托，以工厂化生产各种住宅构配件、成品、半成品，然后现场装配为基础，以人才科技为手段，通过将住宅生产全过程的设计、构配件生产、施工建造、销售和售后服务等诸环节联结为一个完整的产业系统，从而实现住宅产供销一体化的生产经营组织形式。

2012年住房和城乡建设部提出了发展新型住宅产业化道路，即住宅产业化是采用标准化设计、工厂化生产、装配化施工、一体化装修和信息化管理为主要特征的生产方式，并在设计、生产、施工、开发等环节形成完整的、有机的产业链，实现房屋建造全过程的工业化、集约化和社会化，从而提高建筑工程质量和效益，实现节能减排与资源节约。

住宅产业化强调生产方式的工业化和科技成果产业化、强调科技和人才、强调工业化与信息化的高度融合发展、强调绿色低碳环保、强调管理方式的一体化和企业间协作，主要体现在五个方面：住宅体系标准化、住宅部品化、住宅生产工业化、住宅生产经营集成化以及住宅协作服务社会化。

住宅体系标准化即依据住宅标准化程度相对较高的特点，在住宅设计中采用标准化的设计方案、构配件和设计体系按照一定的模数规范住宅构配件和部品，形成标准化、系列化的住宅产品，减少单个住宅设计中的随意性，并使施工简单化，是建筑工业化的必备条件，同时也是住宅生产进行社会化协作的必要条件；住宅部品化是指将住宅分解成一个个相对独立而又标准协调的部品，其意味着不仅要将构成建筑结构本身的梁板柱等工业化生产，而且要优先地将住宅的功能单元部品在工厂里生产并进行现场装配，这样最终完成交给客户的就是一个功能完善的成品住宅产品而不是毛坯房，这是住宅产业化与传统建筑工业化的最大不同；住宅生产工业化是用大工业规模生产的方式生产建筑产品，主要表现在构配件部品生产工业化、现场施工机械化和装配化、组织管理科学化；住宅产业经营集成化是将各部分在逻辑上互连起来，组成一个有机的整体，将原先没有联系或联系不紧密的单元有机地组合成为功能协调的、互相紧密联系的一个新系统，集成之后的效果应该是1+1＞2，具有将系统整体优化的效能；住宅协作服务社会化是将分散的个体的生产转变为集的、大规模的社会生产的过程，表现为住宅生产的集中化、专业化、协作和联合化。

上述住宅产业化的“五化”之间不是独立的，而是相互联系、相互作用的。标准化是产业化的前提，部品化是工业化的基础，工业化是产业化的核心，集成化是产业化的集中表现，而社会化是产业化各因素综合作用的结果。

目前我国住宅产业化处于初级阶段，与工业化住宅发达国家相比，仍存在科技含量较低、整体技术水平不高，住宅建设始终处于粗放型生产阶段，劳动生产效率低，建设周期长；建筑材料的档次和水平较低，住宅的生产和使用能源消耗量大，市场中新型构件和材料的比例很低；住宅部品的模数协调体系还不成熟，各部件产品的尺寸、性能的标准化和通用化程度差；住宅质量性能差等问题。因此住宅产业化的发展应当朝着通用化、标准化的体系发展，研究和探索完善的工业化体系住宅成为其发展的重点。在这一背景下，SI体系住宅由于综合了预制与现浇的各自优势，技术难度低，风险较小，对于初期的住宅产业化具有巨大的优势。

SI体系住宅是针对当前我国住宅建设方式造成的住宅寿命短、耗能大、质量通病严重和二次装修浪费等问题，在吸收开放式住宅建设特点的基础上，借鉴国际先进SI体系住宅建设发展经验，而确立的一种新型的具有中国住宅产业化特色的住宅建筑体系。其本质上改变了传统住宅粗放式的建设方式，顺应时代发展需求，加快住宅产业的现代化进程，与住宅产业化的发展要求具有高度的契合性。

首先，SI体系住宅的建设理念符合住宅产业化的发展要求。SI住宅建筑体系既是住宅技术系统化的核心，也是住宅工业化生产的基础和前提。SI体系住宅内装工业化的发展是在住宅产业化的大环境条件下实现的，住宅产业化的发展进程以及住宅的工业化程度都是内装工业化的基础，内装工业化实现的前提是住宅工业化体系的建立。

其次，SI体系住宅是住宅产业化的进一步创新，满足住宅市场发展和细分的需要。SI体系住宅在装配式住宅的基础上发展起来，既克服了装配式住宅单调、千篇一律的缺点，又保留其标准化的设计理念。

然后，SI体系住宅具有促进住宅产业化发展的优势。SI体系住宅相比于传统住宅在单位面积的成本上具有明显的优势，市场潜力巨大，为住宅产业化进程的推进创造了机会；SI体系住宅具有支撑体高耐久性、内部空间灵活多变等明显的高性价比，使住宅产业化的发展拥有广阔的市场基础，为其提供了新的发展平台；SI体系住宅实现了住宅建设从粗放型向集约型生产的改变，使相关的住宅工业形成产业集群效应，形成以SI体系住宅工业为主轴的产业链条和产业集群，进一步推动住宅产业化的发展。

因此，可以说SI体系住宅是目前最适合推进我国住宅产业化进程的住宅体系。但是我国的住宅产业化不可能立即实现，其发展进程也不会一帆风顺，发展过程中必须要考虑我国的国情，从实际出发，积极推进，稳妥发展，并且要区别不同地区采取不同的政策和策略。从长远看，今后10年左右的时间将是住宅产业化向纵深发展并大面积推广时期。

1.5.2 建筑工业化

根据联合国1974年出版的《政府逐步实现建筑工业化的政策和措施指引》的定义，建筑工业化（Building Industrialization）是指按照大工业生产方式改造建筑业，使之逐步从手工业生产转向社会化大生产的过程。我国对建筑工业化的认识源于20世纪50年代，开始仅局限于建筑工程中生产方式的转变，随着全社会对建筑节能保护和资源循环利用的重视，并在住宅产业化的政策指引下，有些专家对建筑工业化提出了新的定义：建筑工业化是以构件预制化生产、装配式施工为生产方式，以设计标准化、构件部品化、施工机械化为特征，能够整合设计、生产、施工等整个产业链，实现建筑产品节能、环保、全生命周期价值最大化的可持续发展的新型建筑生产方式，用新型建筑工业化生产方式生产的建筑称为新型工业化建筑。

根据百度文献，建筑工业化的基本内容是：采用先进、适用的技术、工艺和装备科学合理地组织施工，减少繁重、复杂的手工劳动和湿作业；发展建筑构配件、制品、设备生产并形成适度的规模经营，为建筑市场提供各类建筑使用的系列化的通用建筑构配件和制品；制定统一的建筑模数和重要的基础标准（模数协调、公差与配合、合理建筑参数、连接等），合理解决标准化和多样化的关系，建立和完善产品标准、工艺标准、企业管理标准、工法等，不断提高建筑标准化水平；采用现代管理方法和手段，优化资源配置，实行科学的组织和管理，培育和发展技术市场和信息管理系统，适应发展社会主义市场经济的需要。

建筑工业化的基本途径是建筑标准化，构配件生产工厂化，施工机械化和组织管理科学化，并逐步采用现代科学技术的新成果，以提高劳动生产率，加快建设速度，降低工程成本，提高工程质量；其目标是实现建筑业由手工操作方式向工业化生产方式的转变，主要强调对建筑业的工业化改造，为此需要进行建筑产品的标准化设计、工厂化制造、机械化施工和科学管理。

建筑工业化不是个新概念，其与住宅产业化两个概念间既有联系又有区别。建筑工业化的核心是围绕建筑这个关键环节的整个建造阶段，是建筑产业化的核心部分，涉及建筑的设计、部件的生产和安装、施工现场的管理。住宅工业化的核心是围绕住宅这一类建筑产品在整个建造阶段采用工业化生产方式。由此可见，建筑工业化高于住宅工业化，同时住宅工业化又是住宅产业化的核心部分，因此建筑工业化和住宅产业化联系密切，但两者包含的范围又有所不同。

住宅产业化包含了住宅建筑主体结构工业化建造方式，同时还包含户型设计标准化、装修系统（暖通、电气、给水排水）成套化、物业管理社会化等。建筑工业化不仅包含住宅建筑物生产的工业化，还包含一切建筑物、构筑物生产的工业化，比如基础设施建造工业化、工业建筑工业化、公共建筑工业化等。虽然两者均强调建筑物、构筑物主体结构的工业化方式建造，但前者更强调生产方式和管理方式，后者强调技术手段。

建筑工业化通常和预制（Prefabrication）共同出现，预制是建筑工业化过程中必须使用的方法，代表了建筑工业化的内在含义。但是目前在建筑工业化，尤其是钢筋混凝土结构的建筑工业化发展进程中，全预制结构的相关研究尚且不足，导致其存在诸多不确定性的问题。在这一背景下，SI体系的出现有效回避了这些问题。SI体系住宅采用支撑体S和填充体I相分离的形式，分别同步进行施工或生产，主体结构根据需要采用现浇或者预制结构，填充体则采用预制化与模块化的生产方式，待主体结构完成后，进行组装即可。若主体结构为现浇结构，填充体部分仍可采用预制化、模块化和部品化的工业化生产方式，实现了内部空间的灵活性配置和可变性改装；若主体结构为预制结构，如钢结构等，也同样具有良好的适应性，保证了该体系在未来全预制混凝土结构中的应用。

由此可见，SI体系住宅是在建筑工业化和可持续发展进程中具有承上启下意义的建筑模式。另外，根据前述讨论，相比于住宅产业化，针对整个住宅产业链，实现住宅产业经济和社会效益提升的大目标来说，建筑工业化强调技术手段的特征与SI体系的内涵有更高的契合性，因此可以说，SI体系建筑是更加适合建筑工业化发展进程的新型建筑体系。同时还应认识到，SI体系建筑并不等同于SI体系住宅，正如建筑工业化不仅包括住宅建造工业化一样，前者包含的内容要更广泛。

1.5.3 装配式建筑

装配式建筑，简单来说，就是由预制部品部件在工地装配而成的建筑。我国早在20世纪50年代就提出应用预制装配式建筑，并在各种预制屋面梁、屋面板、预制空心楼板以及大板建筑中等得到了很多应用，但当时由于建筑技术和经济基础的限制，装配式建筑发展受阻。20世纪90年代末开始，随着社会对建筑产品综合性能的关注，我国又提出了发展装配式建筑。1998年，我国组建成立了装配式建筑办公室，即装配式建筑促进中心，负责全国的装配式建筑推进工作。近年来，在建筑工业化进程中，随着政府支持和市场导向，装配式建筑又作为一种新型建筑应用理念出现，对其定义也加入了新的内容。

根据有关文献，目前所说的装配式建筑是以构件、部品、材料工厂化预制生产，再运输至施工现场装配式安装为模式，以设计标准化、生产工厂化、施工装配化、装修一体化和管理信息化为特征，对研发设计、生产制造、现场装配等各个业务领域进行整合，实现建筑产品节能、环保、可持续、全周期价值最大化的新型建筑生产方式。简单理解为，将组成建筑的各个部件在施工现场按规定的技术要求组装起来而成。而要实现各构件现场组装的前提是预制，即提前在工厂生产好，因此很多文献中又把装配式建筑称为预制建筑或者建筑工业化。

但是，我们必须认识到，装配式建筑并不等同于建筑工业化，前者只是后者的表现方式之一。建筑工业化资深人士陈振基教授曾发表观点：“任何建筑只要是采用了标准化设计，可以用装配化达到工业化的目的，也可以用现浇方式，两者只是构件的浇注地点不同而已，前者在工厂内浇注和硬化，运到现场安装，后者在现场支模，随后浇注和硬化。工序相同，如果工厂生产没有较高的机械化设备，两者的劳动消耗量基本相等，没有工业化水平高低的差别”。推行建筑工业化的初衷在于提高建造效率、减少施工难度、提高建筑质量、减少污染排放等，不论是采用预制生产和现场装配的装配式建筑施工方法，还是采用快装早拆模架系统或者免模板的现浇成型施工方法，都能达到“快、好、省”的工业化建设目标，实现经济效益和社会效益的双丰收。

另外，装配式建筑也不等同于PC建筑。PC是预制混凝土（Prefabricated Concrete）的英文缩写，是装配式建筑的一种类型，其侧重于技术和单纯的混凝土材料，强调主体结构的预制装配化。而装配式建筑可以是各种材料、各种尺寸的，包括装配式混凝土建筑、装配式钢结构建筑、装配式木结构建筑及各类装配式组合结构建筑等，视建筑物的建造要求和经济水平而采用不同的结构。

装配式建筑更不能等同于住宅产业化。狭义来说，“装配式建筑”是一种施工方式，是对工厂化生产构件或部品进行现场安装施工的一种通俗说法，侧重于对设计、施工和构配件生产技术的研究开发应用。而“住宅产业化”则可以称之为一个经济学概念，侧重于产业链的集成化管理。可以说装配式建筑是住宅产业化的一种建造方式但不是全部，或者说装配式建筑是住宅产业化的一种技术方案。一方面，装配式建筑的说法把住宅建设中非装配式的现场工业化方式和全装修等排除在外；另一方面，装配式建筑的对象又不只是住宅，可以是各类建筑物，范围更大一些。

装配式建筑的核心是装配，装配的对象又不只是混凝土，还可以是钢材、木材，甚至是代替黏土砖的砌块等。同时一栋建筑也远不止梁、板、柱等结构构件，一栋功能完整的建筑还离不开外围护系统和设备管线系统等，新型工业化背景下的装配式建筑也并不仅仅涉及主体结构的装配，还涉及到其他很多专业的装配。因此，我们提出发展装配式建筑应该优先从建筑物的内墙、装修和设备部品上开始，而不是主体结构，或者说装配式建筑的做法更适合于建筑物的内外装修和设备部品。这一点恰与SI体系住宅中填充体部品工业化生产、装配化安装的思想相契合，从这一层面来说，两者有一定的重合度。

虽然新时期下装配式建筑的内涵有所转变，但是其与SI体系住宅间仍有所区别。首先，从结果来看，装配式建筑和SI体系住宅都是在住宅产业化和建筑工业化的大背景下的最终产品形态。根据最新颁布的装配式建筑规范，对装配式建筑的定位和思路转到了整体的角度，摒弃了狭义的装配式结构概念，目前推广的装配式建筑是在新型建筑工业化背景下的产物，着眼点是建筑部品的工业化生产、安装和管理方式的转变。SI体系住宅是支撑体和填充体相分离的住宅建筑体系，在保证支撑体部分长久不变的基础上，实现填充部品的工业化生产、安装等。虽然两者在部品的生产和安装上都采用工业化的方式，但前者部品包含的范围明显大于后者，新时期下，建筑部品不仅包括内部隔墙部品、设备部品等还包括梁、板、柱等结构部品，而SI住宅中的部品工业化只针对主体框架建立后形成的内部空间的填充体部分，两者明显不同。另外，在主体结构方面，装配式建筑竖向结构间采用灌浆套筒连接或者浆锚搭接连接，而SI体系住宅的特点之一便是高耐久性的建筑主体结构，支撑体结构不论框架结构、预应力板柱结构还是钢筋混凝土大型支撑体系，均采用现浇施工，并通过提高混凝土强度、增加配筋、加大混凝土保护层厚度等提高支撑体的耐久性能，保证住宅寿命达到100年的前提。

其次，从装配式建筑体系来看，装配式建筑可以划分为PCa装配式建筑体系、SI体系、轻钢龙骨装配式建筑体系以及集装箱装配式建筑体系等。应该指出，这里的SI体系是一种建筑体系，而不是以产品形态存在的SI体系住宅。中国建筑标准设计研究院有限公司发布的国家建筑标准设计图集15J939-1《装配式混凝土结构住宅建筑设计示例》中对于剪力墙结构的编制思路中明确指出，以装配式混凝土剪力墙结构住宅建筑为主线，兼顾成熟的结构装配与SI体系。另外，在有关建筑中管线埋设还是管线分离的问题上，有关文献指出应在装配式建筑中推广应用管线分离的SI体系的理念和做法，SI技术体系已经成为国际上建筑工业化的通用体系与发展方向，基于SI技术体系构建我国新型建筑工业化的通用体系至关重要。并且已经有实例将SI体系应用于装配式建筑，中粮万科长阳半岛5号地块项目，地上部分采用预制混凝土装配整体式剪力墙结构，外墙、内墙、阳台、楼梯、外挂板、女儿墙等十种构件都采用预制方式；建筑设计采用SI内装分离与管线集成技术，24小时新风负压系统、横向排烟系统等内装部品化集成技术等。

因此可以说，SI体系住宅与装配式建筑在建筑设计采用的技术方面有所联系，甚至前者可以为后者所用，并且两者都是在建筑工业化下的新型建筑形式，但两者之间仍存在诸多不同。SI住宅是日本住宅进入成熟期的产物，是日本对集合住宅生产工业化实践的积极探索，深入研究其建设经验，对推动我国住宅产业化发展起到积极促进作用。装配式建筑是实现建筑工业化的重要手段，也是未来建筑业的发展方向，如何将两者有效融合，或者说如何探索出新的更加适合工业化道路的建筑形式，将是提高我国建筑工业化水平和推动住宅产业化发展的重要课题。

1.5.4 内装工业化

内装工业化即将制造业中的工厂化生产方式用于建筑装修业，将传统现场中施工复杂、性能要求较高的部品通过工厂智能化、机械化、系统化、整体化生产加工，再将出厂的成品运输至现场，最终完成与主体组装的新型装修模式。内装工业化就是用工业化生产的方式进行内装修，以工厂化的流水线作业代替传统的现场组织方式，形成以产品为目标的订货、购货、送货、装配流程，从而减少现场施工问题、提高劳动效率、降低成本、降低能耗。

内装工业化目前在国外已经有一套比较成熟的体系。我国在20世纪80年代引入国外先进工业化体系（如SAR支撑体理论），在继续关注结构体，发展大板、大模板等工业化住宅建造体系的同时，对内装工业化进行了一定探索，由此我国的内装工业化进入萌芽期。之后，随着住宅部品开发的逐渐兴盛以及住宅产业化浪潮的推动，直到2010年我国“百年住居”技术集成住宅示范工程建设实践项目雅世合金公寓项目中，实现了内装的装配式施工和部品的集成，初步形成了内装工业化体系。

内装工业化是随着住宅产业化发展而出现的必然趋势，从世界产业现代化发展历程来看，其以先进的建筑技术体系转型和进步为基础，通过工业化的生产建造方式，实现住宅部品的标准化、系列化、通用化，提高居住质量。同时，内装工业化的实现对于住宅产业化的发展也具有重要意义。内装部品体系种类繁多，包括整体厨卫、隔墙、吊顶、地面和设备管线等系统。目前我国内装工业化的示范项目有雅世合金、绿地南翔等；设计、生产、建造过程中实现了标准化和装配化，建立了项目的部品体系。但要从真正意义上实现内装工业化，则需要扩大室内空间，减少承重结构所占空间。另外，还需要提高技术水平，建立健全的内装体系，整合内装产业链等。

完整的内装工业化结构体系包括内装部品体系、内装部品的集成技术和部品的模数协调和工业化生产三部分。三方面缺一不可，从设计、生产、安装、维护阶段，明确各阶段涉及的部品内容、数量、尺寸要求、接口技术、工业化生产方式、安装工法以及性能认定和维修维护管理方法。协调各阶段参与单位的工作，减少湿作业量，实现工厂的规模化、系列化的生产，节约资源、减少能耗，从而形成内装工业化完整的产业链条。其相比于传统内装的优势主要体现在以下几个方面：

（1）设计上，内装工业化采用强大的标准化、模块化、成品化的数据库模板，根据用户需求调用搭配出个性化的空间组合；而传统内装则是提供多种固定模板的选择，并且很多模板都只停留在设计师的构思阶段，没有实物的支撑，很多时候会出现真实场景跟效果图相差甚远的现象。

（2）施工上，内装工业化采用工厂精细化生产组件，现场安装的干法施工模式，施工现场干净整洁，无污染，且工厂大型机械智能化加工，成品标准、精美；而传统内装采用现场湿法施工，施工现场因垃圾、污染、噪声而混乱不堪，并且现场工人手工施工，质量难以保证。

（3）节能上，内装工业化由于其标准化、模块化、精细化生产的特点，会统一计划材料，不存在材料过剩或不足的情况，并且边角废料还可再利用，甚至加工废料都可回收再利用，符合节能环保、可持续发展的理念；而传统内装的材料一般是本着只多不少的原则提前购买，往往会出现材料剩余只能浪费的情况。

（4）品质上，内装工业化下的设计、生产、安装全部由公司专业团队执行，即使是外包团队，也有相应的标准规范做指导，并且部品尺寸标准、内部空间立体感强；而传统内装多是“游击队”或者“作坊式”的，即使是专门的装修公司也是将施工工程层层分包，导致装修问题层出。

因此可以说，内装工业化是当下乃至未来建筑装饰装修的必然趋势。目前，我国内装工业化三个先驱性项目——雅世合金公寓、众美光合原筑住宅、绿地南翔百年住宅项目的落地，见证了我国内装工业化的升级和转型。作为这三个项目的日方合作者，闫英俊表示，内装工业化在中国落地主要是两大部分：一是大空间的概念，这是SI住宅最精髓的部分；另一个是SI体系结构和设备分离。SI体系住宅的填充体部分完全采用工业化内装的思想，包括大空间，可分离，装配式卫生间、厨房、地板以及各种设施设备、集成管线等。一方面，架空地板、分离体系、同层排水等内装工业化集成手段的应用解决了传统内装一直难以克服的关键技术难题，另一方面，随着住宅部品不断走向大型化、单元化，整体卫浴、厨房等模块化部品的研发，提高了住宅内部空间的功能性和质量，符合SI体系百年住宅长寿化的理念。

另外，SI体系的理念也为内装工业化的形成提供了技术支撑。我国在大力发展住宅产业化的浪潮中，住宅工业化随之而生，其机械化、工厂化的特点带动了住宅部品的大量需求，由此，住宅内部空间不同功能的部品通过组合形成了住宅部品体系。随着“开放建筑”“SI体系”等理念的引入，支撑体与填充体分离的思想应用在住宅的建设中。为了提高填充部品的精细化，住宅部品体系中进一步细化演变出内装部品体系，与SI体系理念中的管线分离、干法施工等技术工法，共同为内装工业化的形成奠定了基础。相关概念间的关系如图1-16所示。当然，在国家推动下，越来越多的企业加入到住宅工业化的探索中，如万科、远大等住宅提供商，海尔、博洛尼、松下等部品提供商，也是内装工业化形成过程中的重要因素。

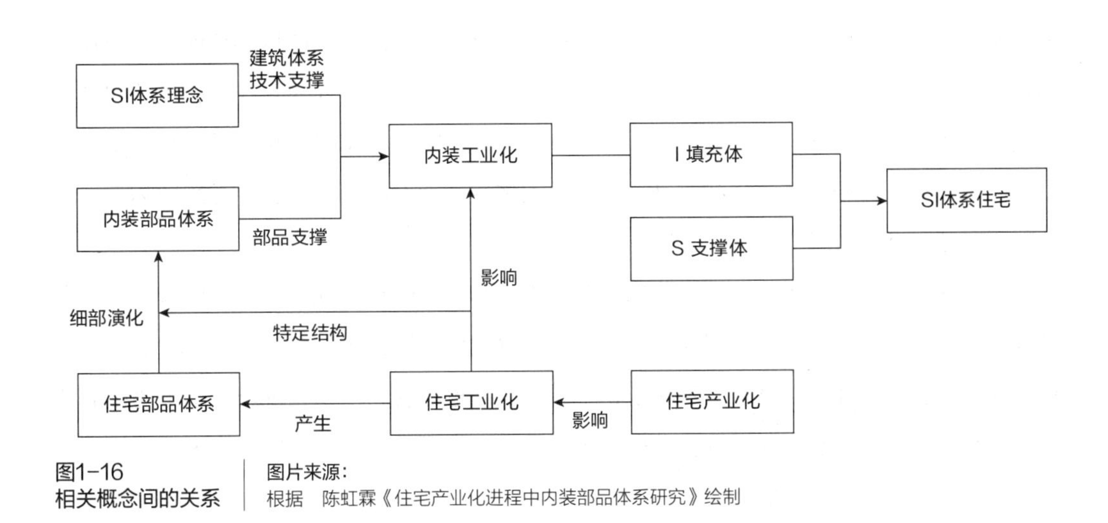

图1-16
相关概念间的关系

图片来源：
根据 陈虹霖《住宅产业化进程中内装部品体系研究》绘制

1.5.5 工业化建造

工业化建造是工业化发展过程中随之产生的建造方式，是指采用标准化的构件，并用通用的大型工具（如定性钢板）进行生产和施工的方式。简单来说，就是采用工厂化的方式生产结构构件，将构件运输至现场进行组装装配，组合成建筑物的方式。其本质是对生产方式的一种变革，是对传统生产方式的一种革命。建筑工业化的根本就是建造方式的变化，核心是标准化设计、工厂化制造的现场装配化组装、一体化装修。这种建造方式将工业制造引入传统的建筑业中，实现制造业和建筑业的融合，形成“设计+制造+装配施工”的建设方式。其目的是用最少的时间、劳动力投入和最合理的成本投入建造出满足不同建筑使用者需求的建筑。根据建筑构件生产地点的不同，工业化建造方式可分为工厂化建造和现场建造两种。

（1）工厂化建造，也称为预制装配化，是指采用构配件现场装配的施工方式，即按照统一标准定型设计，在工厂内成批生产各种构件，然后运到工地，在现场以机械化的方法装配成房屋的施工方式。因此，采用这种方式建造的住宅又称为预制装配式住宅，主要有大型砌块住宅、大型壁板住宅、框架轻板住宅、模块化住宅等。

与传统的现场施工相比，工厂化建造或者说预制装配式施工具有施工方便、现场安装工程进度快、受季节影响小、对周围环境影响小且构配件质量有保证等优点。过去在我国主要应用在工业建筑中，近年来在民用建筑特别是住宅建筑中开始广泛采用，目前我国已经有一些代表性的预制装配式建筑项目和示范工程，在结构体系研究上也取得了一定的成果和进展，但是在实践应用中也暴露出诸多不足之处尚待解决，如需要辅以各种材料与构件的生产基地、一次性投资很大、构件定型后灵活性差、结构整体性和稳定性差、抗震效果不理想等。

日本预制装配式建筑的发展在亚洲处于领先地位，由于其地震多发性，日本在预制混凝土构件的连接中采用了节点现浇的手法，以提高预制装配式住宅的抗震性能，在增强结构稳定性及整体刚度方面取得了很好的效果。目前日本预制装配式建筑在混凝土结构中占比已超过50%。我国一些住宅工业化探索中的领先企业也已对PC进行相关研究和应用，如万科公司正在进行相关的试验和改进，长沙远大住宅工业有限公司则已经运用国际最先进的PC构件进行工业化住宅生产。

（2）现场建造，是指将工厂内通用的大型工具和生产管理标准搬到现场中来，直接在现场生产构件，通过工具式模板在现场以高度机械化的方法施工，取代繁重的手工湿作业，并且在生产构件的同时就组装起来，生产与装配过程合二为一。现场建造中应用的技术主要有大模板、滑模和爬模等，根据所用工具模板类型的不同，可以分为大模板住宅、滑升模板住宅和隧道模板住宅等。

相比于工厂化建造，现场建造的优势在于一次性投资少、对环境适应性强、建筑形式多样、结构整体性强；不足之处在于现场用工量大、所用模板多、施工容易受季节影响等。以上两种方式各有优缺点，其适用条件和适用范围各有不同，很难说哪一种建造方式更优。

工业化建造相比于传统建造方式有诸多优势：①减少建材消耗。预制集成是工业化建造区别于传统建造方式、发挥其技术优势的关键，工业化建造方式下，建材首先在工厂制作成标准的建筑构件，然后运送至工地完成组装，使建材的使用更加合理、高效；另外，对于住宅建筑的维护和拆除，前者要容易得多，产生的废弃物也更少，其工业化、预制化的特征也更利于材料的循环使用。②利于节能技术的集成。工业化建造方式可在设计之初便考虑各种节能材料和节能技术的应用，有针对性地进行建筑节点、构造的设计，使新的节能材料和节能技术以更精细化的方式与建筑整合为一体，更大化地发挥其性能。③优化建造方式。工业化建造可通过现代化的制造、运输、安装和科学管理等大工业的生产方式，来代替传统建筑业中分散、低水平、低效率的手工业生产方式；另外，构件的工业化生产精度更高，能最大限度地改善墙体开裂、渗漏等质量通病，提高建筑的整体安全性等，保证建筑质量。

我国在20世纪50年代，借鉴苏联的经验，开始用工业化方法建造住宅。伴随着社会学家对个体价值的重视，工业化建造方法所带来的城市住宅千篇一律的问题引起建筑师反思，在此基础上，荷兰学者哈布瑞肯提出“支撑体”和“填充体”作为解决策略，即SAR支撑体住宅理论与体系，后受开放建筑学思想的影响，并经日本不断深入研究和创新，于20世纪90年代全面形成支撑体和填充体完全分离的SI住宅体系，其核心之一是根据工业化生产的合理化，达到居住多样性和适应性的目的。

可以说，SI住宅体系和工业化建造两组概念间既相互矛盾又紧密联系。首先，SI住宅体系以实现使用者的多样化、个性化需求为重要目的；而工业化建造必须借助标准化、批量化生产实现经济效益。两者看似是对立的矛盾体。其次，工业化制造的标准化构件又可按照使用者的要求进行灵活多变、快速的组合从而实现个性化，SI体系住宅也唯有采用工业化的建造方式才能保持长久的生命力。从这一点看，两者又是完美的融合体。因此，两者既矛盾又统一，如何在结合过程中充分发挥两者的优势？如何将工业化建造这种经济、高效的建造方法应用于SI体系住宅中？都将成为今后建筑工业化课题探索中的重要部分。

1.5.6　SI体系住宅的工业化建造

以上比较了与SI体系住宅相关的五个概念，这些概念都各有其确定的含义和应用范围，SI体系住宅与其的关系也各有侧重。首先，对于住宅产业化和建筑工业化，只能说SI

体系住宅是最适合其未来发展方向的一条路径。当然，随着工业化和产业化的推进，SI体系住宅的内涵也必将会继续丰富，前两者的含义和范围明显远远大于SI体系住宅；其次，对于装配式建筑，其与SI体系住宅同属最终建筑产品这一维度上，两者在部品生产的工业化和标准化上有相通之处。但前者更倾向于建筑工业化的实施方式，偏重技术层面，强调建造技术的工厂化、装配化；后者更倾向于住宅产业化进程下的产物，不仅要考虑部品生产的工厂化、现场安装的装配化，更要考虑住宅整体的灵活性、可变性、长寿性等性能，两者要针对解决的问题明显不同；内装工业化是SI体系住宅衍生出的一种特性，SI住宅中的填充体部分完全可以采用内装工业化，达到提高建造效率和提升建筑质量的目的；最后，对于工业化建造，其是与SI体系住宅间最能达到融合点的一个概念，工业化建造既不同于内装工业化那么具体，又不同于建筑工业化和住宅产业化那么宏大，作为一种经济、高效的建造方式，其与SI住宅支撑体和填充体分离的理念相结合，共同构成建筑产业的新型工业化建筑体系。其主要思想包括：建筑具有可变性，使用者能参与决策，与工业化生产方式结合。

因此，本书将从SI体系住宅的构成，SI体系住宅的支撑体、填充体、接口的工业化建造等方面为业界提供一份工业化建造指南，并在第八章以一个虚拟的住宅案例，详细阐述SI体系住宅的工业化建造流程，以对新型工业化建筑体系的发展提供新的思路。

SI 体系住宅的国内外发展

2.1 SI体系住宅的产生和发展

2.1.1 支撑体住宅

20世纪60年代中期，荷兰的哈布瑞肯教授成立了建筑研究机构SAR（Stichting Architecture Research），针对第二次世界大战后大规模工业化住宅建设中存在的标准化与多样化等问题，结合荷兰土地有限但人口密集的环境，引进欧洲建筑领域的开放设计体系和用户参与设计等建筑社会化成果，提出了SAR支撑体住宅的理论、方法和建造技术体系。为荷兰城市住宅建筑用地有限，住宅工业相对集中的局面提供了解决方法，相对的，这样住宅工业密集的环境也为荷兰大量的新型住宅提供了实践的机会，使得荷兰的住宅产业化发展排在了世界的前列。SAR的主张具有时代性，满足了当时社会的需求，引起政府及社会的重视，使SAR理论得到广泛传播，在世界范围内逐渐为人们所认识，除荷兰外，在英国、法国、德国和瑞士等欧洲国家也得到全面普及。

荷兰的莫里维利特（Molenvliet）住宅（1977年）是SAR理论的最早实践项目。该项目共计123套住宅，采用围合式内庭院布局，院落之间采用过街楼式的步行通道相连，形成了相对独立的两个院落，营造了丰富、宜人的居住环境，堪称经典。建筑师威尔夫在设计中运用了SAR理论，引入了区、界、段的定义，并着重体现了以人为本的理念，将住户的利益放在第一位。

SAR理论的思想改变了现行的住宅建设程序，使居住者对他们的居住环境有决定权，居民按照自己的意愿进行住宅的设计与建设，只有这样住宅才能适应不同人的生活方式，才能产生不同的建筑空间和环境，将多样化、可变性与工业化相结合。SAR支撑体住宅具有很大的灵活性和可变性，可以在骨架结构不变的前提下改变内部空间布置及垂直方向的扩展，延长了住宅的使用寿命，满足了人们不断提升的精神要求。

2.1.2 开放建筑理论

开放建筑理论（Open Building）是哈布瑞肯教授在SAR支撑体住宅理论基础上的进一步发展。20世纪70年代，哈布瑞肯教授提出“层次”理论，“层次”理论将城市和建筑分为许多的“基本组织”，包括城市肌理（Urban Tissue）、建筑主体（Support）、室内装修（Infill）三个层次，这三个层次分别由政府部门、开发商和住户负责决策，层次理论促使更多的部门参与住宅建设过程，并奠定了开放建筑和开放住宅的理论基础。

开放建筑理论及体系发展出了支撑体体系、填充体体系和外围护体系等几个集成附属体系。这个基本理念在生产建造过程中体现出集成附属体系的特征。集成附属体系指的是将设计建造条件转化为规定性能的集合单位，且不同企业所生产的集成附属体系具有互换性，从而构成开放建筑。在开放建筑的体系中，使用者自身是环境控制的主体，建筑被指定为承接性容器、作为可长期持续变化的物体而存在。

20世纪80年代以后，“可拆开的构件”进一步发展，不仅推动了填充体的工业化生产，还呈现出多样化的局面，填充体构件向着满足人们需要的方向进步。填充系统的部品提供空间变化的自由度，与结构主体不发生关系，在新建筑和旧建筑改造中都能最大程度发挥其可变性与适应性。填充体的完善，促使SI体系住宅进一步的发展，不仅满足了人们对空间布置的需要，还大大提高了生产效率。20世纪90年代后，荷兰的填充体体系逐渐形成，构配件的工业化生产也基本实现。

2.1.3 SI体系住宅

工业化住宅的诞生往往起因于住房需求的旺盛和现有住房的紧缺，无论是SI体系概念的发源地欧洲，还是将SI住宅发展成熟的日本，都是在其需求量巨大的背景下，促使了新型住宅体系的研究与发展。而SI体系高效率生产的特点，也恰恰适应了当时供不应求的住宅市场环境。

欧洲具有悠久的住宅建造史和先进的住宅设计理念，同时也是SI体系的发源地。第二次世界大战以后，欧洲各国出现房荒，住宅需求量激增。为此，各国采取多种方式，使住宅产业逐步发展起来，引起了住宅建设领域的一场革命——住宅产业化。法国、苏联、瑞典等欧洲国家的住宅产业走过一条预制装配式大板建筑的产业发展道路，由于第二次世界大战带来的严重创伤，这些国家住宅短缺，为提高住宅生产效率，大量预制各种构配件和部品，建造了大量的住宅，满足战后居民的住宅问题，20世纪80年代以后这些国家的住宅产业化发展转向注重住宅的功能和个性化。

日本在经历了第二次世界大战之后，同其他西方国家一样，开始了战后重建工作。1974年，日本HUDC（Housing and Urban Development Corporation）组织实施KEP计划，是早期SI住宅体系在日本发展的具体项目。最近十几年SI体系的研究主要集中在日本。20世纪80年代，日本提出构建CHS（百年住宅体系），强调通过设计、建造、维护管理等全过程实现住宅的长寿化。20世纪90年代，日本提出KSI住宅体系，真正实现了外部支撑体与内部填充体的分离。2007年，福田康夫提出了“200年长寿住宅”的构想，进一步推动了S和I分离的研究。目前，日本关于SI体系住宅的研究主要集中于实现垃圾减量化和需求多样化的多目标优化，多功能设计和建筑翻新及可持续发展等方面，SI体系在日本肩负着住宅长期使用和后代可持续使用的责任。后面的章节将详细讲述日本在SI住宅领域的研究与发展。

中国在吸收SAR理论和OB理论基础上，借鉴国外的发展经验，探索适合中国的SI住宅体系。1981年，东南大学鲍家声教授在美国MIT接受了哈布瑞肯教授的SAR住宅设计理论，回国后主持设计出第一个支撑体住宅小区——惠峰新村支撑体试验工程。2006年，济南市住宅产业化发展中心在对日本KSI住宅的理论和技术研究的基础上，开发研究了适合我国国情的CSI住宅。2010年，住房城乡建设部科技与产业化发展中心（原住房城乡建设部住宅产业化促进中心）发布了我国唯一关于SI住宅的国家层面上的指示性文件——《CSI住宅建设技术导则（试行）》。2012年5月，中国房地产业协会和日本日中建筑住宅产业协议会签署了《中日住宅示范项目建设合作意向书》，并联合中国建筑标准设计研究院成立了中国百年住宅建设项目办公室，开始实施“中国百年住宅”战略。此外，一些住宅建设的先锋企业也在积极探索适合的SI住宅体系，如万科的VSI体系、北京的雅世合金示范项目、上海的绿地南翔威廉公馆等。目前，我国的SI体系住宅仍处于试验应用阶段。

2.2 SI体系住宅在日本的发展

20世纪60年代，日本提出了住宅产业化的概念，开始了对住宅工业化生产的研究。日本提出住宅产业发展要分三步走，第一步是要准确掌握现在及未来住宅的结构需求，第二步是要着重发展住宅的标准化，第三步是要发展住宅的生产与供应体制。

进入20世纪70年代，日本派代表团对荷兰SAR组织进行了访问和学习，并将这种理论带回了国内，开始了对支撑体住宅的研究工作。日本成立了专门住宅的研发机构，HUDC（Housing and Urban Development Corporation）就是其中的组织之一，他们主要从事以试验为目的的住宅项目的研究。研究的内容主要包括支撑体的设计与建造、部品的设计及其装配方式、与住宅建筑有关的设备系统，以及向用户提供用于改造更新的住宅建筑产品。1974年，日本开始开发KEP住宅。该体系由四个子系统组成：外墙围护系统、内部系统、卫生系统、通风和空调系统。每个子系统都都有其相应的标准化性能规格，制造商根据这个标准研发他们的产品。很多大型厂商都参与了填充系统的研发，如松下、普利司通等。

20世纪80年代后，日本开始对CHS进行了深入研究，并取得了大量的成果。CHS研究主要针对原有住宅改造的困难，充分考虑建造近远期结合、居住人口变化以及生活方式改变等因素，合理延长住宅建筑的使用寿命。CHS的研究很大程度上推动了日本住宅产业化的发展，同时也为研发新型的住宅建筑体系创造了良好的环境。

进入20世纪90年代后，在CHS研究成果的基础上，具有日本代表性的KSI住宅诞生了。KSI体系住宅作为一种可持续的产业化住宅，其填充体的可装配性发挥了积极的作用。2003年，日本开始在全国推广KSI体系住宅标准。这种住宅解决了公寓式住宅楼现状中存在的多种问题，为居住者提供了可由自己参与设计和建造的户型，更加全面地体现了以人为本的居住准则。基于新世纪的可持续发展观，KSI住宅以系统的方法统筹考虑了住宅全寿命周期“设计—建造—使用—改造”的全过程。同时KSI体系住宅极大的推进了住宅产业化的发展，也为住宅产业提供了清晰的市场模式与技术路线。2007年，日本又根据这种住宅的发展状况，提出了住宅建设的长期发展目标——“200年住宅”，KSI体系住宅也得到逐步的推广。

为了适应高品质住宅建造，不再单纯依靠住宅主体结构的变化满足可变居住空间的发展要求，日本将其先进的住宅部品作为工业化应用技术的载体，以最大限度实现内装部品工业化生产的通用化和规格化，大幅提高了工业化成品住宅的整体水平，真正实现了住宅商品化。1959年，日本制定了KJ（Kokyo Jutaku）规格部品认证制度，但由于KJ部品的尺寸、材料只能由公团规定，使得生产单一规格的部品厂商之间存在恶性竞争，因而KJ部品在20世纪70年代逐步退出视线。为了推动住宅部品产业化发展，日本建设省成立了住宅部品开发中心，制定了BL（Better Living）优良住宅部品认定制度，并于1974年开发BL部品。日本住宅内装部品工业化从1950年代至今经历了从标准设计到标准化；从部品专用体系到部品通用体系，再到全面实施部品产业化的过程。

2.2.1 KEP开放性体系

KEP（Kodan Experimental Housing Project）国家统筹试验性住宅计划（1973—1981年），是日本住宅公团开发的“由工厂生产的开放式部品形成的住宅供应系统”。日本第二次世界大战后的批量建设在持续了30年之后，受到了来自1973年石油危机的影响，产量大幅下降，其工业化发展的方向也随之发生了改变，住宅需求的重点由数量转向了质量。随着日本住宅系统研发的深入，住宅部品产业化趋向成熟。从1973年到1981年的日本KEP开发，彻底转变了既定的单一模式，更为强调研究住宅部品生产的合理化和产业化，以通用体系部品间的组合来实现灵活可变的居住空间。KEP以实现住宅部品生产合理化为目标，彰显了住宅的多样性、可变性和互换性，如图2-1、2-2、2-3所示。

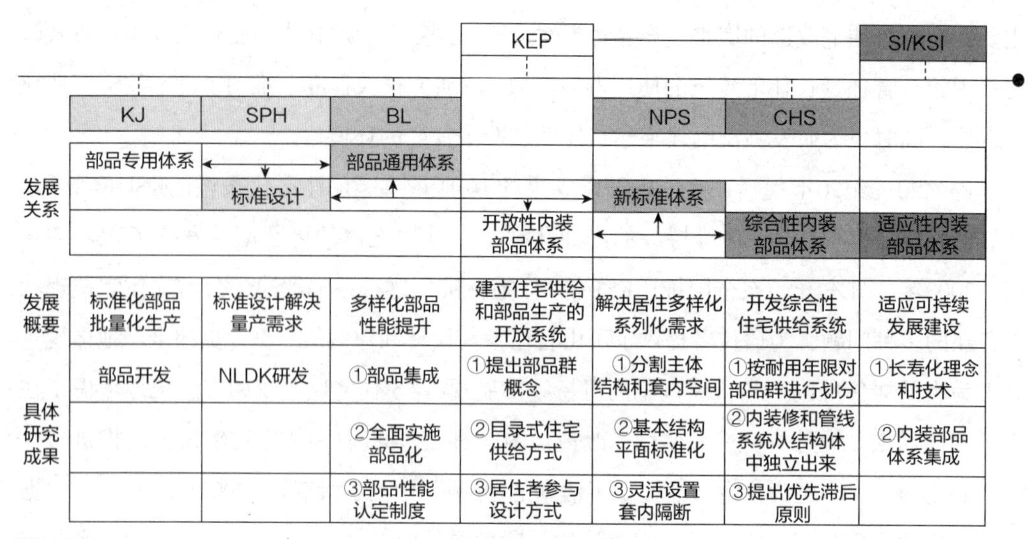

图2-1
日本内装部品发展主要成果

图片来源：
《日本KEP到KSI内装部品体系的发展研究》

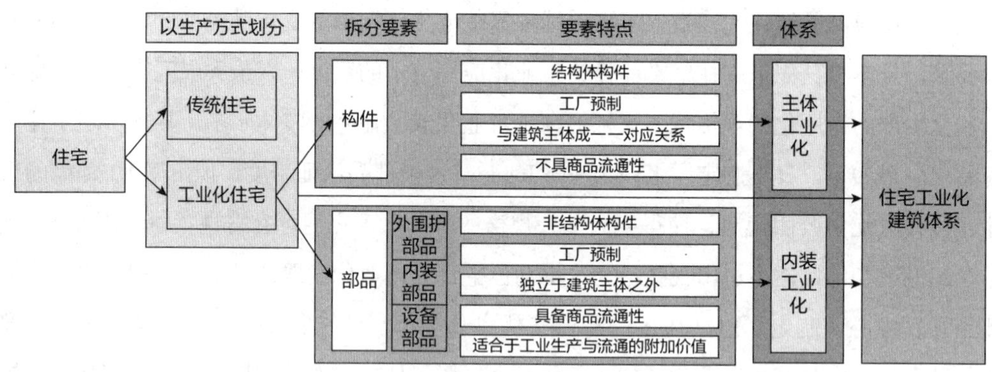

图2-2
内装部品在住宅工业化建筑体系中的角色

图片来源：
《日本KEP到KSI内装部品体系的发展研究》

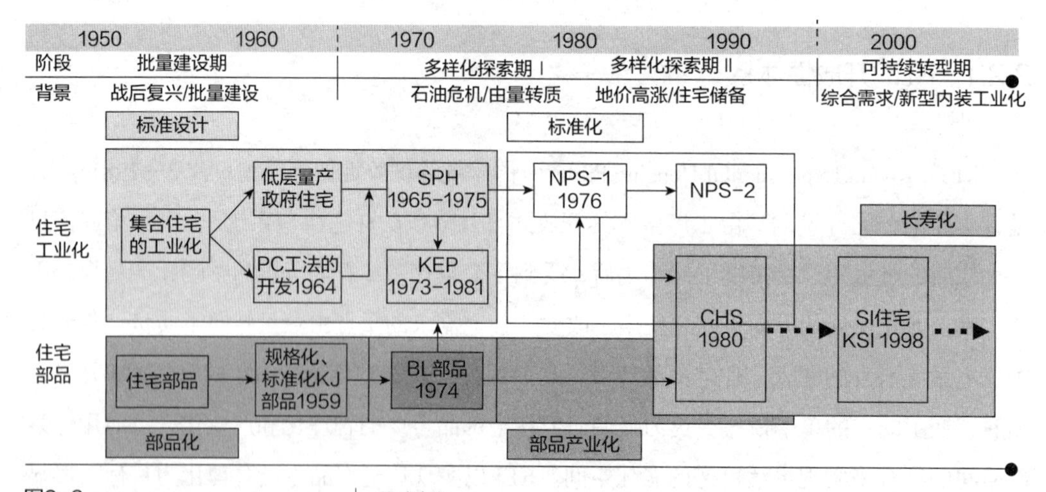

图2-3
日本住宅工业化与内装工业化进程

图片来源：
《日本KEP到KSI内装部品体系的发展研究》

1. KEP的居住者参与机制

KEP计划的提出使居住者参与到设计环节和建造过程之中，改变住宅被全权控制在规范流程之内的模式，将灵活可变的居住空间交由居住者自己决定。在住宅建设之初，就充分考虑了对套内可变空间的塑造，通过不同部品的组合，实现住宅的灵活性和适应性。因此，将整个住宅设计和建造过程分为四个阶段进行（表2-1）。

居民参与的套内空间四阶段设计　　表2-1

	第一阶段		第二阶段	第三阶段	第四阶段
类别	外部		内部		
系统	结构主体	外围护部品	内装部分		
部品/构件	柱、梁、板、承重墙、设备管线（共用）等	分户墙（非承重墙）、户门、外窗、阳台栏板、阳台扶手、阳台分户墙等	内隔墙、吊顶天花、架空地板、整体卫浴、集成厨房、水相关部分等	内分隔墙、综合收纳、专用设备、专用管线、电器相关部分等	家具、终端设备、其他非系统部分等
要点	①住宅框架结构主体； ②公共设备及管线； ③外围护部分		①由居住者设计套内空间； ②按照居住者要求配备厨卫设备； ③按照居住者要求安装隔断墙，灵活划分套内空间	①设计者按照居住者要求深化套内空间设计； ②尽量以规格化的部品完成内装工作，并交付使用	作为完善和丰富，居住者按照个性化需求从住宅产品目录上选购补充性的部分
示意					

（图表来源：《日本KEP到KSI内装部品体系的发展研究》）

2. KEP的目录式选择

KEP 目录式住宅设计系列（KEP System Catalogue）的中心思想是向居住者提供一个开放性的可变居住空间，通过不同部品组合的技术集成综合开发，形成了一种菜单式的选择模式，从而通过部品完成内装、通过目录实现设计。此外，KEP 对住宅部品群的分割方法、界面衔接、成立条件等技术组合都做了有意义的研究。KEP 中所有的部品设计需要遵守支撑体和设备体中相应的尺寸模数关系，同时着重部品和接口专项设计，保证部品的通用性、互换性和兼容性。KEP 提出住宅部品的分割规则，即对部品群（整体卫浴、集成厨房、系统收纳等）实行统一的规格标准，工厂预制、现场装配。部品群的灵活性和适应性改变了早期住宅工业化封闭的体系，建立了住宅内装部品生产的开放系统，也促进了与之相应的住宅产业同步发展。

2.2.2 NPS新标准体系

NPS（New Planning System）新标准设计体系，日本统称为“公共住宅设计计划标准”，是能够适应设计多样化的新系列。1976年，为了弥补住宅标准设计SPH（Standard of Public Housing）相对单一的不足，日本公营集合住宅开发出一种新的体系——NPS体系，NPS体系是一种多样化公共住宅标准设计。SPH是针对套型的标准化设计，而NPS是标准设计体系，从SPH到NPS的进化发展，是一个从“大量少品种”向“少量多品种”标准设计的转变过程。

NPS的实施为创造灵活的居住空间提供了方法准则，促进了住宅产业化发展。在工业化发展的大背景下，NPS将结构主体系统和设备系统分离，既可以维持一定的框架，又形成可自由变换的多样性居住空间。支撑体的标准化是新标准设计体系建立的基础，即基本结构平面标准化。内装部品的标准化则是促进综合性标准设计系统的构建。

1. NPS 的面积系列分类

NPS设计以长期居住为前提考虑套型的设计，由按照套型分类转变成按照面积系列分类（表2-2），以不同的面积系列对应居住者多样化居住

NPS面积系列分类 **表2-2**

<table>
<tr><th>面积类型</th><th>套型类型</th><th>居住需求</th></tr>
<tr><td>50㎡型</td><td>1L 大 DK—2 DK</td><td>面向少人口家庭</td></tr>
<tr><td>60㎡型</td><td>2L 大 DK—3 DK</td><td>3DK作为公营住宅中的主流套型</td></tr>
<tr><td>70㎡型</td><td>2L 大 DKS—3L小DK—4DK</td><td>公团住宅选择带起居室的3LDK作为主流套型
公营住宅选择多室的4DK套型供联合家庭居住</td></tr>
<tr><td>85㎡型</td><td>3L 大 DK—3L小DK・S—4L小DK</td><td rowspan="2">带大型起居室的套型可以实现公共空间的扩大根据生活方式的不同可以灵活设置储藏空间</td></tr>
<tr><td>100㎡型</td><td>4L 大 DK—4L小DK・S—5L小DK</td></tr>
</table>

备注：
① L（Living room）起居室；D（Dining room餐厅）；K（Kitchen）厨房；S（Storage room）储藏室
② 表中字体加重为主要类型

（图表来源：《日本KEP到KSI内装部品体系的发展研究》）

要求，同时不同的面积类型也反映出了不同的套型构成。

2. NPS的系列化平面设计

NPS的主要特征是形成系列化平面，通过不同的面积类型选择与组合模式，实现住宅总体布局上、住栋设计上的多样化，以及在套内空间上也有一定的突破。采用“比例标准化”，居住者可以根据实际情况决定平面大小。比如，在住房设计方面，NPS根据不同的建设条件统一套型进深，实现了把不同套型拼接起来的混合住栋。在套内空间设计方面，采用了灵活可变的隔断，如轻质隔墙、柔性遮挡、隔断家具等，大大提高了套内空间的自由度。

2.2.3 CHS综合性体系

CHS（Century Housing System）百年体系住宅，是为居住者持续提供舒适的居住生活而建立的，包含设计建造、生产供给、维护管理等全过程在内的综合性住宅建设体系。日本部品产业化的稳步发展为日本住宅工业化打下了坚实的现实基础，也为逐渐开始的CHS体系研究打开了新的契机。作为原日本建设省（现国土交通省）为了提高居住水平和振兴住宅相关产业的重要研究内容，1980年开始的CHS在结合了KEP高效的供给形式和NPS多样化的居住方式的基础上，逐步成为了综合性开发的体系住宅。该项目的目的不仅要保证住宅在整个生命周期内结构的耐久性，还要满足其内部装修、维护改造、设备更新以及住户生活方式发生改变等对住宅性能的可持续性要求。

CHS的意义在于通过确保住宅的功能耐久性和物理耐久性，实现长寿化的百年住宅建设目标，如图2-4所示。其中，前者指住宅在功能上的灵活性与适应性，是满足成长中家庭需求变化的发展条件；后者针对住宅主体的寿命，耐久性高的结构主体是社会资产的构成基础。两者同步推进，才能真正实现CHS百年住宅建设的构想。CHS具有高耐久性的建造方式和灵活可变的居住方式，预示了公共住宅将向可持续发展型的SI住宅转型。

1. CHS设计原则

1988 年，日本围绕 CHS 开始了“百年住宅建设系统认定事业”，一直持续到今天，并为此制定了《百年住宅建设系统认定基准》。这项基准给出的六项基本原则，在明确住宅的必要性能和促进住宅长寿化上起到了重要的先导作用，包括可变性原则、连接性原则、分离原则、耐久性原则、保养与检查原则、环保原则。强调了套内空间的可变性、内装部品尺寸的统一性、内装部品的可替换性、管线的独立性及结构的耐久性，CHS 就是要在住宅设计之初就预见性地提供可变居住空间以应对成长中的家庭变化。

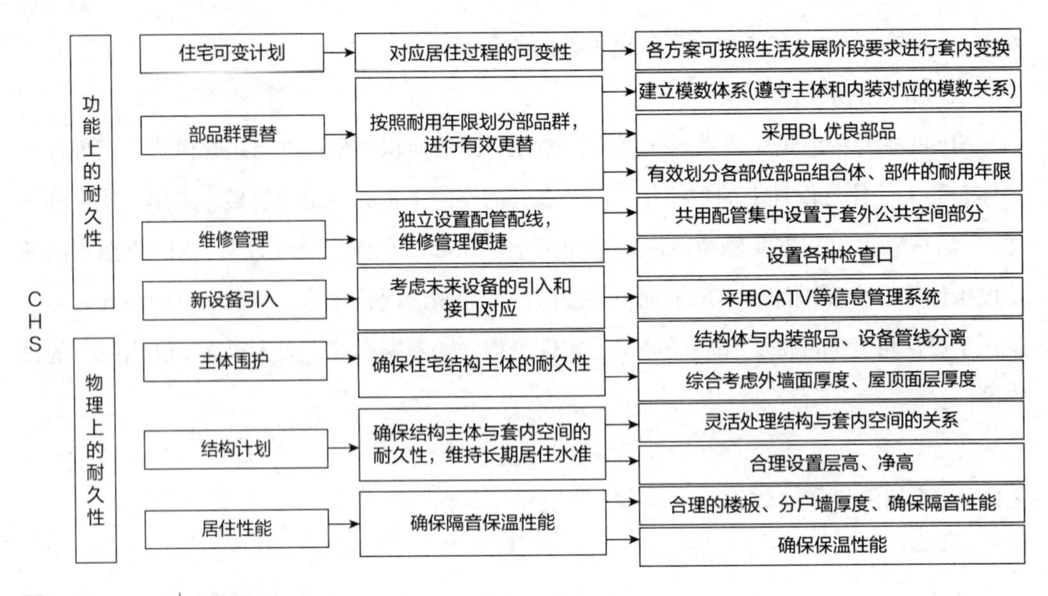

图2-4
CHS体系构成

图片来源：
《日本KEP到KSI内装部品体系的发展研究》

2. CHS的部品群划分

在CHS众多的原则和要点中，将部品群按照耐用年限划分，并采用优先滞后的原则进行连接是其独有的思想。在不损伤住宅本体的前提下进行部品更换，这就需要部品处于相对独立的状态，这样当更换其中某一个临近使用年限的部品时，不会影响到其他耐久年限较长的部品。早期的工业化住宅只考虑到主体结构层面的标准化，而CHS则是同时协调主体结构部品群和内装部品群的尺寸、定位、相互关联。通过模数化设计与系列化设计，建立统一的协调模数网格体系，实现结构、部品、设备之间的有机结合。针对“部品群耐用性等级”，CHS划分了5种类型，耐用年限分别为04型3～6年、08型6～12年、15型12～25年、30型25～50年、60型50～100年。建立不同耐用年限的部品群可以降低住宅改建的成本和难度，也使得住宅的居住性能得到长效保证，大大延长了住宅的寿命。

2.2.4 KSI适应性体系

KSI（Kikou Skeleton Infill）机构型SI体系住宅，是日本UR都市机构将SI体系住宅理论应用于公共住宅工业化生产实践中的体现，其思想为有效利用资源、减少建筑废弃物，其绿色营造、生产、再生的方式实现了公共住宅的可持续发展。支撑体S（Skeleton）由住宅的结构主体、共用设备组成，具有100年以上的耐久性，提高了住宅在全生命期内的资产价值。填充体I（Infill）由各内装部品和设备组成，具有灵活性和适应性，提高了住宅在全生命期内的使用价值。

如果CHS体系住宅是日本住宅建设系统式开发的基础性成果，那么KSI体系则是日本住宅建设系统走向成熟的标志性成果。在全球可持续发展理念的影响下，日本在1997年提出了“环境共生住宅”“资源循环型住宅”的绿色理念，随着日本住宅工业化水平的不断提高，KSI住宅应运而生。KSI体系明确了支撑体和填充体的分离，其支撑体部分强调主体结构的耐久性，满足资源循环型社会的长寿化建设要求，而其填充体部分强调内装和设备的灵活性和适应性，满足居住者可能产生的多样化需求。KSI创造了可持续居住环境的最成熟体系，对于建设资源节约型、环境友好型社会等方面都具有重要意义。

KSI体系住宅实验楼于1998年建于日本UR都市机构的住宅技术研究所内，是最具代表性的典型KSI体系住宅。KSI体系住宅实验楼总建筑面积约为500m^2，建筑主体结构中采用了无承重墙的纯钢架结构，使用高品质混凝土，对柱、梁、板进行了优化配置，不仅增强了支撑体的耐久性，而且提升了填充体的可更新性。KSI体系住宅实验楼内的4个套型各具特色，且各有侧重点的进行了不同材料、技术、工法塑造可变空间的实验。KSI体系住宅实验楼通过将SI体系住宅的分离技术与高度集成的现代化建材和工法相结合，实现可变性和可持续性发展的需求。截至目前，研究所仍然对这栋住宅进行着持续研究，从而探索能够满足居住者各类生活和工作方式的新集合住宅形式。

1. KSI住宅的设计原则与目标

KSI体系住宅的基本理念是让住宅的厨房和浴室等用水空间部分的布局和规模大小的变化成为可能，充分考虑家庭在未来不同阶段的居住方式变化对室内空间更新的需求。此外，考虑到未来随着社会条件、街区变化等，一些功能需求也会发生变化，例如，有必要对规范条件进行调整，也可考虑将住宅变更为店铺、办公等用途，如图2-5所示。

KSI体系住宅围绕下述4个主要目标进行课题研究、技术开发和项目建设：①满足资源循环型社会长期耐久性的建设要求；②适应居住者多样化生活方式的需求；③推动住宅内装产业和未来二次改装产业的发展；④应对社会与城市发展情况下的可持续的建筑景观要求。

公团建设KSI体系住宅时所规定的必要条件主要有4条：①结构主体100年的耐久性目标。建设要求设定混凝土设计标准强度27N以上（水泥比50%以下），并且定期进行适度的维护保养，建筑主体基本可以达到100年的使用寿命；②住户内部采用大跨度的无梁楼板。推进内装体系化，为确保内装变更的自由度，户内楼板采用无梁的大型楼板；③住户外部设置共用排水竖管。为确保平面布局的自由度，使得未来改造方便，使用排水新型接口（一种排水集中在一个地方连接竖管的系统）等，并将排水共用竖管设置在户外；④电气配线与主体结构相分离，楼板下配线使用新型纸状电缆，把电气配线从主体分离出来，

图2-5
KSI体系住宅示意

图片来源：
《日本KEP到KSI内装部品体系的发展研究》

提高主体性能，确保将来改造的方便。纸状电缆厚度不到1mm，是超薄型的，可直接贴在顶棚上，然后用墙纸覆盖。这种原来用于办公建筑的产品，由公团与电气设备公司共同制定标准，为住宅所采用。

2. KSI的长寿化理念

KSI体系住宅秉承长寿化住宅建设理念。第一，实现真正的百年住宅建设。KSI综合开发出长期耐久性住宅，将日本之前50年的耐久年限全面提升到100年，更好地展现出节约建设成本、降低能源消耗、构建可持续发展社会的优势。第二，延续对可变居住空间的推广。通过促进相关部品产业发展，全面提高产业层次，更好地实现空间灵活性与适应性。第三，创造了可持续居住环境。有利于延续城市历史文化、构建街区独特风貌，使居住者在物质和精神两方面得到保障，如图2-6所示。

3. KSI的内装部品体系集成

KSI体系住宅结合可持续发展理念，在KEP、NPS、CHS体系的研究成果之上，对内装部品进行了全面升级，更为强调适应性的开发，形成了健全的内装部品体系集成，如图2-7所示。KSI适应性内装部品体系的不断健全，为居住者自主参与设计提供了更为可靠的现实基础。

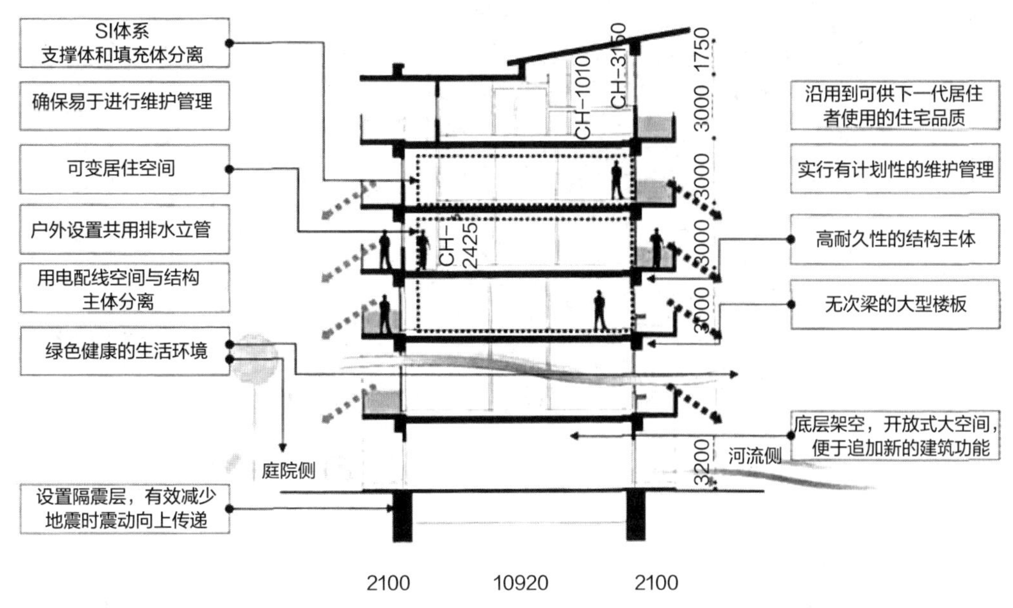

图2-6
KSI长寿化理念和技术

图片来源：
《日本KEP到KSI内装部品体系的发展研究》

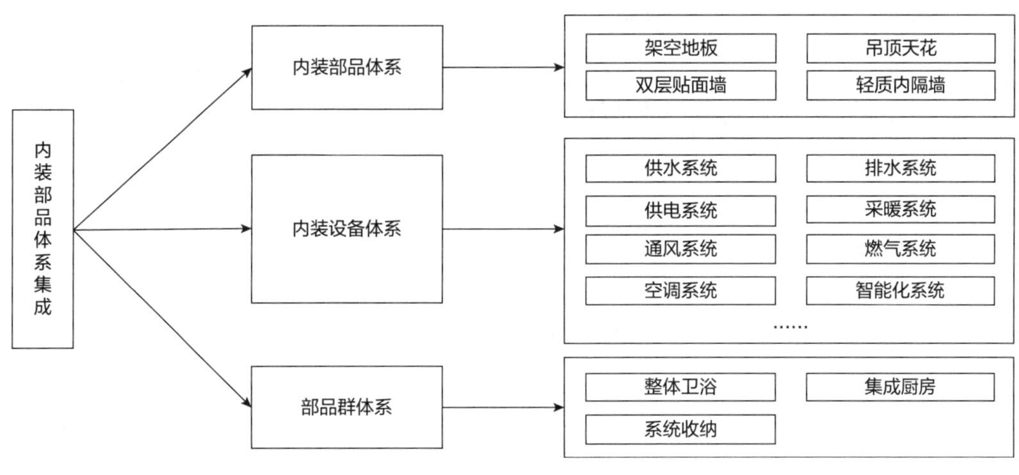

图2-7
KSI内装部品体系集成

图片来源：
《日本KEP到KSI内装部品体系的发展研究》

4. KSI住宅的示范项目

当前，公团在位于城市中心区的示范项目上都采用KSI住宅技术，以满足城市中心区居住者的多样性需求。

（1）三轩茶屋KSI体系住宅项目

在住宅户内，居住者可通过利用家具和门来进行空间自由分割，作为二次改装的住

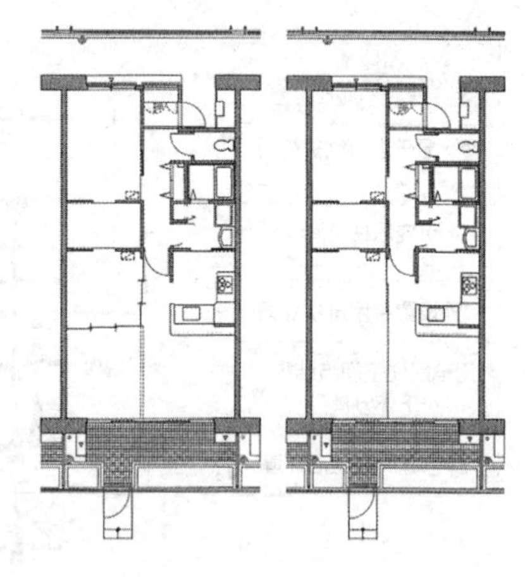

图2-8
三轩茶屋住宅外景

图2-9
三轩茶屋住宅平面图

图片来源:
《日本KEP到KSI内装部品体系的发展研究》

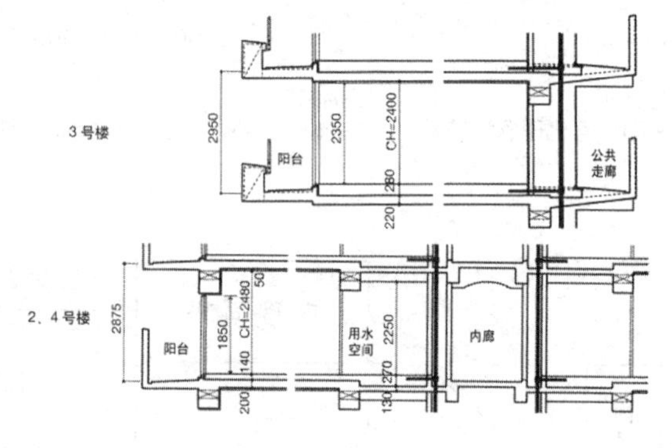

图2-10
目黑KSI住宅外景图

图2-11
目黑KSI住宅剖面图

图片来源:
《日本KEP到KSI内装部品体系的发展研究》

宅，在平面设计上，没有使用原来的nLDK户型设计的思路，而采用了表示面积和最大卧室数的方法（图2-8、图2-9）。

（2）目黑KSI住宅项目

目黑项目距离国铁目黑站步行4分钟，是UR城市机构城中心居住项目的代表作，也是KSI第一个项目。该项目规划了4栋高层住宅（6~13层），由公共走廊连接，其中有内廊型的住宅楼（2、4号楼）以及北入口的住宅楼（3号楼）等多种楼型。

项目中3号楼在北向阳台一侧以反梁的做法，实现了高窗的设置，确保了住户的眺望和采光；2、4号楼是内廊型住宅楼，用水空间限定在走廊一侧（图2-10、图2-11、图2-12）。

（3）汐留地区H街区KSI体系住宅项目

该项目是56层的超高层住宅，力求尝试新的住宅供给方式。超高层住宅的较高楼层部分，公团以结构骨架方式租给民间企业，然后由民间企业置入填充体，成为民间租赁住宅供给的一种方式；其他部分的楼层仍由公团进行住宅租赁。该项目是通过建筑师提出个性化的填充体方案的方式来实施建造的（图2-13、图2-14、图2-15）。

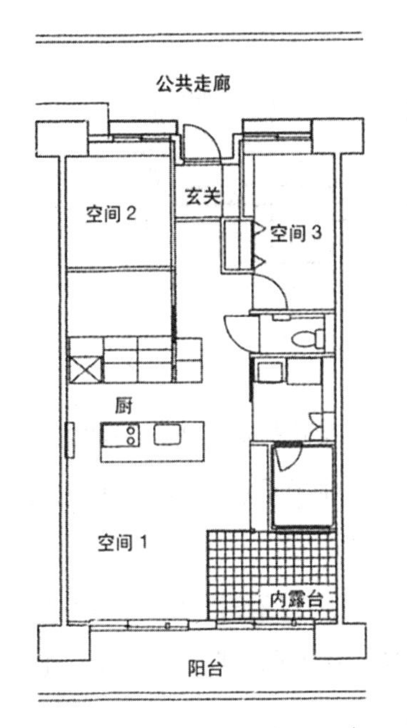

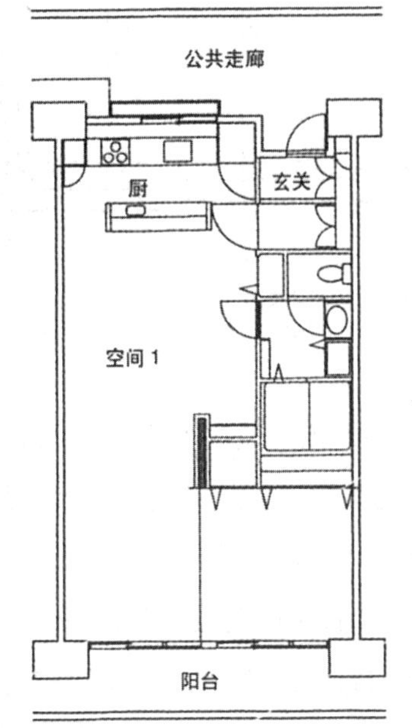

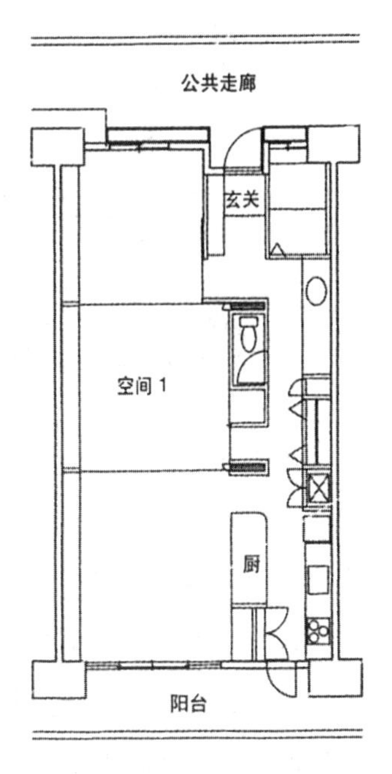

图2-12
目黑KSI住宅多变的住宅平面

图片来源：
《日本KEP到KSI内装部品体系的发展研究》

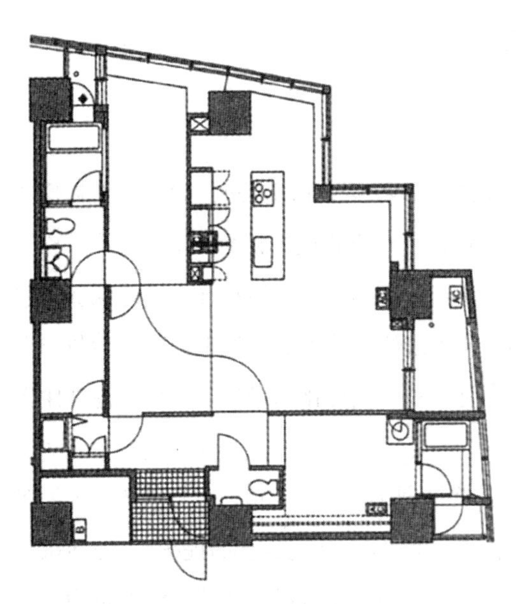

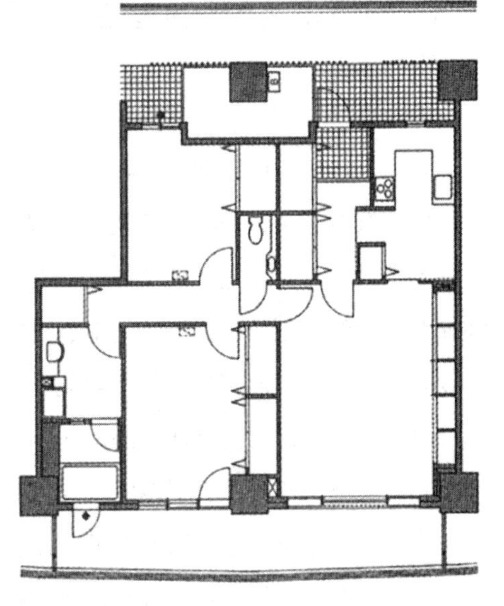

图2-13
汐留地区KSI住宅项目平面图

图2-14
汐留地区KSI住宅项目户型图

图片来源：
《日本KEP到KSI内装部品体系的发展研究》

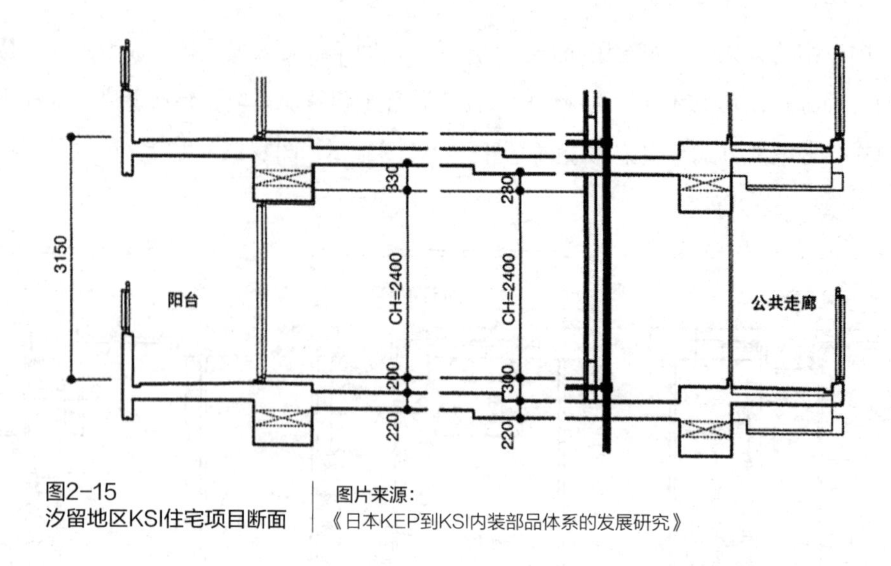

图2-15
汐留地区KSI住宅项目断面

图片来源：
《日本KEP到KSI内装部品体系的发展研究》

由于项目位于汐留海边南端，距离地铁车站步行3分钟，可以近看东京湾，因此可以说该居住区是名副其实的城中心住区。为此，规划是把“眺望”作为重点。45～56层为适用于民间租赁住宅制度的租赁住宅，12层设置托儿所设施以及超市等。

以上住宅的实例都是采用KSI技术的建设实践，相信今后将会有各种各样的新项目问世。另外，KSI体系住宅的最大特征是其减少环境负荷的建筑体系，可长期使用，既方便后期改建，又能减少废弃物，在减排CO_2方面比通常的建筑更有优势。

2.3 SI体系住宅在中国的发展与实践

近年来，由于国家住宅产业化政策的引导和住宅市场多样化的需求，我国正面临建筑产业转型升级的关键时期，建筑产业现代化和工业化生产方式成为社会的关注焦点。SI体系住宅即为“百年住宅”建筑体系，它是以建筑全寿命周期的理念为基础，围绕保证住宅性能和品质的规划设计、施工建造、维护使用和再生改建等技术的新型工业化体系与应用集成技术。力求全面实现建设产业化、建筑长寿化、品质优良化和绿色低碳化，提高住宅的综合价值，建设可持续居住的人居环境。

目前，全国各地对于SI体系住宅的理解和推广都展现了极大的热情。在全国政协十一届四次会议中，多位委员共同上交了“关于积极推进百年SI体系住宅建设的提案”，强烈认为住宅产业的发展必须要转变方式，通过利用SI体系住宅来建造“百年住宅”，节约资源、低碳环保，实现可持续发展。为了缓解住宅建设对资源、生态环境的压力，更好地实现住宅建设资源的优化配置，同时，为了解决“短命”建筑问题，提高住宅的耐久性和可持续性，我国在吸收SAR理论和OB理论基础上，借鉴国外的发展经验，探索适合中国的SI住宅体系。近年来，我国SI体系住宅的研发和建设实践不断增多，如济南的CSI体系、住博会的“中国明日之家”、万科的VSI体系等。

2.3.1　济南的CSI体系

CSI住宅是济南市住宅产业化发展中心研发的新型住宅体系，C是China的缩写，表示给予中国国情和住宅建设及其部品发展现状而设定的相关要求。CSI住宅是在国外住宅产业化的先进建设发展经验和日本KSI住宅体系理论的基础上，针对当前我国住宅建设方式造成的住宅寿命短、耗能大、质量通病严重和二次装修浪费等问题，综合考虑支撑体理论与开放住宅理论，建立起来的具有中国住宅产业化特色的建筑体系。CSI住宅力求提高住宅支撑体的物理耐久性，使住宅的生命周期得以延伸的同时，既降低了维护管理费和资源的消费，也提高了住宅的资产价值。

济南也是我国最早积极提倡CSI住宅体系的推广和发展的城市。2006年，济南市住宅产业化发展中心通过研究日本KSI体系的理论和技术，自行研发了适合我国国情的CSI住宅体系。2010年，济南住宅产业化基地正式揭牌，济南鲁能领秀城（图2-16）、三箭汇福山庄被列为首批CSI体系

图2-16
济南鲁能领秀城公园世家项目立面图

试点项目。《济南市住宅产业化十二五发展规划》指出要把建设CSI住宅作为推动产业发展的核心和制高点，提出“十二五”期间将建设150万m^2的CSI体系项目，预计建设量达到房地产年度总量的30%以上，并将CSI住宅体系写入住宅产业化技术要求中，在验收环节里进行把关，提高住宅综合品质。

济南市住宅产业化发展中心作为CSI住宅理念的发起者、倡导者，经过长期研发与科技创新，成功的自主研发了CSI住宅工业体系和CSI住宅部品体系，编制完成了住建部《CSI住宅建设技术导则（试行）》，申请相关专利四十余项，拥有CSI住宅的核心技术。CSI住宅的部品采用工业化、产业化过程生产，只需在现场进行组装。其内部有五大工业体系：厨房体系、卫生间体系、地板体系、标准化管线设备体系、智能化墙板体系。CSI住宅设有双层地板，各种管线被铺设在架空地板层，正由于各种管线铺设在架空层内，可以让户内的隔墙、厨房、卫生间和各种管线等填充体自由分布，这样，户内的厨房、卫生间、内隔墙就可以根据住户的意愿进行安排、布置，灵活改变住房布局，如整体厨房、整体卫生间更可以像冰箱、彩电一样进行随意摆放。

为尽快推广CSI住宅体系，将CSI住宅技术服务于社会，济南市住宅产业化发展中心依托住宅产业化基地，寻求投资商、开发商、建筑商、制造商等，发展住宅产业集群，加大CSI住宅建设产量，加快住宅产业化进程，培育新的房地产经济增长点。同时组建产业化发展联盟，领先从事CSI住宅及其部品的研发、设计和生产，构筑一条相对完整的CSI住宅产业化链条，以推进住宅产业的发展。不断完善住宅性能评定制度，在经济、安全、耐久、环境、适用等方面提升住宅综合品质。

济南市政府采取一系列政策来加快住宅产业化项目的推广，如财政补贴、贷款贴息、容积率补偿、返还墙改基金及试点项目的建筑面积可享受城市配套费减缓优惠等。济南市政府办公厅指出，要加大济南CSI住宅项目的试点工程，推进产业培育和推广，提高标准化、规模化、产业化水平，建设全国CSI住宅部品生产研发前沿阵地和住宅部品集散地。

2.3.2 住博会“中国明日之家”的SI体系

自2009年以来，中国国际住宅产业暨建筑工业化产品与设备博览会

（简称“中国住博会”）在展览现场搭建符合国家政策，引导行业发展方向的示范样板房，称为“中国明日之家”。

“中国明日之家”采用住宅产业化的先进建造理念和技术集成体系，通过推进传统建造方式向标准化设计、装配化建造的产业化方式转型，建设具有优良品质的现代住宅。“中国明日之家”集成了国内外最新、最前沿的高科技、智能化、低碳环保技术和产品，全面诠释面向未来的住宅发展趋势。通过连续九年的成功建造与展示，“中国明日之家”已成为中国住博会的一个重要标志，是各地建设管理部门人员、建筑行业从业人员以及消费者关注的热点，也取得了很好的宣传展示效果。

在2017年，中国明日之家展出了11套样板房，集聚了装配式混凝土结构、装配式钢结构、轻钢结构、被动式低能耗、内装工业化集成技术、装配式装修、装配式木竹建筑等多种技术体系。本章节将详细讲述所展出的绿色·科技·宜居样板房、内装工业化集成技术样板房、轻钢结构样板房和装配式装修样板房。

1. 绿色·科技·宜居样板房

绿色·科技·宜居样板房采用装配式钢结构搭建，建筑面积70m^2，聚焦建筑长寿化、建设产业化、品质优良化和绿色低碳化，通过科技创新打造绿色、低碳、宜居的住宅，推进住宅建设供给侧改革，梳理新一代住宅标杆，让人民享有更宜居的生活环境（图2–17、图2–18）。

2. 内装工业化集成技术样板房

内装工业化集成技术样板房采用科逸集装箱结构集成，总体建筑面积

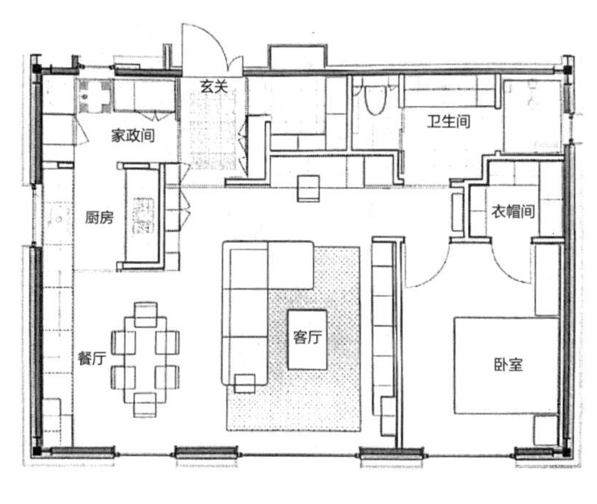

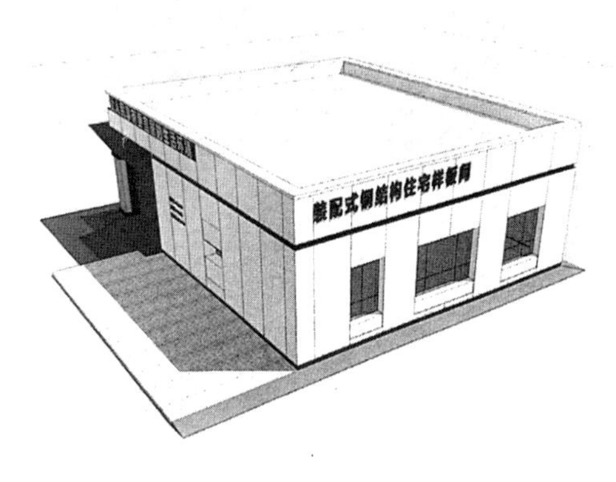

图2–17
户型平面图

图2–18
绿色·科技·宜居样板房鸟瞰图

图片来源：
《第十六届中国国际住宅产业暨建筑工业化产品与设备博览会会刊》

108m²，涉及LOFT户型，精品公寓户型、精品酒店户型。集合了SMC/VCM不同材料的整体浴室、创新型整体厨房等工业化内装九大系统，同时将智能家居技术融入到了内装中。从设计到施工真正实现工业化，流程上实现了部品化设计、预制化生产、干法施工、信息化管理，是内装工业化最好的诠释（图2-19、图2-20）。

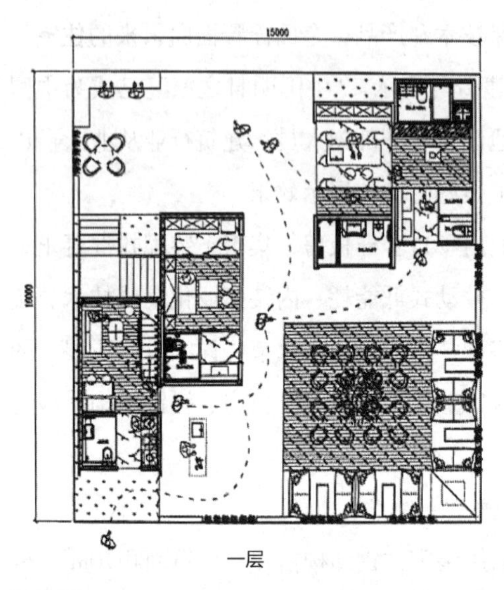

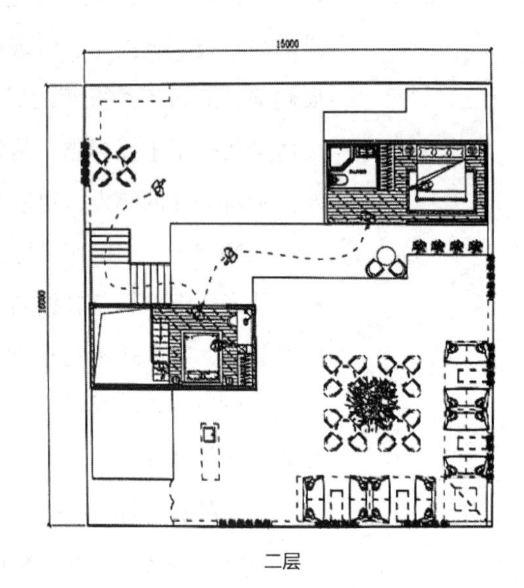

图2-19
内装工业化集成技术样板房平面图

图2-20
内装工业化集成技术样板房俯视图

图片来源：
《第十六届中国国际住宅产业暨建筑工业化产品与设备博览会会刊》

3. 轻钢结构样板房

轻钢结构样板房以冷弯薄壁型钢作为主体钢构件，建筑面积为160m^{2}的大三居房型，并具有功能齐全的整体卫生间、整体厨房、独立的衣帽间等智能功能空间。新型结构的装配采用“梁—柱”框架式受力体系；内装运用装配式干法施工、地暖架空工法，保持主体结构耐久性和完整性，实现建筑与家庭双全寿命周期（图2-21、图2-22、图2-23）。

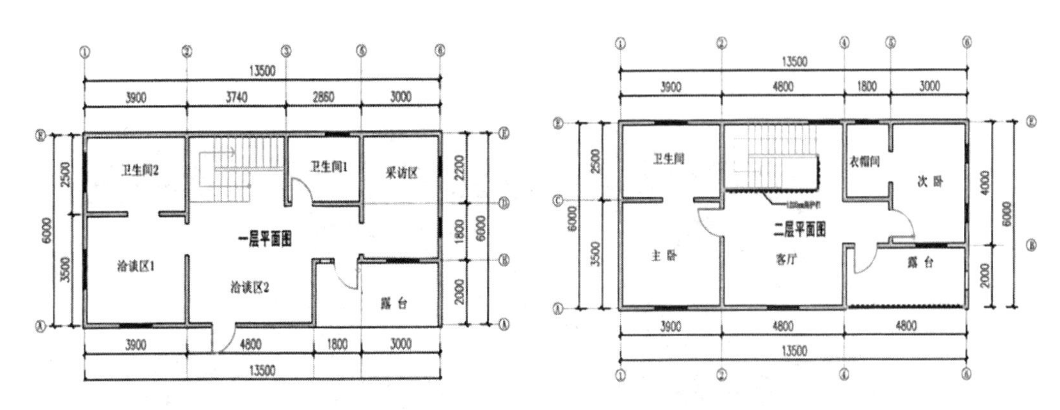

图2-21
一层平面图

图2-22
二层平面图

图片来源：
《第十六届中国国际住宅产业暨建筑工业化产品与设备博览会会刊》

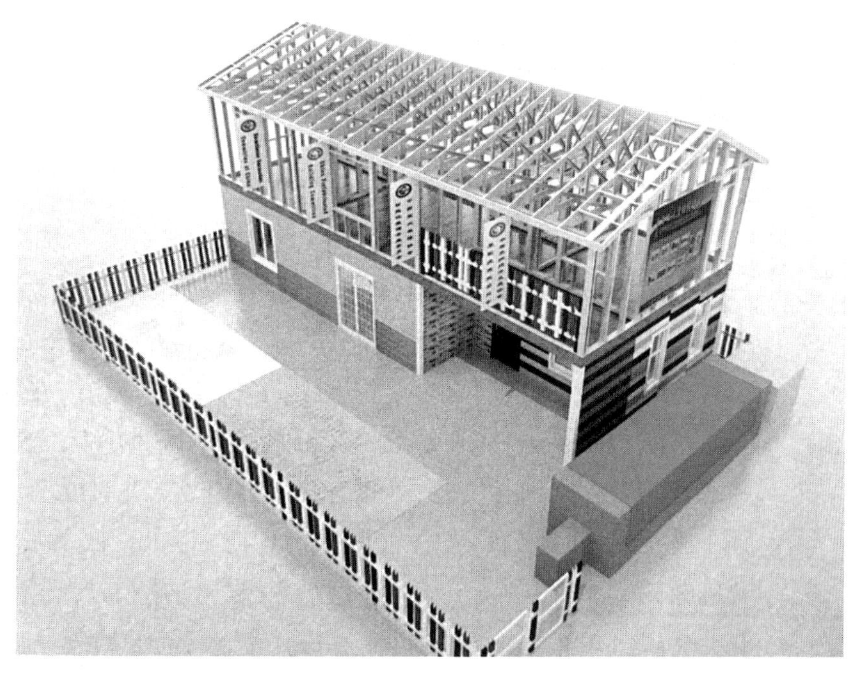

图2-23
轻钢结构样板房俯视图

图片来源：
《第十六届中国国际住宅产业暨建筑工业化产品与设备博览会会刊》

4. 装配式装修样板房

装配式装修样板房建筑面积68m^2，以满足居住需求的基本功能空间为核心，涵盖卧室、客厅、餐厅、厨房、卫生间，在不明显提高成本的基础上，可实现比传统装修更好的效果；在同样装修效果下，实现更优的解决方案。和能人居科技的全屋装配式装修具备节材、省时、优质、高效、绿色环保、装修省心、维修便利以及空间可灵活调整的优势（图2-24）。

图2-24
装配式装修样板房立面图

图片来源：
《第十六届中国国际住宅产业暨建筑工业化产品与设备博览会会刊》

2.3.3 万科的VSI体系

万科集团是我国国内最先对住宅产业化发展进行探索的企业。从1999年开始，万科先后成立"万科建筑研究中心""万科客户体验中心""万科住宅产业化企业联盟"等机构，并相继建造完成多个试验楼，获得30余项专利方案，2007年，中国住宅产业化发展的硅谷——"万科住宅产业化研究基地"落成。万科在住宅产业化的发展之路上先后走过RC的工业化、PC工法的工业化以及内装的工业化的道路。王石提出"像建造汽车一样建造房子"，坚持万科走住宅产业化发展之路，并坚信万科在经历绿色化、住宅产业化的转型后，万科将会开始真正的持续性增长。

万科在吸取日本KSI体系住宅建筑体系和欧美发达国家产业化体系经验基础上，参考SI体系住宅理论，结合国内客户需求和社会资源现状，研发的具有万科企业特色的产业化体系住宅——VSI体系住宅。结构设计采

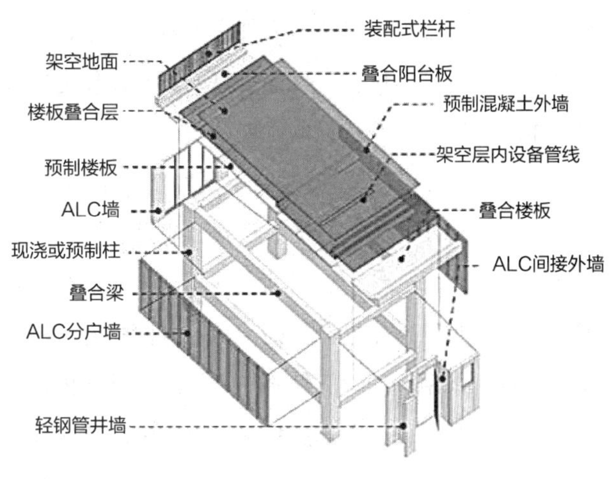

图2-25
VSI体系住宅示意图

图片来源：
《都在谈住宅产业化，不看你就out啦》

用结构骨架（S）与填充设施（I）分离的设计理念，骨架设计充分考虑其耐久性，按照70～100年使用寿命设计，填充体独立于支撑体建造，利于日后的改造和维护。管线不埋入结构墙体，提高地面、墙面的施工精度，隔墙可以自由组合移动，组合适于更新、变化的室内空间。目前，万科自行编制了适用于万科地产的《VSI质量验收标准体系》，为我国SI体系住宅的验收标准提供了依据。

万科的住宅产业化一直走在我国住宅发展的前列，提出本企业的VSI体系住宅建筑体系，具有高度灵活性、节能环保性、高品质、高效率的特征，适应于当前我国建筑业发展的现状，为我国住宅产业化的迅速发展提供有利的证据和可靠的技术保障。

2.3.4 中日合作的SI体系住宅实践

2012年5月18日，中国房地产业协会和日本日中建筑住宅产业协议会共同签署了《中日住宅示范项目建设合作意向书》，促进中日两国在住宅建设领域的深入合作以及共同开发示范项目。其中中国建筑设计研究院承担设计与研发，而上海绿地集团、浙江宝业集团、江苏新城地产和大连亿达集团等地产龙头企业作为项目实施主体。

会议提出“中国百年住宅”（SI体系住宅）理念，以建筑产业化的生产方式建设长寿化、高品质、低能耗的新型可持续住宅。在我国提倡节能环保、绿色低碳的宏观背景下，借鉴国内外先进科学技术，建立新的符合我国国情以及科技水平的体系住宅，促进品质优良、性能可靠的长寿命住宅的升级，加快住宅开发建设企业的技术转型，推动我国住宅产业化的发展。

项目主要以小区住宅为载体，通过对不同经济发展水平、不同气候条件和不同类型住区的地区建设，探索SI体系住宅的技术经验和建设成果，其中有上海的威廉公馆项目、江苏的新城公馆项目、大连的亿达春田项目和浙江宝业的柯桥项目。在中国百年住宅的设计中一方面遵循户型产品标准化设计原则，另一方面整合结构、内装等方面的技术，实现百年住宅的建设目标。采用大型空间结构、户内间、外墙内保温、干式地暖、整体卫浴、整体厨房、全面换气和综合管线等集成技术，以完整的建筑体系和部品体系为基础，以结构、设备、内装和建筑一体化设计为原则，进行整体设计、整体建造，实现了建筑部品技术的经济性和产业化住宅的可建设性。下面将以北京雅世合金公寓示范项目和上海绿地南翔威廉公馆项目来详细地介绍SI体系住宅在我国的实践。

2.3.4.1 SI体系住宅实践——雅世合金公寓

北京雅世合金公寓示范项目是中日技术集成国际合作项目，是由国家住宅与居住环境工程技术研究中心主持完成的，以住宅产业化为基础进行研发建造的中国技术集成型住宅示范项目。雅世合金公寓示范项目主要的合作团队包括雅世置业（集团）有限公司、中国建筑设计研究院、中建一局集团第三建筑有限公司、日本市浦建筑设计院、日本风设计景观设计院等。该项目位于北京市海淀区西四环外永定路北端，是在引进国际先进理念及其技术的基础上，吸收代表当代国际领先水准的SI住宅技术系统等成果，进行普及性、适用性和经济性研究并加以整体应用的我国首个住宅示范项目。该项目针对我国住宅建筑寿命短、耗能大、二次装修困难等严重问题，研发采用了SI体系住宅的内装工业化技术和部品集成技术的建设实践，以探索我国集合住宅的可持续发展之路。

该项目参考国外先进技术经验，自主研发和集成创新了适应于我国住宅的建造技术和体系，充分针对我国住宅建设问题、住户居住生活习惯和适应能力等现状，提出了具有我国特色的整套解决方案。雅世合金公寓项目是我国首个应用SI体系住宅的示范项目，为今后我国住宅产业化建设中保证住宅品质，提高全寿命周期的住宅综合价值，以及实现节能环保的可持续居住环境起到积极作用。

该工程实现了两阶段工业化生产方式的集成建造，第一阶段为结构体技术系统（梁、柱、墙体、楼板、阳台和楼梯等）和围护体技术系统（外装、保温、门窗和屋面等），第二阶段为内间体技术系统（隔墙、内壁、天棚和地板等）和设备体技术系统（整体厨房、整体卫浴、设施设备和管线系统等），如图2–26所示。这种工业化生产方式，可将建筑的

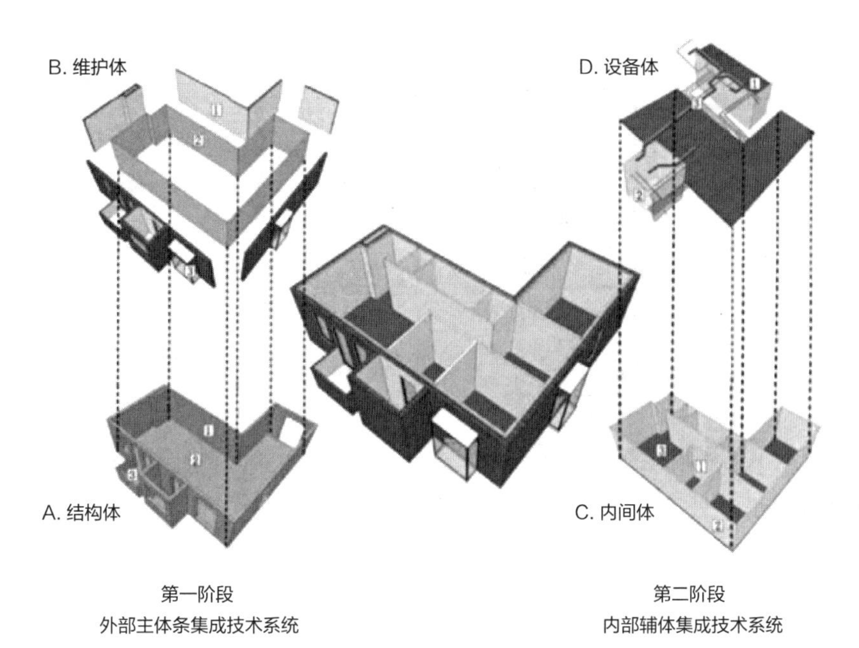

A. 结构体系统，包括1墙、2楼板、3阳台、梁、柱、楼梯等　C. 内间体系统，包括1隔墙、2内壁、3地板、天棚等

B. 维护体系统，包括1外装、2保温层、3门窗、屋面等　D. 设备体系统，包括1整体卫浴、2整体厨房、3管线系统等

图2-26
两阶段工业化生产方式的集成技术

图片来源：
《国家住宅与居住环境工程技术研究中心——以住宅产业化手段打造雅世·合金公寓》

各种结构构件与设备产品、管线系统完全分离，并分别在工厂进行预制生产，再在现场进行拼装。这样便产生了整套工业化内装集成技术体系，包括：结构与管线分离、架空地板系统、双层结构墙系统和双层天棚系统四大集成技术体系。项目针对全生命周期设计，运用隔音技术、安防与智能技术、同层排水技术、地板采暖技术、新风换气技术及相关配套产品，提升居住品质。与此同时，合金公寓项目还在建筑部品方面研发整合了整体卫浴和整体厨房集成技术系统等，以配合工业化内装集成技术体系，形成一套整合度高的住宅技术体系，打造了具有示范性的高度集成的中小套型精装住宅产品样板。其设计理念是实现了承重结构与内装、设备部分的分离，保障了社会资源的充分、循环利用，成为全寿命、耐久性高的可持续型住宅，如图2-27所示。

我国现阶段建筑业发展水平落后，严重制约了产业化建筑方式和技术集成的发展创新，该项目针对住宅建设迫切需要的住宅产业化核心领域的技术体系进行研发，围绕住宅内装设计与建设等关键集成技术的应用，建设了具有现代化的高品质的产业化住宅和居住环境。北京雅世合金公寓项目是国内应用SI体系住宅的首例示范项目，对SI体系住宅的设计、建造、更新和改造等阶段的关键技术进行系统研发，对先进适用技术的集成应用、优良性能的住宅建设以及我国SI体系住宅的产业化发展都具有重要的推动意义。

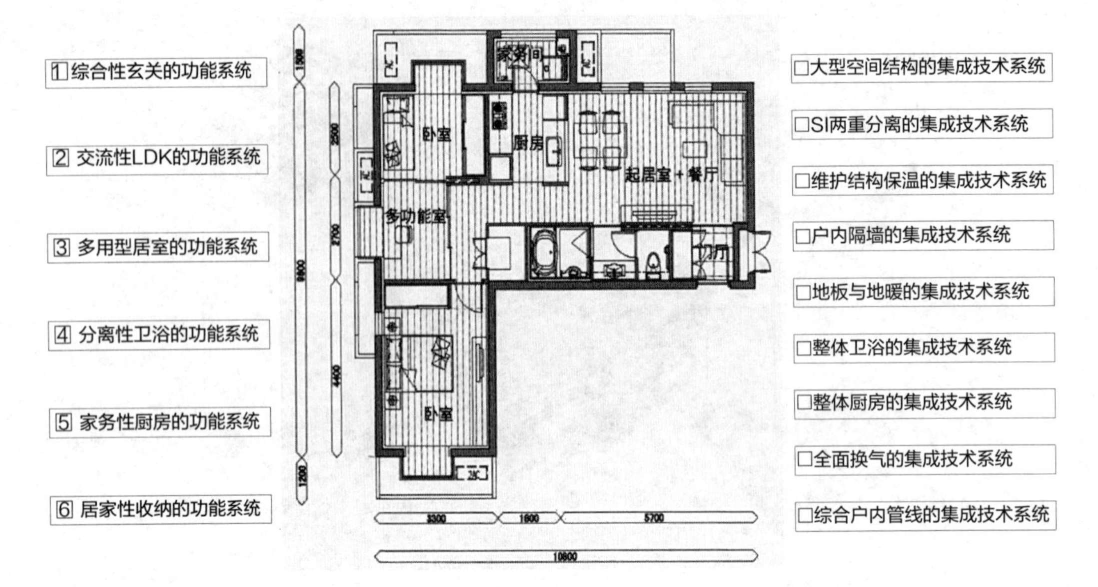

图2-27
雅世合金公寓功能空间与集成技术系统示意

图片来源：
《国家住宅与居住环境工程技术研究中心——以住宅产业化手段打造雅世·合金公寓》

2.3.4.2 SI体系住宅实践——上海绿地南翔威廉公馆

绿地南翔威廉公馆项目作为中日百年建筑示范项目，全面引入百年住宅建设理念，借鉴日本的先进工业化集成技术和居住模式，以空间创新和技术创新赋予住宅全新概念。同时按照SI理念进行研发设计，通过提升结构的耐久性，同时兼备低能耗、高品质和长寿命的优势，实现百年建筑的理念。其户型产品标准化设计分为以下三个部分：

1. 楼栋标准化设计

百年住宅的楼栋标准化设计基础是形体的规整。规整的楼栋平面体形系数低，可以更好地满足节能、节地、节材的要求，同时也有利于实现楼栋及套型的多样化。在形体规整化设计的基础上，百年住宅的楼栋设计中也注重对套型进行模块整合化设计，适应不同的需求（图2–28）。

2. 套型多样化设计

百年住宅的套型设计中将空间结构和内装部分分离设计，空间结构部分的设计尽量标准化，保证内装部分有较多变化的可能性，可以满足不同家庭的需求（图2–29）。

3. 内装部品标准化设计

百年住宅套型中卫生间和厨房采用标准化部品，一方面利于施工建

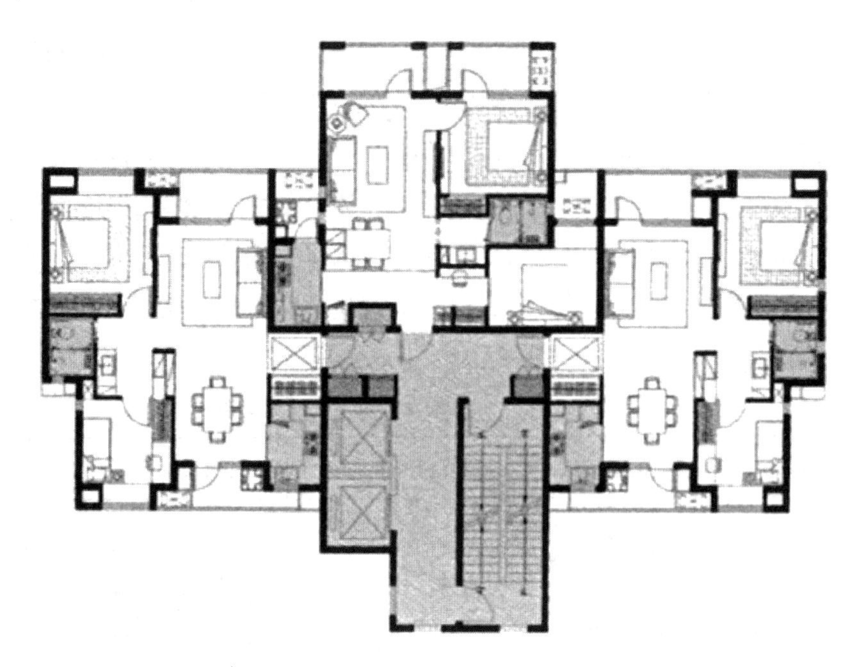

图2-28
楼栋形体规整化设计
图片来源：
刘东卫建筑师提供

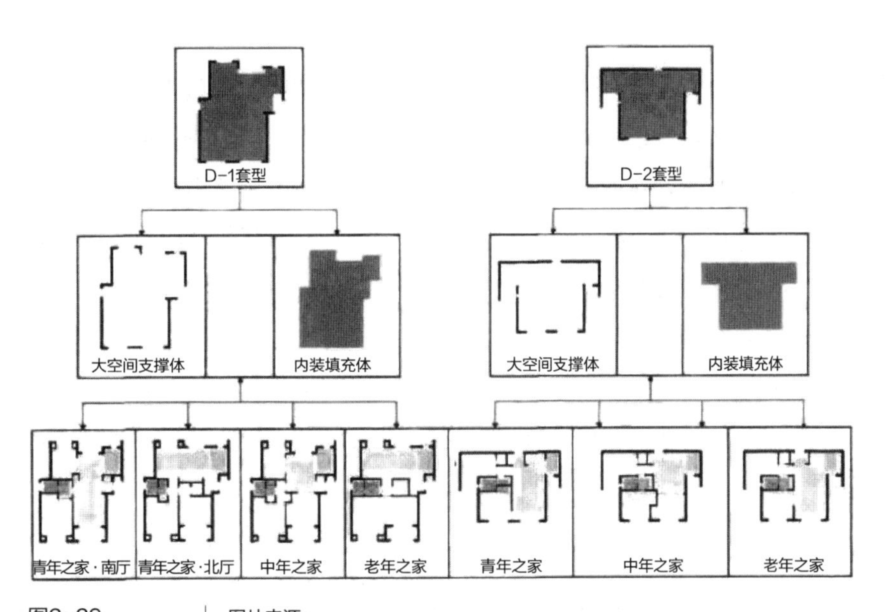

图2-29
套型多样化设计
图片来源：
《新型住宅工业化背景下建筑内装填充体研发与设计建造》

设、保证施工质量，同时对部品的研究较深入，更能确保空间设计适应居住者的使用需求，提高空间使用效率。百年住宅户型产品的标准化与多样化设计的技术基础是SI技术，即将住宅分为承重结构部分（S=Skeleton）和内装设备部分（I=Infill）。通过技术整合，使承重结构部分具有耐久性，延长建筑的寿命，同时内装部分具有可变性，提高住宅的使用效率。

在百年住宅中采用大空间结构体系，减少室内承重墙体，套内空间的分隔、布局不会受到结构的限制而无法改变，为居住者提供多样的选择，同时可以根据家庭生命周期内需求的变化对套内空间进行调整，增强套型的适应性。采用架空隔音地板、树脂螺栓贴面墙、轻钢龙骨吊顶三种技术使内装部分与主体结构六面分离，不破坏结构主体，便于在日后进行套型空间改造以及管线设备的日常维护。除此之外，在内部空间采用轻钢龙骨隔墙，隔墙位置等可以根据需求随意变化，提高住宅的灵活、适应性（表2-3）。

内装分离技术要点及示意 **表2-3**

技术要点	架空隔音地板	树脂螺栓贴面墙	轻钢龙骨吊顶	轻钢龙骨隔墙
示意图片				

（图片来源：刘东卫建筑师提供，课题组拍摄）

采用架空地板后，同时将排水管线、电气配线等布置在架空层内，方便进行维修等，避免干扰下层住户。同时为了方便维修、检查公共竖向管线，延长住宅的寿命，在百年住宅中采用排水竖井外置的方式，通过分集水器接入室内各用水空间（表2-4）。

除与主体结构分离、管线配线同层布置外，在百年住宅的内装部分中还采用了优良部品技术。选取合适的整体浴室、系统座便间、系统洗面间、整体厨房进行拼装，安装简单方便，质量统一稳定（表2-5）。

立面中的凸窗、阳台等采用砌块装配，同时采用标准化窗户，预制栏杆、百叶等，实现百年住宅的建造工业化目标。在立面材料方面，选择耐久性的外饰材料及装饰构件，延长建筑寿命（表2-6）。

管线集成技术要点及示意 **表2-4**

技术要点	排水竖井外置	给水系统及给水接品方式	同层排水	架空层配线方式
示意图片	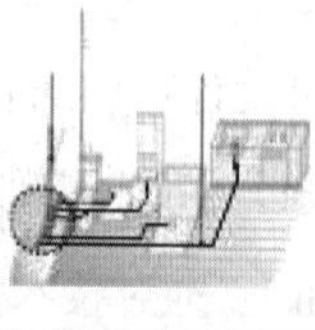	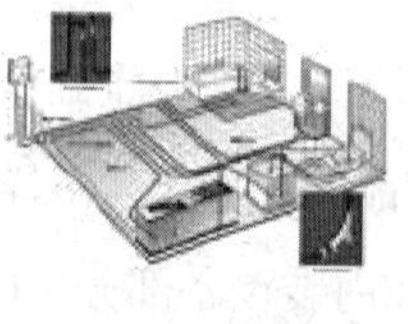	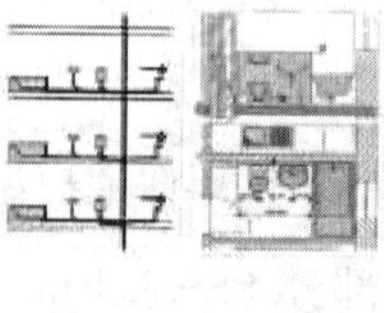	

（图片来源：刘东卫建筑师提供）

优良部品技术要点及示意　　表2-5

技术要点	整体浴室	系统座便间	系统洗面间	整体厨房
示意图片		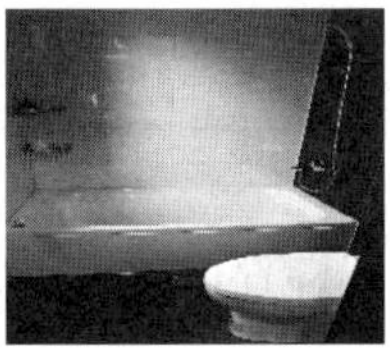		

（图片来源：刘东卫建筑师提供，课题组拍摄）

立面主体装配技术要点及示意　　表2-6

技术要点	主体装配	门窗统一	阳台装配	预制构件
示意图片				

（图片来源：刘东卫建筑师提供，课题组拍摄）

百年住宅建设技术体系中的主体结构与外立面耐久性等特征延长了住宅的使用寿命，同时也是住宅适应家庭生命周期内的需求变化的基础。除此之外，大空间结构体系的运用，采用六面架空、轻质隔墙、整体厨卫系统等都使得住宅的灵活性大大提高。因此理想状态下，应用SI技术体系的住宅中各空间，甚至包括厨房、卫生间等用水空间都可以根据需求进行位置及空间大小上的调整，但这种情况下为了保证套内空间没有高差，地板架空需要的高度较高，对住宅的高度要求较高，住宅建设成本也会随之较高。因此，当前中国百年住宅建设中综合考虑了住宅本身的空间质量以及建造成本等因素，在卫生间、厨房等用水空间部分采取降板处理的方式，节约了住宅的高度空间，从而降低成本。这种建造方式同时带来的问题就是用水空间的位置不易改变。

2.4 SI体系住宅的推进

2.4.1 SI体系住宅推进中的问题

国内SI体系的发展由于存在工厂生产和部品标准不一等诸多短板，其推广应用还有一定的难度。尽管有一些SI住宅试点项目已经取得了成功，但实质上SI体系住宅在全国的可接受程度一直受到质疑，项目试点进展仍十分缓慢。主要问题有以下几点：

1. 标准滞后、审批困难

SI体系追求的“百变住宅”，大空间、无户型、住户可随意改变室内空间的结构体系并不满足现有的住宅建设标准规范。我国现有的标准规范是相对于传统现浇结构体系制定的，对于SI住宅体系来说标准已经滞后，导致审批困难，相关手续无法办理。由于审批、市场、土地等诸多因素影响，许多规划建设的SI高层住宅一直处在论证阶段，并未提上建设日程。

2. 前期科研开发难度大

SI体系中涉及很多关键技术，如填充体耐久性技术、集中管井关键技术、同层排水关键技术等，我国的CSI住宅体系仍处于起步阶段，在技术方面仍存在许多不足，需要借鉴国外的经验并结合实际国情，研发出具有中国特色的CSI住宅体系。

3. 有效政策的缺失

虽然SI体系有优越的发展前景，但不管是开发商、建筑企业还是部品制造业的投资商都对SI持观望质疑态度。地产开发商担心SI项目得不到充足的部品供应和熟练的技术工人而使开发滞后；建筑商担心生产方式的改变是否会影响其在建筑领域的地位，且对企业的未来发展是否有利；部品制造商则担心现有的SI住宅市场不能支撑部品的大规模生产。此外，一些相关政策、法律法规的缺失，也是影响产业链发展的制约因素。SI体系住宅顺应产业化住宅的发展需要，受到政府的高度重视，但是政府的工作仍然停留在号召鼓励、出台意见、专家讨论的层面，没有相应的补贴或绿色通道的支持，大部分企业出于效益成本的考虑，技术研发的热情和投入不够，导致部品接口等难度较高的问题没有得到解决。

4. 标准体系尚不健全

模数协调是住宅产业化生产和集成建造的基础，SI住宅的部品生产、更换与再利用都需要运用模数协调体系。可是，现阶段模数协调刚开始运用，部品规模尺寸缺乏系列化、标准化。住宅支撑体与住宅填充体、部品与部品之间的接口和技术问题一直没有解决，接口连接是低技术含量的、粗放式的手工操作，没有实现配套和工业化生产，工作效率低下。部品市场混乱，以次充好现象普遍出现在施工现场，优良部品造价昂贵，销售市场受到冲击，没有标准规范进行保护，使部品的研发和营销受到阻碍。

5. 规模效应难以形成

目前，我国住宅产业化发展正处于初始阶段，尚未形成大规模生产局面。只有形成规模效应，SI体系才有推广空间，我国目前的住宅产业化发展形势都是各地区、各企业自主开发，结构体系各异、构件模具各异、生产工艺也不尽相同，导致无法形成庞大统一规模生产。

2.4.2 SI体系住宅未来的发展方向

中国是一个发展中国家，从长远发展的角度来考虑，应该追求经济效益和投资效益高的住宅建设目标。我国一直以来都强调要建设资源节约型、环境友好型社会，其目的是追求更少的资源消耗、更低的环境污染、更高的利用效率。

随着我国城镇化的发展，人们对住房的需求越来越强烈，一座座高楼平地而起，与此同时带来的是一系列的环境问题。十九大中指出新时期发展方略之一就是人与自然和谐共生，可持续发展理念必须贯彻始终。具有耐久性和可变性的SI住宅可以满足长期循环利用，能够节约大量社会资源，应该成为住宅建设的新发展方向。在可持续发展理念的指导下，SI体系住宅的发展方向主要体现在以下方面：

1. 低碳环保绿色住宅

采用自然材料和天然能源，结合预制装配式等高新技术，打造出省材料、省能源、省资源、能够循环利用的低碳环保绿色住宅。

2. 百年寿命优质住宅

以百年住宅为目标，针对建筑的长效性、功能的适应性、生产的集成性，开发新技术，从建筑的设计、施工、维护、改造各个方面着手，打造长寿命优质住宅，使SI体系住宅成为一种保值的社会资产，从父辈到子辈代代相传。

3. 无障碍适老性住宅

随着医疗水平和生活水平的不断提高，我国人口老龄化趋势越发严重，SI体系住宅应该要努力实现人的一生都可以居住生活的全寿命周期住宅。住宅不应该是一种仅供老年人居住的所谓的“老年住宅”，而应该是广义上能够满足我们每个人都会变老的人居住需求的所有住宅，即“适老化住宅”。

4. SI住宅的工业化建造

在建筑业工业化的今天，SI住宅建设无疑也要走工业化建造的道路。但工业化推进过程中一定要区分不同的结构和形式，针对不同的构件采用不同的建造方式，不能一味地追求预制装配。适合预制装配的就用，不适合的不能用。而住宅部品绝大部分可采用标准化、模数化、工业化的生产方式，能够节省人力物力财力，减少资源的浪费和环境破坏，解决住宅部品生产的规模、质量、技术、市场、售后等一系列问题。

目前我国的SI体系住宅仍存在一系列问题，如住宅内装时可能会造成二次装修浪费、装修公司的水平不一，没有一个统一的管理系统等。因此，将来的SI体系住宅有必要实现包括支撑体在内的合理生产，需要考虑住宅内装的供给，满足用户的多样化需求，并且形成人性化的售后服务，建立保证长期维护、管理的内装、设备系统。

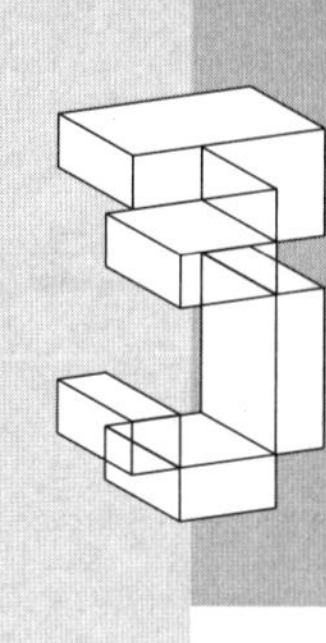

SI 住宅的体系构成

3.1 SI住宅的空间构成及功能

人们对住宅需求的变化主要来源于人们对灵活多变的居住空间形式和功能的追求。1961年，约翰·哈布瑞肯（J. N. Harbraken）提出“骨架支撑体”理论，认为当时的住宅建造无法使居住者形成自己的环境风格和表达自己的偏好，提议将支撑体和填充体进行区分，让人们在支撑体构建的空间内自由进行布局，从而将住宅内部空间的决策权交给了住户。反观国内对住房需求的主要矛盾变化，人们在满足居住空间要求之后，正逐渐体现出对居住空间灵活性、多样性、适应性的需求，如图3–1所示。

本书中的SI住宅理论明确将Skeleton（骨架）与Infill（填充体）相互分离，住户可根据自己的心愿和经济实力划分内部空间，实现居住空间的灵活性和可更新性。这种新的住宅建造理念试图让住户参与到住宅的建造过程当中，通过各方沟通、协调，共同制定住宅设计、建造方案，为住户提供更多的选择空间，满足住户的个性化需求，可极大

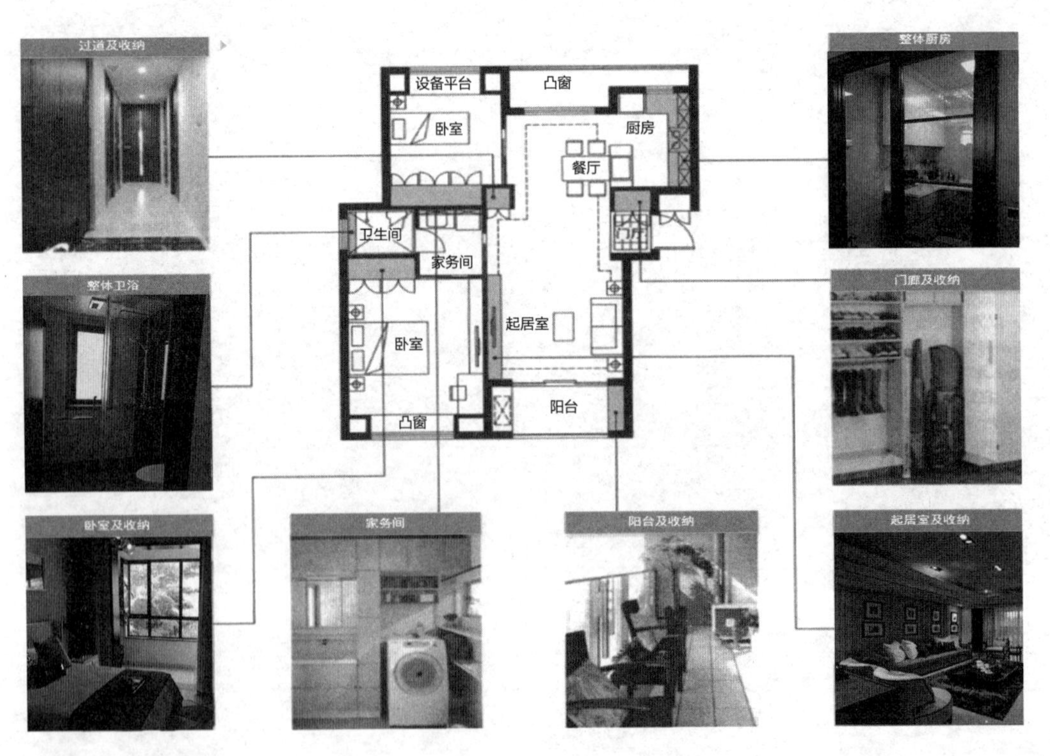

图3–1
SI住宅空间构成示意图

解决我国当下面临的住房需求的主要矛盾。以下我们将对SI住宅的空间构成及功能进行阐述。

3.1.1 SI住宅的公共空间及功能

SI的内部空间由公共空间和户内空间两大部分组成，目前国内市场对户内空间已经拥有较为成熟的标准规范和较好的设计水准，但由于一直以来对于公共空间重视不足，在很大程度上影响了住宅的整体品质和舒适度。然而，公共空间在高层住宅所占有的面积比例相对较大，一般包括公共入口、电梯间、楼梯间、电梯厅、候梯厅、公共走廊以及公共管井等。如何进行公共空间的布局与功能的合理衔接、营造充满个性化元素的公共空间环境等，应当成为未来高层住宅研究的重点。

1. 首层公共空间

建筑的首层通常指地面标高±0.00的那一层，又称第一层。住宅建筑的首层公共空间主要包括入口、门厅、走廊、楼梯间等交通空间以及休息交流空间、简单的储存空间等，多数情况下还包括部分商业、社区服务等辅助空间，有时首层是底层或车库等特殊功能空间。在SI住宅中，首层公共空间应通过充实公共空间，满足舒适性、安全性、领域性以及社会交往等方面的需求。

首层公共空间应主要满足以下功能需求：

（1）安全防护功能。首层公共空间是室内、室外的过渡空间，是进出建筑的必经之处，安全防护功能是首层公共空间的首要功能，包括自然和人文两个方面：良好的建筑物理环境功能；安全的防范功能。

（2）满足整体住户及其与外界的交流需求。住宅建筑主要承载居住功能，注重隐私保护，因此交流区域相对较少。首层公共空间作为进入建筑的门户，成为交流的核心区，需要满足整体住户及其外界的日常交流需求。

（3）满足多种辅助功能。首层公共空间是住宅建筑中交通较为复杂的部分，需要根据不同功能设置不同的动线，如居民出入动线、商业动线、后勤服务动线、停车动线等。

SI住宅的首层公共空间除了拥有安全性、交流性、交通行、服务性、储存性等功能特点以外，还具有施工快捷、更新方便、功能布局自由度高等功能特点。随着时间的推移，针对住户生活需求的改变，可以非常方便地更改公共空间的功能划分、空间分隔，更好地为住户提供服务。

2. 标准层公共空间

标准层指建筑中平面布置（包括建筑结构、功能分区、空间布局、交通关系等）相同的楼层。住宅建筑的标准层公共空间主要包括走廊、楼梯间以及公共交流空间等，有的住宅楼在住户大门外还设置了入户空间，我们将其分类为半公共空间。

标准层公共空间应主要满足以下功能需求：

（1）满足安全防护的功能。标准层公共空间与本层的所有住户直接连通，是通往各户的必经之路。因此，安全防护功能也是标准层公共空间应具备的首要功能，同首层公共空间一样，也需要考虑自然和人文两个方面：良好的建筑物理环境功能；安全的防范功能。

（2）满足同层住户间的交流需求。标准层公共空间的住户之间直接连通，同时可通过电梯或楼梯与其他楼层相连，是本层住户之间及本层和其他层住户之间交流的重要空间，需要打造适于交流的空间气氛，以利于邻里间的和谐关系。

（3）满足住户的私密性需求。标准层公共空间是住户内部私密空间与外部公共空间的过渡空间，需要加强各住户入户空间的标识性和领域性，以此更好地保护本层住户的私密性。

（4）满足交通的简洁与高效性。标准层公共空间的交通动线相较于首层公共空间的交通动线更简单，主要由连接各住户与电梯和楼梯的动线构成，交通组织需简洁、高效，便于住户的日常出入和应急疏散。

（5）合理设置公共管井和各住户表箱空间。结合标准层公共空间的交通动线，合理利用空间，布置各类管井以及各住户的表箱空间，避免对主交通造成障碍或干扰。

SI住宅的标准层公共空间在保证安全性、交流性、交通性的同时，通过部品化设计，如在入户空间设置固定的折叠座椅、雨伞杂物收纳箱等，使空间更具人文性、舒适性，能够更好地方便住户的日常生活。

3.1.2 SI住宅的户内空间及功能

户内空间是住宅的主要部分，包括各种不同的功能空间，一般划分为居住区域（起居室、卧室）、用水区域（厨房、卫生间、浴室）、交通交流及其他（门廊、室内走廊、阳台）三大部门，有的还包括一些特异性文化、娱乐空间，如书房、游乐室、太阳房等。由于SI住宅内装与结构分离，户内布局自由度高，可按照居住者的意愿进行户型设计，因此可以为住户提供不可多得的菜单式选择。虽然整个住宅楼只能提供几种不同户型面积的选择，但是可以按照居住者的家庭结构、生活方式以及身体状况等，给出各种不同风格、功能空间布局，以满足不同住户的需要。

1. 门廊

门廊是指住户的入户空间，可起到室内外连接、过渡及缓冲的作用。门廊是从室外进入室内的第一空间，代表着住户家庭的脸面，也是集进出、换鞋、更衣、收纳等于一体的空间，以及室内外不同卫生条件切换的空间。

门廊应主要满足以下功能需求：

（1）体现居家的第一印象——“颜面”与“气息”。颜面代表着一个家庭的精神风貌和气度，门廊的室外部分更注重安全性和空间尺度的打造，门廊的室内部分则更注重舒适性，让人能感受到家庭的温暖。气息代表着一个家庭的个性特点，门廊标志着一个家庭的品位和思维方式，因此，门廊设计要与住户的性格相适应。

（2）满足领域性和安全性的功能。门廊是隔绝大自然的风吹日晒和抵挡外界犯罪及不良影响的有效隔断空间，应体现住户的领域性和安全性。

（3）满足卫生性功能。门廊与外界环境直接连通，为了防止病毒、细菌的入侵以及潮气、湿气、干燥的干扰，应通过门廊的设置保证户内的卫生。

（4）满足过渡性功能。门廊是进出室内外、更衣、换鞋、收纳的地方，应确保空间的独立和自我完整，并考虑视线遮挡、洁污分离、心情切换等，满足过渡性功能。

SI住宅的门廊具备“面子”形象、防范性、隔离性、过渡性、集散性等功能。此外，通过收纳柜部品设计、适老性设计，地面检修口的设置等，还具有了收纳储藏，适合老年人使用，方便日常检修、维修等功能，并大大提高了舒适度。

2. 客厅

客厅具备多元化功能特点，是住户与客人会面或者家庭成员休息、娱乐、团聚的空间，也称起居室。在整体布局中，客厅一般形状规整、分区明确，往往占据着核心位置，在日常生活中使用最频繁，既是家庭外交的主要场所，也是家庭内部的活动中心，也代表一个家庭的对外形象和生活品位，一般根据各家庭成员的特点和喜好进行灵活布置。利用SI住宅的部品化特点，可以为以后的变更提供更多可能性。

客厅应主要满足以下功能需求：

（1）满足会客、待客功能。客厅是户内最大的开放空间，首先需要满足最基本的会客、待客功能，一般要具有充足的采光、良好的视野，在布置上大方、庄重，并提供为客人服务的相应设备，方便客人落座、茶饮、交谈等。

（2）满足家庭成员的日常活动。客厅属于户内的公共空间，是家庭成员利用最频繁的功能空间，也是促进全家人情感交流的重要场所，需要满足日常的休息、饮食、娱乐、交流等功能。有时还会兼顾书房、健身房、影音室等附加功能，特别是在空间有限的情况下，需要根据住户的性格和喜好，进行灵活布置，是户内功能最多元化的区域。

（3）体现家庭的生活品位与文化氛围。客厅既承担待客显身的重任，又兼具家庭活动中心的功能，需要在风格设计上多花心思，通过精巧设计使其能充分体现一个家庭的气度形象和文化氛围，并在布置上反映主人的生活品位、个性和精神风貌。

（4）具备相应的收纳功能。客厅像一个多功能厅，功能复杂，要应对多种多样的活动需求，因此需要足够的收纳空间，便于储存、收藏随时使用的器具、用品等，避免空间杂乱。

（5）与私密空间的隔离需求。客厅属于户内的公共空间，不宜与一些私密性较强的功能空间直接相连，如主卧、浴室等。可以采用收纳、装饰隔断等进行视线遮挡，或在交通上制造缓冲区，避免直接的视线穿透。

SI住宅的客厅具有多元化功能特点，包括会客、餐饮、娱乐等。此外，由于SI住宅的大空间特点，宽敞、通透，且布局灵活、变更方便，使得客厅可以组合成多种多样的形式。同时由于客厅具有很强的包容性，在合理布局的同时，可以将一些其他功能和空间包容在客厅内，如客厅内设置书房、与餐厅或阳台一体化设计等，在空间尺度上起到大作用，提高空间的通透性。

3. 卧室

卧室也称睡房、卧房，是现有家庭生活中必有需求之一，是供居住者在其内睡觉、休息的房间。在两室及以上的户型中又分为主卧、次卧。主卧通常指一个家庭场所中最大、装修最好的居住空间（非活动空间），有时也指家庭中主要收入者的居住空间。次卧是指区别于主卧以外的居住空间。人的一生中大约有三分之一的时间要在卧室里度过，卧室与住户的个人生活密切相关，卧室环境的好坏，直接影响到居住者的生活品质、家庭幸福、身体健康等。

卧室在功能上应主要满足以下需求：

（1）满足睡眠、休息的功能。卧室是住户睡眠、休息的主要空间，因此，为了保证基本的睡眠休息功能，卧室需要具有适宜的温度、湿度以及良好的隔音效果，且卧室的灯光宜柔和、色彩明快。同时，床是不可或缺的重要家具，应根据卧室的空间大小和个人的生活习惯挑选。

（2）良好的通风、采光需求。卧室宜置于户型外侧靠窗部位，以南向为主，确保自然通风、自然采光，日照充足。一般主卧外侧会设置阳台，或与阳台一体设计，使其具有更好的日照和观景功能。

（3）满足私密活动的功能。卧室的私密性非常强，是个人更衣、化妆的空间，需要有良好的隔音、遮挡效果。当主卧空间宽裕时，可以考虑设置卫生间及步入式更衣室，方便使用。

（4）满足收纳的功能。卧室内需要有充足的收纳空间，用来放置大量的个人衣物和被褥等床上用品，除了衣柜、五斗橱、床头柜等，还可以有效的利用床下空间以及家具上、下的剩余空间等。

（5）满足工作、谈话的功能。卧室专属个人领域，还可作为个人工作、学习以及和朋友说私密话的地方，可以放置书桌、椅子或小沙发等家具。

（6）具备多功能及变更性。住宅在保证卧室基本功能的同时，结合房间的大小及个人需要，增设一些附加功能空间，尤其是主卧，可以设置专属的卫生间、浴室及步入式更衣室等，或者划分出一部分工作区域、增加使用空间等，也可以根据需求的变化进行适当的变更。在这一点上，SI住宅体现出了较多优势。

SI住宅的卧室具备舒适性、私密性、多功能性等特点，根据房间的大小及个人需要，还可以进行多样的灵活变动，如整合卫浴空间、更衣间以及工作空间等，提高空间利用效率和空间品质。

4. 阳台

阳台是指住宅内供休闲、呼吸新鲜空气、摆放盆栽或晾晒衣物等的室外空间，是室内空间的延伸，在设计上应兼顾使用和美观的原则。阳台按照结构一般分为悬挑式、嵌入式、转角式三种形式，按照功能又可以分为生活阳台（一般与客厅、主卧相连，供休闲、观赏用）和服务阳台（一般与厨房相连，供存放物品用）两大类。阳台不仅可以提供休闲、呼吸新鲜空气、摆放盆栽或晾晒衣物等活动，如果布置得好，还可以变成宜人的小花园，使人足不出户也能欣赏到大自然中最可爱的色彩，呼吸到清新且带着花香的空气。

阳台在功能上应主要满足以下需求：

（1）满足日常户外活动的功能。生活阳台是提升住宅品质的重要空间，需要满足晒太阳、纳凉、呼吸新鲜空气、锻炼、观赏外面的景色等户外活动功能。

（2）满足养花种草的绿化功能。阳台接近大自然，是住宅内少有的绿色空间，可以充分利用户外空间的优势，养花、种草等，进行绿化。

（3）满足晾晒衣物、存放物品的功能。阳台上具有良好的日照条件，按照国人的生活习惯，阳台的另一个重要功能是晾晒衣物、被褥等，提供生活便利。服务阳台还可存放闲杂物品等，增大收藏空间。

（4）满足安全、逃生功能。在住宅中，尤其是高层住宅中，为应对紧急灾害，除了消防电梯和楼梯，阳台也可作为一条疏散、逃生通道使用，同时，应注意防跌落装置，如图3-2所示。

SI住宅的阳台往往作为一个可装配的标准化部品，除了具有实用性、美观性、安全性、舒适性的功能特点之外，还具有多样化组合、功能多变等特点，从而将阳台从以晾晒为首要目的的功能空间中解放出来，成为一个多功能、高品质的空间。

图3-2
设有逃生口的阳台

5. 厨房

厨房是指住宅内准备食物并进行烹饪的空间，通常包括灶台、操作台、炉具（瓦斯炉、电炉、微波炉或烤箱）、流水台（洗碗槽或是洗碗机）及储存食物的设备（冰箱、冰柜）等。厨房一般相对独立，有良好的采光和通风换气装置。在设计上，应结合家庭饮食文化特点，确定适宜的规模和构成。SI住宅采用的是整体厨房，一种将橱柜、抽油烟机、燃气灶具、消毒柜、洗碗机、冰箱、微波炉、电烤箱、水盆、各式抽屉拉篮、垃圾粉碎器等厨房用具和厨房电器进行系统搭配而成的一种新型厨房形式。其中“整体”的含义是指整体配置，整体设计，整体施工装修。“系统搭配”是指将橱柜、厨具和各种厨用家电按其形状、尺寸及使用要求进行合理布局，实现厨房用具一体化。依照家庭成员的身高、色彩偏好、文化修养、烹饪习惯及厨房空间结构、照明结合人体工程学、人体工效学、工程材料学和装饰艺术的原理进行设计，使科学和艺术的和谐统一在厨房中体现得淋漓尽致。这种厨房提供了菜单式部品选择，可自行组装、更换，厨房形态也可调。在空间布局中，厨房空间与设备部品形成良好的衔接，检修口被隐藏设置在收纳内，保证了厨房外部形象的美观、统一及维修方便。

厨房应主要满足以下功能需求：

（1）满足烹饪的基本功能。烹饪是厨房的基本功能，需要配备相应的水池、灶台、烤箱等设备以及相应的收纳空间和冰箱、餐具等以满足制作食品的基本流程的需求：食材入室、摆放和收纳、清洁、切剥等粗加工；烧、煮、煎炸等烹饪过程及冷盘处理；临时摆放和配餐、食品出炉。同时，还需要配置保证厨房卫生健康环境的通风、换气、采光、照明等设备或技术措施。

（2）操作中心舒适方便。橱柜要考虑到科学性和舒适性；灶台的高度，灶台和水池的距离，冰箱和灶台的距离，择菜、切菜、炒菜、熟菜都有各自的空间；橱柜要设计收纳功能。

（3）满足正餐与简餐结合的需求。根据每个家庭的生活习惯特点，一般可分为正餐和简餐。大多数家庭早餐相对简单，而将午餐或晚餐作为正餐。也有的家庭习惯在周末实行两餐制，将午后餐也作为正餐。因此，应有意识的分别形成正餐与简餐所需要的不同食材的烹饪过程、工具、环境等，便于使用。

（4）满足家庭交流的需求。在烹饪时，如果可以与餐厅、客厅的家人进行交流，可以有效地增加烹饪者的工作热情，增进家庭成员的参与度，同时还可以起到照看孩子的作用。餐厅、客厅的一体化设计对于增进家庭成员的交流有显著的效果。

SI住宅的整体厨房具有烹饪、收纳、连接、交流四大功能，同时通过高科技和新材料，具有现代厨房的绿色环保、自我循环、智能管理等特点。通过标准化设计，整体厨房成为SI住宅的另一个重要功能特点，设备配套、齐全，可以提供多元化选择。

6. 卫浴

卫浴指用于便溺、洗浴、盥洗等日常活动的空间，是卫生间和浴室的统称。卫浴是户内重要的用水空间，在空间分配上，卫生间和浴室一般会合并在一起，但有一定的空间分隔；当空间宽裕时，可以分别独立设置。在SI住宅中，卫浴应与SI部品紧密结合，进行一体化的设计，提高住户空间利用率，同时也便于安装施工和维护检修。

卫浴功能的确定，通常与住户的生活习惯和喜好相结合，主要满足以下功能需求：

（1）满足便溺、洗浴、盥洗的功能。便溺、洗浴、盥洗是卫浴的三大基本功能，在设计时需要做到干湿分离，卫生整洁。同时要考虑到全年龄段的使用便利性，如采用适老设计，或提供小孩用的设备等。

（2）满足安全的需求。作为用水空间和隐私空间，应注意个人使用卫浴的安全，在地面使用防滑材料、墙面安装把手等，避免滑倒。

（3）保证良好的防水、防潮和排水功能。铺设隔蒸汽层、使用环保的防水材料、选择合理的下水口位置、采用局部降板处理。

（4）满足仪容整理、简单化妆的功能。卫浴属于户内的隐私空间，在洗浴、盥洗之后，也是家庭成员整理仪表、简单化妆的重要场所，需要设置镜子、梳妆台及收纳等，方便使用。

（5）满足洗涤的功能。为了实现卫浴空间的高效性，宜将同样需要用水的洗涤功能并入卫浴空间，设置洗衣机位，实现空间的高度整合。

（6）满足放松心情的需求。作为隐私空间，卫浴也是一个人能够完全放松下来的地方，如舒服的泡澡、测量体重、在镜子前审视自己的身体、如厕时读书看报等，因此卫浴空间需要注重遮挡，并具备良好的通风、换气、加温系统，可去湿、去味、保温，营造舒适的环境。

7. 收纳

在现代住宅中，收纳是指具有收藏、储存物品功能的空间。收纳空间贯穿住宅的各个功能空间，与活动家具相结合，共同构筑完美的住宅室内空间。收纳主要包括固定收纳和可移动收纳。SI住宅重视收纳的部品化设计，部品化设计使得各种小部品在户内的其他收纳空间中也能被利用，不同尺寸规格的部品可以相互替换，也可以使施工流程变得极为简洁，且维修方便。

收纳在功能上应主要满足以下需求：

（1）有效利用空间。在SI住宅中，收纳可充分利用地板下空间、家具下部空间、角落空间、上层空间、墙体内空间以及剩余空间等，充实收纳、储藏空间。

（2）利用的便利性。常用的收纳尽可能布置在伸手可及的空间，可以不费力、不登高、不俯身即可利用；充分利用一些随时可以利用的空间，对标准化部品进行不同的组合、变更；身兼储藏、隔断、遮挡、座椅、装饰等多种功能。

（3）方便整理和清扫。收纳应分类设置，不同功能种类的物品分别收纳，注意统一收纳空间的洁污分离、功能分离等；考虑物品易取、易放、易整理；不留卫生死角，便于清扫。

SI住宅的收纳具有储藏、装饰、隔断、遮挡、座椅等多功能特点，可提高空间利用率，更重要的是通过部品的标准化设计，使得收纳具有更为自由的可变更性，安装、维护、更换更方便。

3.2 SI住宅的结构构成及要求

SI住宅的结构构成是指组成建筑物实体的各种构配件。虽然，SI住宅的设计建造理念相比传统民用住宅有较大的改进，但构成建筑物的构配件的种类上并没有太大改变，一般也是由基础、墙和柱、楼板及地坪、楼梯和电梯、屋面、门窗等部分组成。它们在建筑的不同部位，发挥着不同的作用和功能。明确SI住宅的构成及其建造要求，是进行SI住宅体系划分和模数协调、部品制造以及施工建造的基础。

3.2.1 主体结构部分及要求

1. 基础和地基

基础是SI住宅底部与地基接触的承重结构，它的作用是把房屋上部的荷载传给地基。基础是住宅得以立足的根基，必须坚固、稳定而可靠，并能够抵抗地下各种不良因素的侵袭。按照构造形式主要分为独立基础、条形基础、筏板基础、箱型基础和柱基础等。高层SI住宅通常采用箱型基础或混合型立体基础，其整体性和刚度更好，抗震性强，且基础的中空部分可以作为地下空间得到有效利用，如图3-3所示。

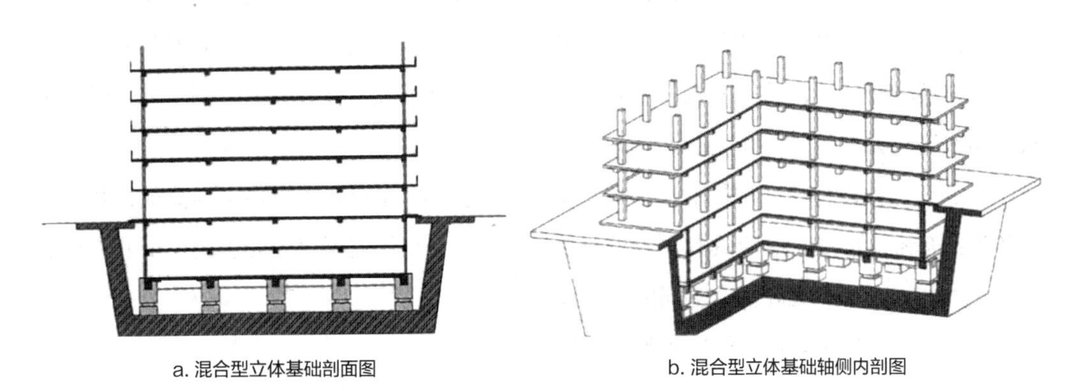

a. 混合型立体基础剖面图　　b. 混合型立体基础轴侧内剖图

图3-3
混合型立体基础

图片来源：
SI住宅与住房建设模式体系·技术·图解

地基是支撑住宅重量的土层。地基虽然并不是住宅本身的组成部分，但是其是承受住宅荷载的土壤层，是住宅得以建立的根基。其中具有一定的地耐力，直接支撑基础，持有一定承载能力的土层成为持力层；持力层以下的土层成为下卧层。地基土层在荷载作用下产生的变形，随着土层深度的增加而减少，到了一定深度则可忽略不计。

在设计与建造中地基和基础应满足如下要求：

（1）基础应具有足够的强度。基础处于建筑物的底部，是建筑物的重要组成部分，对建筑物的安全起着根本性作用，因此，基础本身应具有足够的强度和刚度来支撑和传递整个建筑物的荷载。

（2）基础应具有足够的耐久性。因为基础埋在地下，受潮、浸水，有些地下水含酸、碱离子，对基础有腐蚀作用，北方地区基础还会受冰融循环的破坏等。因此，基础的选材与构造做法要保证其坚固耐久性，防止基础提前破坏而给整个建筑带来严重的危害。

（3）地基应具有足够的强度和均匀程度。地基直接支撑着整个住宅，对住宅建筑的安全使用起着保证作用，因此地基应具有足够的强度和均匀程度。住宅建造应尽量选择在地基承载力较高的均匀地段，如岩石、碎石等。地基土质应均匀，否则基础处理不当，会使住宅发生不均匀沉降，引起墙体开裂，甚至影响住宅的正常使用。

（4）满足经济性要求。地基和基础工程的工期、工程造价在整个建筑工程中占有一定的比重，其比重的变化相差悬殊。通常占建筑总造价的10%~40%。因此，选择良好的地基条件，降低地基的处理费用可以减少总投资。需要特殊处理的地基，也要尽量选用地方材料及合理的构造形式。

2. 墙体和柱

墙体是住宅建筑的承重和围护构件。在SI住宅中，除必要的剪力墙之外，墙体主要起围护和分隔作用。作为承重构件，其承担屋顶和楼板传来的荷载，并把它们传递给基础。作为维护构件，外墙需要具有抵抗各种外来因素对室内侵袭的作用；内墙起着分隔空间并保证室内环境舒适的作用。因此，墙体应有足够的强度、稳定性和保温、隔热、隔音、防火、防水等能力。

柱是SI住宅的主要承重构件，同承重墙一样，它承担屋顶和楼板传来的荷载，并把它们传递给基础。因此，柱应具有足够的承载力和刚度。SI住宅可以充分利用柱子的承载能力实现大开间设计，提高住宅空间的灵活性。

在设计与建造中墙体和柱应满足以下要求：

（1）墙体

1）承重墙应具有足够的强度和稳定性

强度是指墙体承载荷载的能力，它与所采用的材料以及同一材料的强度等级有关。作为承重的墙体，必须具有足够的强度，以确保结构的安全。墙的稳定性与墙的高度、长度、厚度等有很大的关系，而且墙体本身具有抵抗风侧压力的能力。当墙身较高而长，并缺少横向墙体联系的情况下，则需要考虑加厚墙身，提高砂浆的强度等级，或加壁柱，墙内加筋等有关技术措施。

2）保温、隔热、节能的要求

墙体作为维护结构的外墙，应具有保温、隔热的性能，以满足建筑热工的要求。如寒冷地区要求外围护结构具有良好的保温性能，以减少室内热量的损失，在炎热地区要求外围护结构有一定的通风隔热功能，防止夏季室内温度过高，以减少能耗，达到节能要求。同时，外墙作为SI住宅最大的维护面，在建筑节能设计中具有极大的潜力。为贯彻国家的节能政策，改善严寒和寒冷地区居住建筑采暖能耗大，热工效果差的状况，必须通过一系列的措施来节约能耗。

3）隔音要求

墙体是SI住宅空间分隔的主要形式。为了保证室内有一个良好的生活环境，墙体必须具有足够的隔音能力，以避免噪声对室内的干扰。因此，墙体在构造设计时，要用不同材料和技术手段使住宅满足建筑隔音标准的要求。

4）防水、防潮的要求

为了保证墙体的坚固耐久性，对住宅的外墙，尤其是勒脚部分，以及在卫生间、厨房、浴室等有水房间的内墙和地下室墙都应采取防潮措施、防水措施。选择良好的防水材料和构造做法，是保证室内具有一个良好的卫生环境的前提。

5）符合防火要求

墙体材料及墙身厚度应符合防火规范中燃烧性能和耐火极限的不同要求。在面积较大的建筑中应设置防火墙，把建筑分成若干的防火分区，以防止火灾蔓延。

6）符合工业化建造的要求

SI住宅是实现工业化建造的主要形式之一，SI住宅的墙体属于填充部品，适合工业化生产。随着住宅产业化的发展，墙体应用新材料、新技术是建筑技术发展的方向。应提倡采用轻质、高强的新型墙体材料，采用先进的预制加工措施，以减轻自重，提高墙体质量，缩短工期，降低成本。

（2）柱

1）严格的强度和稳定性要求

柱作为SI住宅的主要承重构件，对于强度和稳定性有着极高的要求，甚至比承重墙更加严格。因此，柱的配筋要求、水泥强度、结构形式、布置方案、施工方式等是SI住宅设计建造的重中之重。还要求柱子所用材料应具有良好的耐久性。

2）防火防潮的要求

柱也应满足防潮防火的要求，但由于混凝土结构的特殊性，柱的防潮、防火要求在设计建造中并不作为一项主要工作内容。

3. 楼梯和电梯

楼梯是住宅的垂直交通工具，并供紧急事故时人员疏散逃生使用。它应具有足够的通行宽度，并且坚固、安全。

电梯是一种以电动机为动力的垂直交通设施，多用于高层建筑和六层以上的住宅建筑，应具有足够的运送能力和方便快捷性能。本书主要考察电梯井及其功能要求。

在设计与建造中楼梯和电梯主要满足如下要求：

（1）楼梯

1）通行顺畅、疏散便利

楼梯的主要功能是解决建筑物的垂直交通。因此，主要楼梯应与出入口临近，且位置明显；同时，其间距、数量、平面形式、踏步宽度与高度尺寸、栏杆细部做法等均应能保证通行顺畅、疏散便利的要求，避免交通拥挤和堵塞。

2）结构坚固、防火安全的要求

楼梯的设计应首先考虑结构坚固，具有足够的承载力和刚度，在荷载作用下产生较小的变形；楼梯间四周墙壁必须为防火墙，符合防火规范要求，且楼梯间内不允许向室内任何房间开窗；对防火要求高的建筑物，特别是高层建筑，应设计成封闭式楼梯或防烟楼梯。

3）施工方便、经济合理

楼梯的设计要兼顾经济实用，考虑施工的方便。在选用材料上要注意就地取材，注意节约材料，降低能耗；并在保证质量的前提下降低造价。

4）造型美观

楼梯作为住宅空间竖向联系的主要构件，设计时要合理选择楼梯的形式、坡度、构造做法，精心处理好楼梯与建筑整体的关系，保证造型美观。

（2）电梯

1）电梯井道的防火

电梯井道是建筑中的垂直通道，极易引起火灾的蔓延，因此四周应为防火结构。井道壁一般采用现浇混凝土或框架填充井壁。同时当井道内部超过两部电梯时，需用防维护结构予以隔开。

2）井道的隔震与隔音

电梯运行时产生振动和噪声，一般在机房机座下设弹性垫层隔震；在机房与井道间设高1.5m左右的隔音层。

3）井道的通风

为使井道内空气流通，火警时能迅速排除烟和热气，应在井道肩部和中部适当位置（高层时）及地坑等处设置不小于300mm×600mm的通风，上部可以和排烟口结合，排烟口面积不少于井道面积的3.5%。通风口总面积的1/3应经常开启。通风管道可在井道顶板上或井道壁上直接通往室外。

3.2.2 梁、楼板和地坪

由支座支承，承受的外力以横向力和剪力为主，以弯曲为主要变形的构件称为梁。梁支撑着建筑物上部构架中的构件及屋面的全部重量，是建筑上部构架中最为重要的部分。依据梁的具体位置、详细形状、具体作用等的不同有不同的名称。大多数梁的方向，都与建筑物的横断面一致。

楼板是住宅建筑中的水平承重构件，沿竖向将住宅分隔成若干楼层。楼板承担住宅楼面的人、家具、设备以及构件的自身荷载，并把这些荷载传递给墙或梁柱，同时对墙体能起到水平支撑的作用。一般情况下，楼板分为木楼板、钢筋混凝土楼板、压型钢组合楼板等。本书中的SI住宅主要使用钢筋混凝土楼板，按照施工方式不同分为装配式、现浇式和装配整体式。其具体的施工方式还要根据其结构和功能要求做出选择（施工方式的选择将在本书后面章节介绍）。

地坪是住宅底层房间与下部土层接触的部分，承担着底层房间的地面荷载。由于地坪下面往往是夯实的土壤，所以承载力比楼板低，但仍然要有良好的耐磨、防潮、防水和保温性能。

楼板和地坪的设计建造应满足住宅的使用、结构、施工以及经济等多方面的要求，具体如下：

（1）梁

1）严格的强度和刚度要求

在SI住宅中，梁与柱一样，是最重要的承重构件，其对于结构的强度和刚度有着非常严格的要求。强度指梁能够承受上部传来的荷载和自重。刚度是指梁的变形应在允许的范围内。

2）防潮、防火的要求

相比较住宅的其他构成要素，在梁的设计建造中也应考虑防潮、防火功能，但由于混凝土本身的特性，在设计建造中并不作为工作重点。

（2）楼板

1）强度和刚度要求

楼板的结构要求是指楼板应具有足够的强度和刚度才能保证楼板的安全和正常施工使用。

2）抗震要求

在地震设防区，楼板应满足抗震设防的要求。采用钢筋混凝土楼板时，现浇混凝土为最为安全稳妥的方式。

3）隔音要求

为了防止噪声通过楼板传到上下相邻的房间，产生相互干扰，楼板层应具有一定的隔音能力。噪声根据传播途径分为两大类：①空气声，即通过空气传播的声音，如说话声、音乐声、汽车噪声、航空噪声等；②固体声（撞击声），即通过建筑结构传播的由机械振动和物体撞击等引起的声音，如脚步声，物体撞击声等。对于空气和固体声的控制方法是有区别的，且有各自的隔音标准，如表3-1和表3-2所示。

住宅建筑的空气隔音标准　　表3-1

维护结构部位	计权隔音量（dB）		
分户墙及楼板	一级	二级	三级
	≥50	≥45	≥40

住宅建筑的撞击声隔音标准　　表3-2

维护结构部位	计权隔音量（dB）		
分户墙及楼板	一级	二级	三级
	≤65	≤75	

4）防火要求

住宅建筑的耐火等级对构件的耐火极限和燃烧性能有一定的要求，楼板应根据建筑物的耐火等级和防火要求进行设计。

5）建筑节能要求

对于由建筑节能要求以及一些对温度、湿度要求较高的房间，楼板还应满足热工要求，通常在楼板层中设置保温层，使楼面的温度与室内温度一致，减少通过楼板的冷热损失。此外，对于厨房、厕所、卫生间等地面潮湿、易积水的房间，还应处理好楼板层的防渗漏问题。

6）质量高、造价合理、促进工业化实施的要求

楼板造价占土建造价的比例高，应注意结合住宅建筑的质量标准、使用要求以及施工条件，选择经济合理的结构形式和构造方案，并为工业化创造条件，加快施工速度。

（3）地坪

1）防潮要求

地坪与土壤直接接触，土壤中的潮气易浸湿地层，所以必须对地层进行防潮处理，通常对无特殊防潮要求的地坪构造，在垫层中采用一层60mm厚的C15素土混凝土即可；面对有高防潮要求的地层，则采用二道热沥青或卷材防水层等做法。

2）保温要求

对无特殊要求的地坪，通常不做保温处理，但随着我国建筑节能政策的深入贯彻执

行，以及人们对室内热环境的要求不断提高，地坪的保温设计也开始引起人们的重视。

（4）屋顶（屋盖）

屋顶是住宅顶部的承重和维护构件。一般由屋面、保温（隔热）层和承重结构三部分组成，其中承重结构承担自重和住宅顶部的各种荷载，并将这些荷载传递给墙或梁柱；而屋面和保温（隔热）层则具有抵御风、雨、雪及太阳辐射等对顶层房间的不良影响。因此，屋顶应具有足够的承载力和刚度，满足保温、隔热、防水、隔汽等要求。

屋顶的设计建造满足以下要求：

1）良好的维护作用

其中防止雨水渗漏是屋顶的基本功能要求，也是屋顶设计的核心。屋顶是房屋最上层的水平维护结构，主要功能是抵御风雪、日晒等自然界的影响，以使屋顶下的空间有一个良好的使用环境，其中防水、排水是屋顶首要解决的问题。

同时，屋顶作为维护结构，应具有良好的保温隔热性能。在寒冷地区冬季，室内一般都需要采暖，为保持室内外正常的湿度，减少能源消耗，避免产生顶棚表面结露或内部受潮等一系列问题，屋顶应采取保温措施。对于南方炎热的夏季，为避免强烈的太阳辐射高温对室内的影响，通常在屋顶采取隔热措施。

2）足够的强度和刚度

屋顶也是房屋的承重结构，承担自重及风、雨、雪荷载及上人屋面的荷载，并对房屋上部起水平支撑作用，所以应具有足够的强度和刚度，并防止因结构变形引起的屋面防水层开裂渗漏。另外，屋顶的形式对建筑造型有重要影响，连同细部都是屋顶设计建造中不可忽视的内容。

3）满足人们对建筑艺术的需求

屋顶是建筑造型的重要部分，中国建筑的重要特征之一，就是有变化多样的屋顶外形和装修精美的屋顶细部，现代建筑也应该主张屋顶形式及其细部设计。

3.2.3 内装部品及要求

SI住宅的内装部品指的是非结构构件，在工厂按照标准化生产，并在现场进行组装的具有独立功能的住宅产品（详细介绍见第五章5.3节）。SI住宅体系的核心就是部品化，在工业化的基础上实现部品化，具有施工快捷、高效，规格统一、风格多样，组合可能性多，富有个性化和人性化的优势。

在SI住宅的内装部品涉及标准性、多样性、部品间及部品与主体间的可更换性等基本功能。因此，在设计和建造中，内装部品应满足以下要求：

1. 具有功能性

内装部品首先要保证基本的功能性。不同功能的小部品相互组合，可以形成一个功能完整的大部品，从而满足人们日常的使用需求。

2. 尺寸模数化

部品的尺寸符合模数化，可以有效地应对各种不同尺寸的建筑空间，使部品与建筑空间达到高度匹配。同时，部品与部品之间也可以选择最合适的尺寸进行相互组合。

3. 形式风格多样化

部品的形式、风格多种多样，可以根据住户的喜好选择适当的整体风格，体现不同住户的个性化需求。

4. 材料和色彩多样化

部品的材料和色彩也呈现多样化，可以结合整体装修风格，进行空间色彩和材质的搭配，满足住户对不同色彩、材质的需求。

5. 连接方法简便

应根据部品的耐久性、权属等设计部品间连接的构造方法。部品的连接方法通常是干式连接，即通过螺栓、预埋构件等物理机械方式进行连接，具有操作简单和便于拆装等特点，使得住户自己动手进行部品的维修、更换成为可能。

6. 具有可调性

部品的另一大特点是可调性，可以方便住户应对各种生活方式、家庭规模、品质要求等方面的改变，对其进行相应的调整，且不会破坏与其他部品的连接关系。

3.2.4 设备、管线及要求

SI住宅的设备、管线系统是由暖通空调、给水排水、消防、燃气、电器与照明等各自独立的功能系统综合而成。其在设计建造应遵循可持续的基本原则，使得设备、管线与住宅建筑达到平衡与融合，节省能源和资源、降低环境负荷、延长住宅寿命，从而创造安全、舒适便利的居住环境。

以下将从暖通空调、给水排水、电器与照明三个主要的独立功能系统介绍SI住宅设备、管线系统的设计建造要求：

1. 暖通空调系统

（1）满足空气的流动性和清洁性要求

传统住宅往往采用公共排烟管井进行排烟换气，经常由于外部气候和设备的气密性问题，造成漏烟、返烟、串味等现象。SI住宅通过各住户内独立的换气设备，特别是设置热交换器，可以直接向室外进行送风、排烟、排气等，确保了室内空气的流动性和清洁性。

（2）满足住户对物理环境的个性需求

由于不同住户对温度变化的敏感度不同，无论是分户采暖还是集中供暖，都提倡分户计量采暖，满足住户对物理环境的个性化需求，提供资源的利用率。

（3）满足安全性要求

满足建筑消防要求而设计的各类防、排烟系统；设备选型的安全性，有特殊要求的要考虑防火与防爆等。

（4）满足经济性要求

应该根据建筑功能和舒适性要求确定一个科学合理的系统水准和设备档次。一方面我们不要忽略经济性，另一方面也不能唯经济性。换句话讲，经济性不是衡量暖通空调系统优劣的唯一因素，还要与其他因素结合起来进行取舍。

（5）满足环保性要求

设备的选型要考虑燃料的种类，尽量减少排放物中污染环境的物质；除尘类设计的气体排放中的含尘颗粒要满足相关规范要求；空调制冷剂不得选用国家明令禁用产品，并推广新型无污染、能效高的产品；各类主机、风机、水泵等应设计在机房内，如露天布置的要考虑对环境的噪声污染；冷却塔等设备设计低噪声产品，布置位置尽量远离外窗；所选材料不产生慢性污染环境的物质。

2. 给水排水系统

（1）较高的节水性能

我国部分地区已处于严重缺水状态，而我们赖以生存的水也正日益短缺。因此，在住宅设计建造中，对于给水排水设备的要求也越来越高，尤其是使用时的节水性能，是衡量设备好坏的重要标准。在保证水质与需求功能相匹配的同时，更精确地减少不必要的水流失，是节水设计的关键。

（2）保证水源到终端接口的水流通达性

在现代住宅设备中，分水器的出现可谓一项标志性的改革，使得在不同系统层级中，给水的压力稳定性得到了良好的保障，保证了水源到终端接口的水流顺利通达。

（3）通过分流制使得水资源利用效率最大化

分流制是不同的水质得到最合理利用的保证，使用前和使用后的不同水质处理，使得水资源的利用效率最大化。

（4）满足中水、雨水的回收利用功能

生活废水和雨水经过处理后，可以多次重复利用，在水资源严重缺乏的现在，回收再利用的设计是保护水资源可持续利用的重要手段。

3. 电气和照明系统

（1）强、弱电分离

由于电流本身会形成电磁场，为了避免照明插座等强电体系和电话、电视等弱电体系之间的相互干扰，强弱电管井宜分开布置，并保证足够的距离。

（2）细分管理

将住宅内的电气配线进行详细分类，在强弱电两大系统的基础上，对电气设备种类进行细分，如照明系统可以分为高亮照明、一般照明、背景照明、指示照明灯。同时，进行独立管理和布线，并与电气的来源种类协调互动，进行切实可行的智能电气化管理。

（3）满足环保节能的要求

充分挖掘和利用天然气等可持续能源如太阳能、水能、风能、地热能等，减少对煤炭、石油、天然气等能源的依赖。同时，加强LED灯等节电设备的研究和开发，避免不合理的能源浪费。

3.3 SI住宅体系的划分

SI住宅包括Skeleton（骨架）和Infill（填充体）这两大部分。SI住宅体系的划分则是要更进一步的明确支撑体与填充体之间、支撑体与支撑体之间、填充体与填充体之间的关系和界限。但由于SI住宅本身的复杂性，在划分过程中需综合考虑体系“承重”“所有权”“材料”“更新周期”等多重因素，划分难度较大。以下将以SI住宅体系划分的基本原则为切入点，确定SI住宅体系划分的基本维度和方法，实现SI住宅体系的划分。

3.3.1 SI住宅体系划分的基本原则

1. 体系是否承重

目前我国住宅建造主要采用钢筋混凝土的结构形式，其柱、剪力墙、梁与楼板，这些直接承受荷载的部分组成了住宅的承重体系，除此之外的建筑部分为非承重体系。这样划分的依据主要是承重体系与非承重体系的使用年限不同，承重体系只需满足结构受力要求，且钢筋混凝土结构耐久年限可达一百年甚至更久，而这一部分的造价成本也比较高；非承重体系的差异化较为明显，设备的使用周期可能是十几年，与住户多样化与个性化的居住需求有关的部分可能仅使用几年后就会更新，很显然，根据“是否承重”进行住宅体系的划分具有较强的现实意义。

最早从结构关系考虑住宅设计的建筑师就是勒柯布西耶的 Domino 住宅，他将住宅分成结构部分和非结构部分，倡导非结构部分在工厂生产，住户可以根据需求变化来购买住宅。这个方案指明了多样化工业生产住宅的可能性，是首个把工业化生产与满足住户个性化需求相结合的尝试。这种"骨架式"或"酒架式"的结构体系思想后来被许多建筑师用于可变住宅的设计中，然而，他们却忽略了柯布西耶工业化住宅最为精髓的思想——满足住户的多样化需求。离开了这个原则谈可变性，最终大多归于建筑师的主观臆想，而非真正从使用者的角度考虑问题。

住宅承重与非承重体系分离，需要对两个体系尽可能从设计到施工进行"分离化"处理，为住户将来在使用过程中及后期改造时改变套型布局提供便利。现有住宅为了节省空间、缩短工期，首选最为方便快捷的施工建造方式，比如楼板层的常用构造做法是把电线敷设在钢筋混凝土楼板层上，然后抹灰、铺设面砖，或者将电线敷设于混凝土楼板表层，上面覆以水泥砂浆、防水层和面砖。这两种方式都把结构与管线直接或间接"粘连"在一起，在管线出问题时，住户需要凿开面砖检修，这造成了使用上的不便。另外，如果住户对室内进行改造，重新敷设墙面、地面的管线设备，就要挖地、铲墙，大动干戈，造成很大浪费。因此，应把"分离化"作为一种从设计、施工到运维的整体逻辑贯穿到住宅体系中，才能实现住宅固定性与可变性的融洽结合。因此，"是否承重"可以作为划分固定与可变部分的基础依据，但并非唯一标准。

2. 材料寿命

所谓材料，是构成或用来建造东西的物质。根据材料在住宅中不同部分的使用功能可以简单分为结构材料、围护材料和装饰材料。结构材料主要用于住宅中的梁、柱、承重墙体、基础等承重体系的构建，构成住宅的 Domino 骨架，这部分的常用材料有石材、钢材、混凝土等。围护材料主要用作住宅的外墙、分隔墙、窗、门、栏杆等非承重体系构件，与承重体系共同组成建筑部分，通常使用的材料有木材、石材、面砖、钢材、金属材料、树脂、塑料、玻璃等。装饰材料主要是用于住宅的外部及内部装修，常用材料更为广泛，如水泥、地砖、涂料、木材、石材、玻璃、金属、塑料、布艺等。严格来讲，这些材料都有着不同的自然寿命，然而，即使是同一种材料，用于不同部位其寿命也不尽相同，因此具有不同的使用寿命。另外，不同部分的材料所关注的重点也不一样，用于结构的材料主要考虑其安全、耐久性能，用于围护的材料要考虑其防火与外观性能，用于装饰的材料主要考虑它的健康和外观性能，这种使用上的差异化也影响了材料的寿命。

建筑材料除了自身的物质性老化，还包括素质性老化，即随着技术发展人们生活习惯与价值观念改变而引起的材料变化。例如从材料本身讲，金属材料的寿命长于混凝土，然而用于栏杆的金属材料因为样式过时而被更换的频率很可能高于用于结构的混凝土材料，前者涉及外观性能，而后者考虑安全性能。因此以建筑材料寿命来划分住宅体系只能作为参考标准，具体情况还需要具体分析。

3. 技术操作性与可实施性

住宅体系的复杂性与差异性决定了它的某些部分可变性程度较高，某些部分可变性程度较低，某些部分几乎不具有可变性。往往容易被住户掌握、经济可行的操作技术常用于住宅中可变性程度较高的部分，比如在室内空间增加一扇隔断；而那些技术复杂、工作量大、需要专业人员建造的技术方法，大多用于可变程度较低的部分，比如公共空间更换电梯设备。而住宅中的某些部分在现有技术条件下几乎不具有可变性，比如层高，这就要求建筑师在最初设计时不仅需要考虑现在所有住户的共性需求，又要为将来使用过程中的需求变化留有余裕空间。随着社会发展和技术水平提高，住宅体系中可变程度高的部分将越来越多，可变程度低的部分越来越少，也就是说基于简单技术的可变性住宅会日趋广泛。技术过于复杂的可变性会抑制住户对住宅可变的欲望，在现实情况中也就失去了意义。

住宅空间的灵活可变性除了受到技术可操作性影响外，还受到现行规范的限制，虽然某些空间变化的可操作性较强，但是规范明令禁止，住户也不可擅自完成，否则会招致安全隐患。现实生活中最常见的例子就是住户擅自拆除承重墙体以改变居住空间，这将严重影响到居民的人身安全，虽然技术难度不高但是切忌如此。再如，住宅规范明确规定“七层及七层以上住宅的临空处栏杆净高不得低于1.10m”，某些住户为了营造更好的空间效果将栏杆更换为不足1.10m高度，严重威胁了住户的生命安全。因此，无论住户对居住空间如何改造利用，首先应当满足规范要求，对于不符合现行规范的改造行为，无论其操作性难易都是明令禁止的。可见，将技术的可操作性和可实施性纳入SI住宅体系划分的参考范畴，打破了在体系划分中“是否承重”和“材料寿命”的约束，为SI住宅体系的划分提供了新的思路。

4. 住户空间需求差异与所有权

从普遍意义上来讲，住户对于不同住宅空间的需求具有差异性。根据前面SI住宅的空间构成，可以笼统地划分为私有空间和公共空间，私有空间即住户使用的套型内部空间，包括起居室、餐厅、厨房、卧室、书房、卫生间、阳台；除私有空间以外的建筑部分均为公共空间，包括楼梯、电梯、候梯空间、公共走道和设备管井空间等。住户对于私有空间与公共空间的居住要求是不同的，由于私有空间用于私人居住，所以对私密性与个性化有着较高要求；公共空间是同层住户共同使用的部分，要求空间布局经济合理、指向性明确、使用方便舒适，这是所有住户对于公共空间的共性要求，具有普遍适用性。

从所有权上来看，住户对住宅的所有权是其需求的基础，随着住宅需求矛盾的变化，住户对住宅的个性化需求越来越突出。顺应这一需求的转变，J.H.Harbraken的SAR理论将住宅设计和建造分为支撑体（Support）和可分体（Detachable Units）的设想，试图将可分体部分的决策权归还给住户，让其对住宅的私人领域拥有更多的自主权。然而，开发商在设计建造过程中往往以经济利益为根本，并没有把住户需求摆在首位，而且开发商取代了住户的角色直接与建筑师沟通设计住宅，这使得住户的主体地位和权利逐渐丧失。一些社会研究者与建筑师对此现象提出异议，广泛呼吁“住户参与住宅设计建造”：1977 年《马丘比丘宪章》中的“住房问题”部分指出：“住宅不能再当作商品来看待了……住宅设计必须鼓励建筑使用者创造性地参与设计和施工……在建筑领域，住户的参与更为重要，更为具体，人们必须参与设计的全过程，要使用户成为建筑工作中的一部分。”1987 年国际建筑协会布莱顿会议的思想之一也是住户参与到住宅的设计建造过程当中。直至今日，如何将住户更好地纳入住宅的设计建造过程当中，也正是SI住宅体系亟待解决的关键问题之一。可见，在充分考虑住户对住户空间的需求差异与所有权的基础上，把住户参与住宅设计建造的思想融入住宅体系划分中具有重要意义。

3.3.2 SI住宅体系的划分方法

1. 确定SI住宅体系划分的参考维度

通过调查研究可发现，SI住宅体系的划分多是研究者根据经验和理论进行一种纯定性推理。然而，本书认为SI住宅体系划分应依赖于“是否承重”“材料寿命”“用户决策权限”等多重原则的综合判断，简单的主观判断方法将存在较大的局限性。于是，本书试图在对上述基本原则的分析归纳基础上，提出SI住宅体系划分的参考维度。分析过程如下：

具体来看，“是否承重”是体系划分的首要原则。由于承重构件与非承重构件存在根本性的差异，两类构件的分类界限清晰，几乎不存在任何模糊性。因此，“是否承重”这一原则虽然不能对SI住宅体系进行一个综合性的划分，但却可作为体系划分的首要参考维度。

“材料寿命”最终体现在构件的“耐久性”上。按照SAR理论，住宅的支撑体应该具有百年以上的耐久性，继之出现支撑体理论、KEP开放性体系、NPS新标准体系、KSI体系一直延续着这一观点。可见，从SAR理论到SI理论的提出以来，“耐久性”一直都被作为支撑体和填充体划分的重要标准。有鉴于此，本书中将其作为SI住宅体系划分的第二参考维度。

“技术操作性与可实施性（以下简称：可操作性）”决定了未来房子更新、改造的成本和难易程度，是SI住宅体系划分不得不考虑的原则，但依据这一原则划分的支撑体与填充体往往存在较大分歧，部分构件在划分上模糊性强。如：非承重外墙相较于内置隔墙的更新改造的成本要高很多，改造难度大，总体可操作性较低。通过文献资料查阅可知，内置隔墙多被划分为填充体部分，而非承重外墙的划分却众说纷纭。因此，综合考虑该“可操作性”这一原则对于SI体系划分的重要参考作用和带来的划分歧义，本书将其作为SI住宅体系划分的第三参考维度。

“住户空间需求差异与所有权”直接反映在“住户决策权限”上。鲍家声先生在《支撑体住宅》中着重指出，支撑体和填充体的划分不是技术上的，其本质之点是这两部分由谁做出决策。相关学者在SI住宅体系的介绍中注重学者的“决策权限”。依据这一原则，国内许多学者提出了支撑体和填充体的广义划分：S为长期固定部分和可更换、维修部分，是共同利用区域，属于管理组合或建筑业所有；I分为可增、改建部分和居住者可自由变换的部分，是个人利用区域。这一划分方法充分考虑用户决策权限，在将支撑体与填充体分离的同时，也实现了公共部分和私有部分的分离。然而，这种定性的划分方式几乎完全致力于将公共部分与私有部分的分离，在“长期固定”“可更换、维修”等其他重要概念上进行了模糊处理，使得整体体系划分含糊不清。本书在高度认可上述依据“用户决策权限”进行明确的公私划分思想的基础上，进行充分的吸收借鉴，将“用户决策权限”作为SI住宅体系划分的第四参考维度。

综合上述分析，将SI住宅体系划分的基本原则归纳为了“是否承重”“耐久性”“可操作性”“用户决策权限”四个参考维度。

2. SI住宅体系划分的多维度对比

SI住宅体系的划分需要建立在住宅构件在各个参考维度上综合对比分析的基础上。因此，本书首先对构件在“是否承重”“耐久性”“可操作性”“用户决策权限”维度的属性表现进行赋值，通过对赋值的定量对比，确定构件在各参考维度上属性表现的一致性与差异性，从而实现SI住宅体系的划分。赋值过程如下：

（1）是否承重：承重属性表现赋值为1，非承重属性表现赋值为0。

（2）耐久性：耐久性不同于承重属性，不是是与非的问题，其在量化上应表现出由小到大的变化。但本书只考虑耐久性的强弱，不考虑其具体程度，故将耐久性强的属性表现赋值为1，耐久性弱的属性表现赋值为0。

（3）可操作性：类似于耐久性，只考虑可操作性的难易，不考虑具体程度。对于支撑体部分，可操作性应越差越好，填充体部分则越强越好，故将可操作性差的属性表征赋值为1，可操作性差的属性表征赋值为0。

（4）用户决策权限：这一维度应考虑的住户对住宅决策权限的大小。对于支撑体部分，住户的决策权限越小越好，填充体部分则越大越好，故将用户决策权限小的属性表征赋值为1，用户决策权限大的属性表征赋值为0。

基于以上维度划分和赋值方法，可得到SI住宅各构件在各维度的属性表征赋值对比如表3–3所示。

SI住宅构件在各维度的属性表征赋值对比　　表3-3

构件	是否承重	耐久性	可操作性	住户决策权限
梁A_{11}	1	1	1	1
柱A_{12}	1	1	1	1
楼板A_{13}	1	1	1	1
剪力墙A_{14}	1	1	1	1
屋顶A_{15}	1	1	1	1
楼地坪（楼盖）A_{16}	1	1	1	1
楼梯A_{17}	1	1	1	1
阳台A_{21}	0	1	1	1
非承重外墙A_{22}	0	1	1	1
非承重分户墙A_{23}	0	1	1	1
整体厨房B_{11}	0	0	0	0
整体卫浴B_{12}	0	0	0	0
整体收纳B_{13}	0	0	0	0
架空地板B_{14}	0	0	0	0
架空吊顶B_{15}	0	0	0	0
架空墙体B_{16}	0	0	0	0
轻质隔墙B_{17}	0	0	0	0
暖通空调系统B_{21}	0	0	0	0/1
给排水系统B_{22}	0	0	0	0/1
消防系统B_{23}	0	0	0	0/1
燃气设备系统B_{24}	0	0	0	0/1
电器与照明系统B_{25}	0	0	0	0/1
电梯系统B_{26}	0	0	0	0/1
新能源系统B_{27}	0	0	0	0/1
智能系统B_{28}	0	0	0	0/1

3.3.3 SI住宅体系的划分结果

通过表3-3反映的各构件对四个维度的归属性，可直观判断各部分的异同：A_{11}~ A_{23}部分构件在耐久性、可操作性和用户决策权限维度的属性表征赋值相同，皆为1；B_{11}~ B_{28}部分构件在是否承重、耐久性和可操作性维度的属性表征赋值相同，皆为0。可以看出两大部分相互之间差异性巨大，但两大部分之内却表现出了较强的一致性。A_{11}~ A_{23}均表现出了耐久性强、可操作性差、用户决策权限小的特征，仅在是否承重上呈现出了不一致性。从A_{11}~ A_{23}在耐久性、可操作性和用户决策权限维度的属性表征来看，该部分在体系划分上均指向了支撑体部分。虽然A_{11}~ A_{17}表现出了承重属性，A_{21}~ A_{23}表现出的却是非承重属性，但前文中已经指出，“是否承重”并不能作为体系划分的唯一原则，因此，综合考虑A_{11}~ A_{23}的属性表征，本书将这一部分划分为支撑体。

相比较A_{11}~ A_{23}，B_{11}~ B_{28}均表现出了不承重、耐久性弱、可操作性差的属性特征，该部分在体系划分上均指向了填充体部分，虽然 B_{11}~ B_{28}在用户决策权限上，公共部分的决策权限小，私用部分的决策权限大，但“用户的决策权限”作为第四参考维度，对体系划分影响相对较小，因此综合考虑B_{11}~ B_{28}的属性表征，本书将这一部分划分为填充体。

在维度对比分析的基础上，结合SI住宅的具体结构和工程经验，可以对支撑体和填充体的内部进行进一步的对比与归纳分析，最终完成SI住宅体系的划分。具体划分情况如图3-4所示：

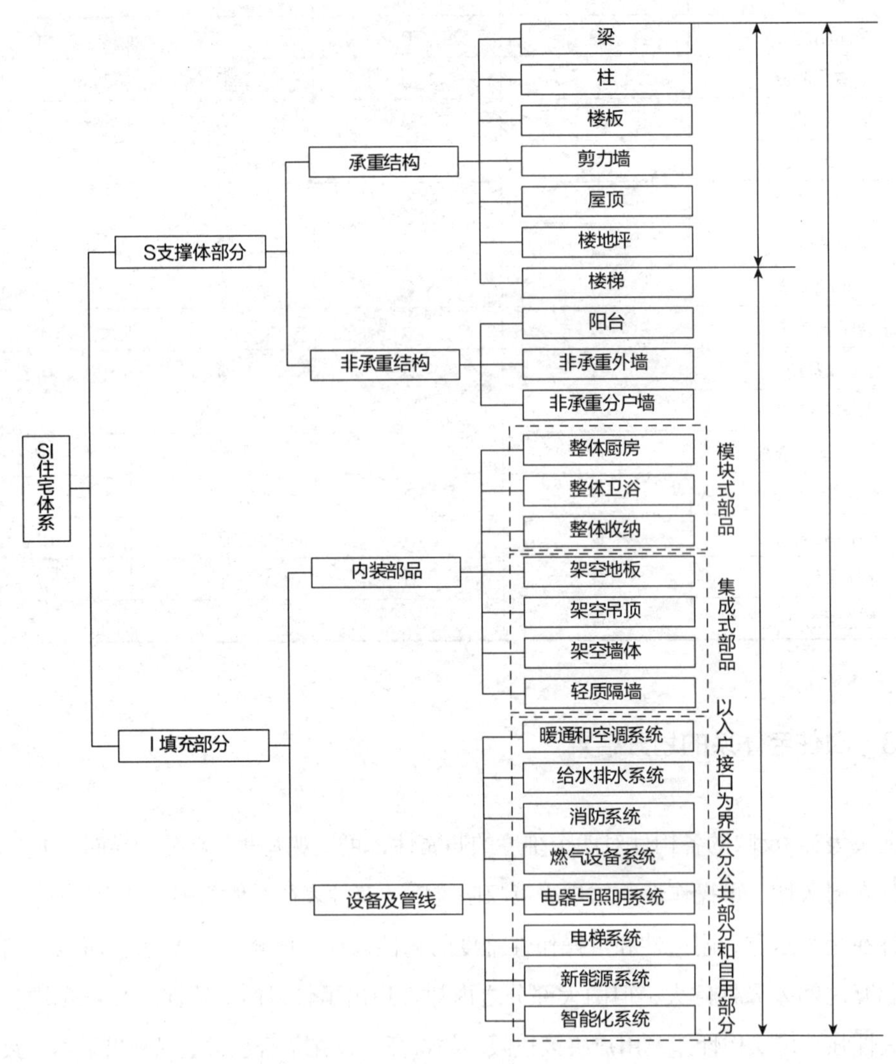

图3-4
SI住宅体系构成

3.4 SI体系住宅的主要集成技术体系

SI体系住宅是追求建设“长寿命、好性能、绿色低碳”的百年住宅，以实现可持续居住作为建设理念，以新型工业化的建造方式，全面实现建筑的长寿化、品质的优良化和绿色低碳化，在住宅规划、设计、施工、使用、维护和拆除再利用等全过程采用保证住宅品质和性能的先进集成技术，从全寿命周期综合考虑建筑节能和低碳环保，建设具有长久居住价值的人居环境。

3.4.1 大型空间结构集成技术

为实现SI体系住宅住房的户型多样化选择，同时为全寿命周期内户型变化创造条件，SI体系住宅采用大型空间结构形式，以大开间的结构体系塑造集中、完整的使用空间，为居住者提供多样的选择，同时可以根据家庭生命周期内需求的变化对套内空间进行调整，增强套型的适应性（图3–5）。

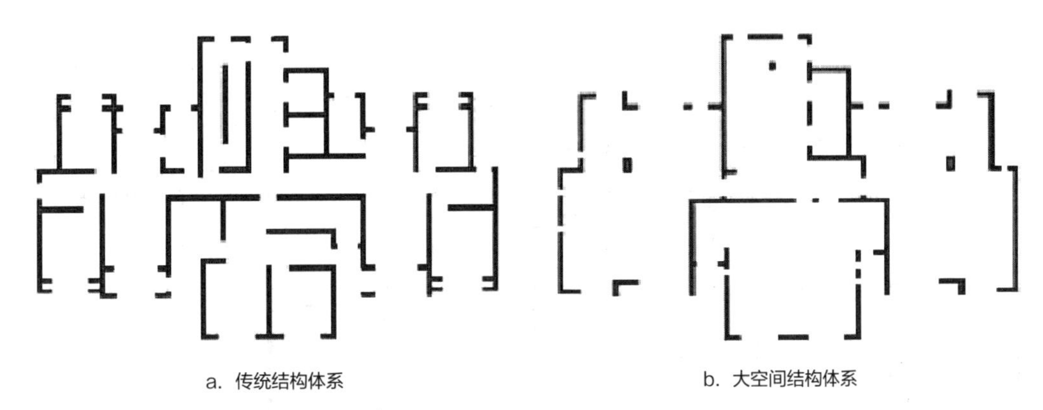

图3–5
传统结构体系及大空间结构体系示意

图片来源：
《我国集合住宅套型适应性设计研究》

1. 提高开放性的大型空间结构选择

在结构选材上，户内楼板采用无梁的大型楼板，户内减少承重墙体结构，套内空间的分隔、布局不会受到结构的限制而无法改变；在结构形式选择方面，钢筋混凝土结构是日本最普遍采用的结构形式，又可细分为剪力墙结构、框架结构、框架–剪力墙结构、筒体结构几种形式。如表3–4所示是几种结构体系的适用范围。

支撑体结构的适用范围　　**表3-4**

结构类型	结构形式	适用范围			
		低层≤3	中层4~11	高层12~20	超高层≥21
钢筋混凝土结构	剪力墙结构	←- - -	- - -	- - -→	
	框架结构	←- - -	- - -	- - -	- - -→
	框架-剪力墙结构	←- - -	- - -	- - -→	
	筒体结构				←- - -→
高强度钢筋混凝土结构	框架结构				←- - -→
	筒体结构				←- - -→
钢结构	框架结构	←- - -	- - -	- - -	- - -→

2. 住宅设计规整化、模块化

通过住宅形体的规整化设计，减少开口凹槽及墙体凹凸，满足住宅在节能、节地、节材方面的要求的同时，提高了套内的空间使用率，居住者的舒适度也相应提高。通过住宅构成的模块化设计，使户内空间功能分区更加清晰，各模块之间的衔接更为流畅，为工业化的内装修提供条件（图3-6）。

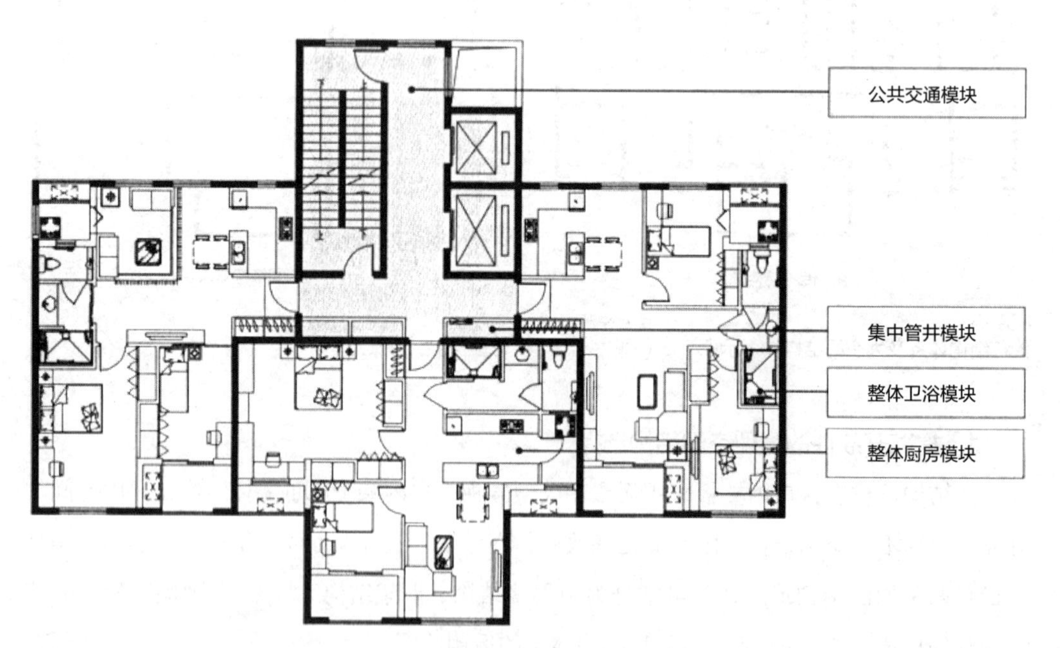

图3-6
住宅模块化示意

图片来源：
《SI体系住宅与住房建设模式体系·技术·图解》

3.4.2　外墙内保温集成技术

为了解决目前外墙保温技术存在的防火性能差、易脱落、维修困难等问题，外墙采用内保温技术。在目前的保温体系中，保温性能最好，占用空间最小的材质是聚氨酯发泡保温，并且具有防水功能，有效解决了常见的冷桥、结露等问题，保温整体性好。

内保温技术有助于采暖设备在短时间内迅速提高室内温度，并有效节省能源。并且，由于采用内保温，室内空气与外墙不直接接触，所以能在较短时间内加热室内空气，提供舒适的温度。这种内保温系统像是暖壶的内胆，直接将室内的空气加热，升温快且节能。使用兼具防水功效的发泡聚氨酯作为内保温材料，同时采取有效构造措施对冷桥部位进行加强，保证了墙体的保温性能。发泡聚氨酯内保温体系：由于SI建造体系需要为设备管线预留夹层，所以外墙内侧同样要安装内衬隔墙，为节约空间，提高使用效能，所以可使用内保温体系。在目前成熟的保温体系中，聚氨酯发泡保温是占用空间最小且保温性能最好的材质，而且兼具防水功能。所以，采用此材料是适合于SI建造体系的（图3-7）。

图3-7
喷涂聚氨酯发泡内保温示意图

图片来源：
《SI体系住宅与住房建设模式体系·技术·图解》

3.4.3　户内间集成技术

户内间由轻钢龙骨隔墙、轻钢龙骨吊顶、架空地面构成的建筑体系，有着占用空间小、自重轻（抗震性能好）、干法施工、质量可靠、利于管线敷设、便于后期改造等优点。一般施工中，各种线路和管道都要预埋在墙内或地下，而干法施工可以方便地将各种线路和管道根据需要安放在墙体架空层内和地面上。

1. 轻钢龙骨隔墙体系

（1）技术说明

轻质隔墙体系以龙骨为支撑，形成空腔，可在空腔内铺线，其重量轻、定位精度高、表面平整、可以被回收再利用，同时具有优越的抗震性能。

（2）技术优势

轻钢龙骨隔墙体系是国目前实现SI建造体系的最佳选择，节约空间，自重轻（抗震性能好），布置灵活，便于装修布局的设计，质量易于控制，精准度高，安装干法施工，施工速度快，便于维修、可变性强，可循环利用；最为关键的是，轻钢龙骨之间的空隙正好适合于管线和配套开关、插座的放置。

2. 轻钢龙骨吊顶体系

（1）技术说明

SI建造体系中的设备管线大部分要在天花吊顶中放置，所以也需要合理的龙骨体系，而轻钢龙骨正是最为合适的。

（2）技术优势

龙骨布局适应板材的模数化、与墙体窗帘盒的接口轻钢龙骨吊顶的施工技术同样属于干法施工，通过留有内部空间以做铺设管线、安装灯具、更换管线之用，使管线完全脱离住宅结构体系部分，从而使现场施工实现干作业，提高施工的效率和精度；占用空间高度小，可实现丰富造型，其余与隔墙体系相同。

3. 架空地板体系

（1）技术说明

架空地板体系与前两者在理念上相同，都是通过架空空间为管道的铺设提供条件。架空地板采用树脂或金属地脚螺栓支撑，每个支撑脚都独立可调，且与地面接触面积小，不受施工场所地面平整度的影响，能方便地调整到水平，缓解楼板不平带来的施工问题；在地板上设置检修口，以方便管道的检查和修理使用；在地脚螺栓下面放置缓冲橡胶，在地板和墙体的交界处留出3mm左右的缝隙，解决架空地板对上下楼板隔音的负面影响，保证地板下空气流动，以达到预期的隔音效果。同时为了实现户内全部的干法施工，传统的埋在混凝土垫层中的地板敷设采暖管道，也被组合式的干式地暖板所代替。将以前由工人在现场自由安装的管道敷设在规整的衬板中，规整有序，同时减少施工过程中的损坏。

（2）技术优势

架空地板的使用，也增加了地板的弹性和楼层间隔音性能。SI建造需要设备管线与结

图3-8
轻钢龙骨隔墙示意

图3-9
架空地板示意

构体完全分离，在实际建造实施中，大部分管路在天花吊顶和隔墙中综合布置，最大程度上便于维修和更替，但依然有部分管路，如排水管需要在地面下设置，这就需要采用合适的架空体系实现此功能，地脚螺栓和刨花板组成的架空体系合理地解决了这个问题（图3–8、图3–9）。

3.4.4 整体卫浴集成技术

整体卫浴是由工厂生产、现场装配的满足洗浴、便溺等功能要求的基本单元，配置了卫生洁具、设备管线，以及墙板、防水底盘、顶板等。作为产业化部品的整体卫浴代替了传统装修，采用供应集成化，现场拼装，比传统湿作业快24倍，提高了生产效率；且具有优良的舒适性、耐久性和防水性，整体墙板和排水的先进拼装工艺也解决了卫生间的漏水问题。整体卫浴安装采用干式施工，不再受季节、环境的影响，且安装过程无建筑垃圾，无噪声，节能环保。

1. 整体卫浴管线综合布局

（1）给水、排水管道

卫生间中的洁具必须连接上下水管，因此卫生设备的平面布局会直接影响卫生间空间的管线设计。卫生间管道布置应着重注意下水管道，原因是下水管管径较大，应尽量减少弯管设计，避免堵塞。同时，浴缸、坐便器等用水设备位置应靠近下水管道，易于污水的排出，缩短横贯长度。

（2）结构降板

相比客厅和卧室，卫生间的空间面积较小，可以适当降低层高。结构降板是将楼板的结构标高降低150~250mm左右，如有特殊需要，最多可降低450~500mm，排水管道通常设

图3-10 设置结构降板实现同层排水

置在降板后的架空层或垫层之间。

架空层是在卫生间的地面设置双层楼板，在卫生间地坪下降后形成的空间内预留横向管道架空层，布置水平管道。降板垫层是在降低楼板上铺设材料垫层，在垫层内埋设下水横管和弯头。架空层和降板垫层均在钢筋混凝土板上铺设防水层，大大减少了地面渗水情况的发生，如图3–10所示。

（3）设备层设置

设备层的设置可以使卫生间空间的管线布置更灵活、更开放，解决传统排水立管的安装缺陷（图3–11），使给水排水管道更加集中，解决后期管道维修更换困难的问题。根据敷设管线的方式不同，可以分为垂直设备层和水平设备层。垂直设备层可以设置在墙边或嵌于墙内，也可以设置在公共部分；水平设备层是在楼地面上架设架空层，所有的水平管线都集中在架空层内（图3–12）。垂直设备层和水平设备层可以在工厂中生产，运送至现场进行组装，减少现场的作业量。

（4）管井设计

整体卫浴内可以进行管井设计，将风道、排污立管、通气管、给水管等设置在管井内。为了增加卫生间空间灵活性，通风管道和管井的设置应尽量靠近承重墙。室内空间布局不同，风道和立管的位置也应协调布置，以室内两个卫生间紧邻的户型为例，风道和管道井应设置在两个卫生间的中间位置，既方便共用，也有利于两卫的灵活分隔。

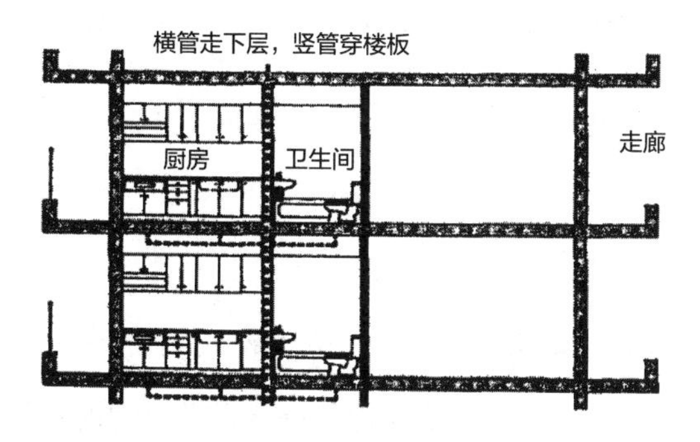

图3-11
同层排水走廊竖向管井区示意图

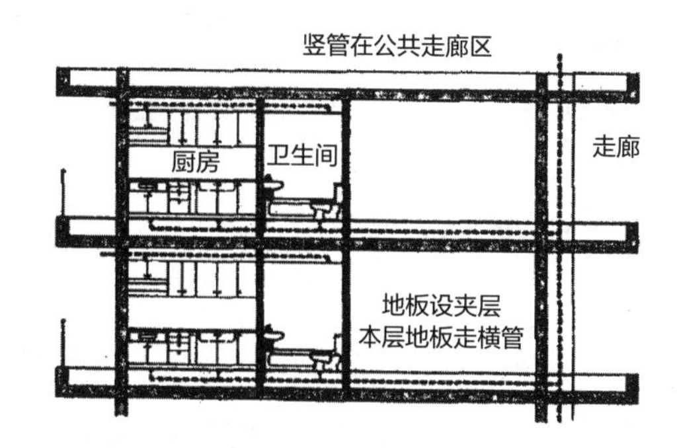

图3-12
直排排水示意图

（5）电气线路

为了供电热水器、洗衣机、吹风机等多种电器的使用，卫生间电源插座的数量应充足。同时，插座的高度和位置应根据使用插座的电器设备而灵活布置，比如电热水器和浴霸等的插座位置应较高，而洗衣机、电吹风等插座的位置高度应较低。除此之外，还要做好预留规划，供卫生间内新型电器设备的使用，充分考虑插座的数量和合适位置（图3-13）。

2. 整体卫浴部品接口技术

卫浴部品接口涉及的专业技术和工种较多，部品接口应当遵循几项原则：首先，应当考虑各设备的尺寸配套、模数协调以及安全性、适用性，正确选择和配置设备设施；其次，充分考虑并合理解决各设备与设备之

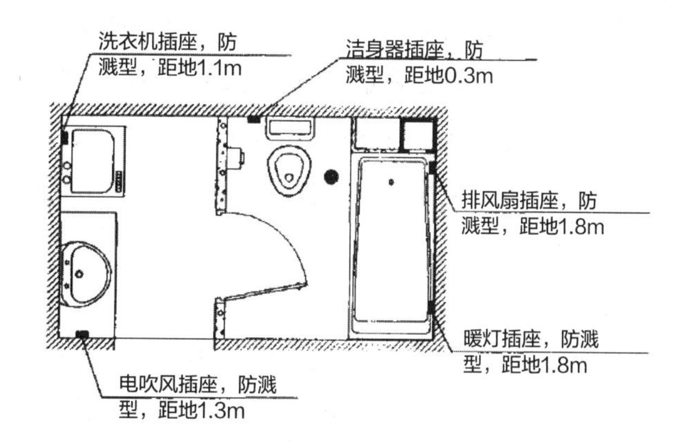

图3-13
卫生间插座布置示意图

间、设备与建筑之间、设备与管线之间、管井与建筑之间的各种接口；最后，考虑系统配套性，连接部件应与器具的功能配置协调。

3.4.5 整体厨房集成技术

整体厨房是指按照住户个性化需求将厨房部品（设备、电器等）进行整合设计，以橱柜为基本载体，根据设计标准将其他电器、燃气具、用品、柜内配件进行科学合理的集成，形成最优布局、最小劳动强度、智能化操作以及娱乐化使用的集成化厨房。

1. 整体厨房管线综合布局

各专业管线的布置必须满足线路简洁、空间紧凑有序的原则，应尽可能满足已有家具设备的使用，各类管线的布置应当尽量集中、靠边，方便在装修时做隐蔽处理（表3-5）。

厨房空间的管线设备按照能源类型主要划分为　　表3-5

能源类型	内容
水	包括洗涤池、热水器和洗碗机等上下水立管、横管、热水立管以及水表等
电	包括电器插座、照明电路和电表等
暖	包括散热器、横管和暖气立管等
气	包括灶台、煤气（天然气）的横管、立管以及气表等

（1）给水排水和煤气管道

随着厨房设备种类以及管线数量的增加，管线的敷设做法为明管敷设，是将给水排水管道从墙壁和楼板之间的埋管取出来，好处是将主体结构施工和管线设备分离，仅仅埋设少量的套管，大大减少了埋管作业量和主体施工中工种交叉等问题，便于维修和改装。

为了实现整洁、美观，厨房管道的安装方式为明装暗藏，横管通常设置在橱柜后的水平管道区内，竖管设置在管井中。水平管道区的净宽约为100mm左右，管道区应当在橱柜的背板上开设阀门和检查门。

（2）电气线路

厨房内的电气线路布置，既要在厨房空间顶部照明，还要在各操作空间上方局部照明，如洗涤池、灶台等。以吊柜下方操作台面的照明为例，应从顶棚上方接线或从橱柜内部穿电线，达到美观、整洁的效果。厨房内的开关、插座都应远离煤气灶，热水管与电气线路的距离应大于0.2m，否则应将热水管做防热处理（图3-14）。

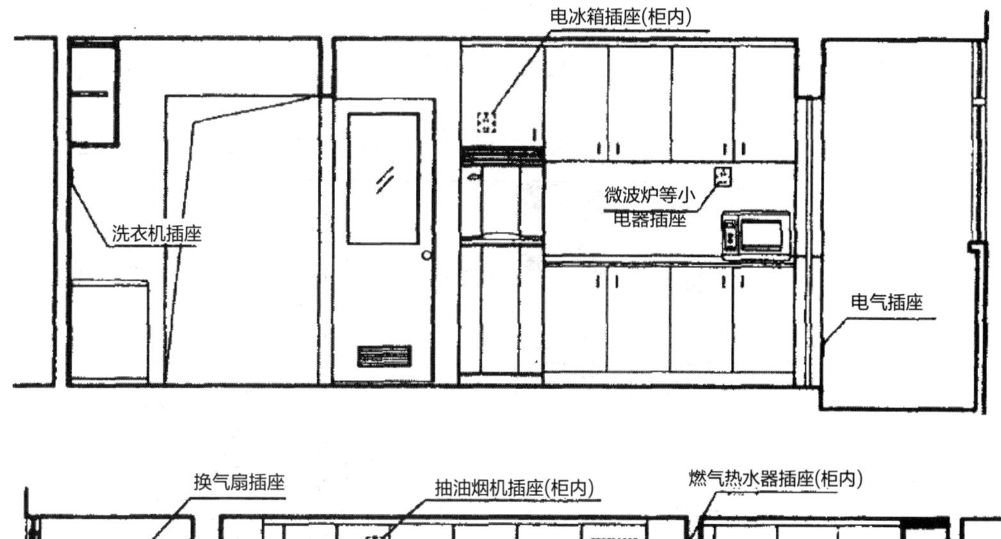

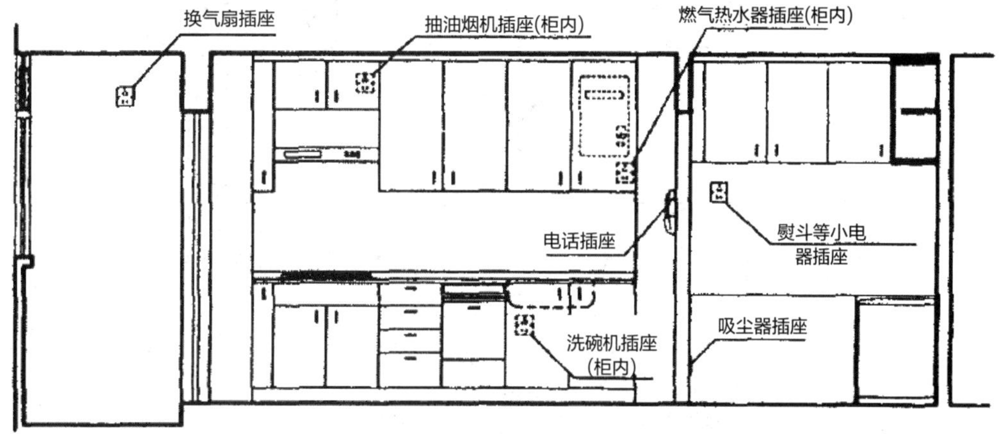

图3-14
整体厨房电源插座位置示意图

（3）烟气直排技术

烟气直排不采用排烟道集中排烟，而将抽油烟机的排烟口直接设置在阳台外窗上方，各户独立完成排烟。传统的厨房通风系统使用竖向风道，虽然从通风原理上有防倒流的功能，但实际使用时有大量串烟或倒流现象，水平式的排风系统可以有效避免此现象。为了减轻油烟对外墙的污染，相配套的抽油烟机需要拥有较高的油烟过滤能力。

如图3-15所示，吸油烟机、灶具正上方，排风管道顶板下水平敷设，排风管道顺气流方向应设1%的坡度，为防止管道内壁结露，管道穿越不采暖空间时应做保温。

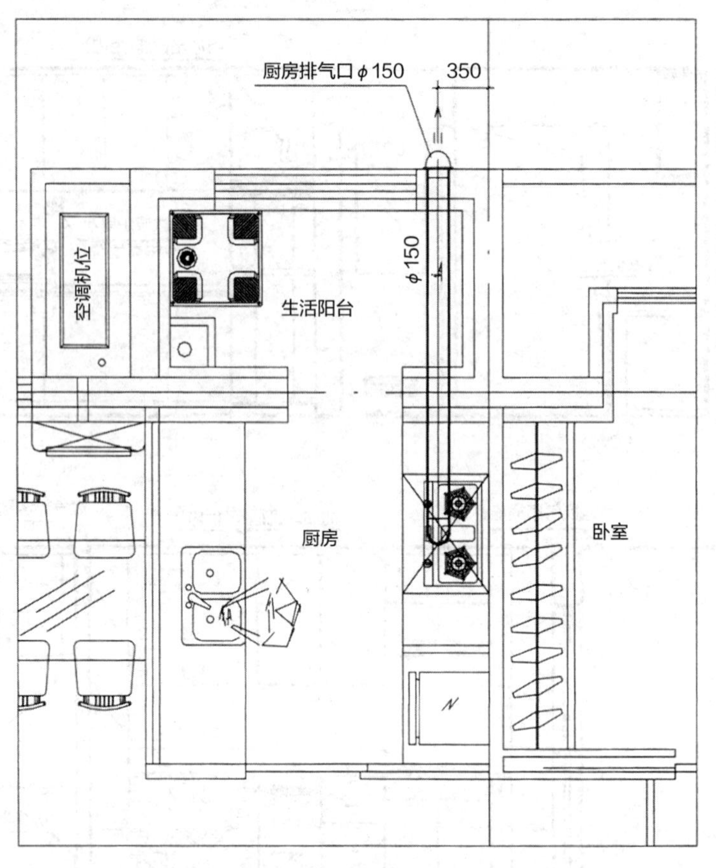

图3-15
厨房通风平面图

图片来源：
《SI体系住宅建造体系设计技术》

给气口与配器口应保证必要的间距，避免部分污浊的排气被再次送往室内。同一住户应间隔0.45m以上，与其他建筑物（或其他住户）应间隔2m以上。还需要注意室外的风力对换气能力造成的不良影响，特别是高层住宅，一定要考虑风的影响，选用防风性能较好的百叶风口，并将室外的排气口设置在受风影响较小的位置。

2. 整体厨房部品接口技术

整体厨房内的管线接口比整体卫生间更加复杂，涉及各种能源设备、管道线路以及与橱柜的结合。目前，厨房内的部品接口存在诸多问题，比如燃气热水器的安放位置不准确、抽油烟机与烟道不匹配、橱柜与各种设备不匹配、管线和表具等的设置不当。因此在设计阶段，就应该综合考虑各设备及管线的接口规格，包括设备的尺寸、合理设置位置及模数尺寸、部品与管线之间、管线与管线之间的连接问题等（图3-16）。

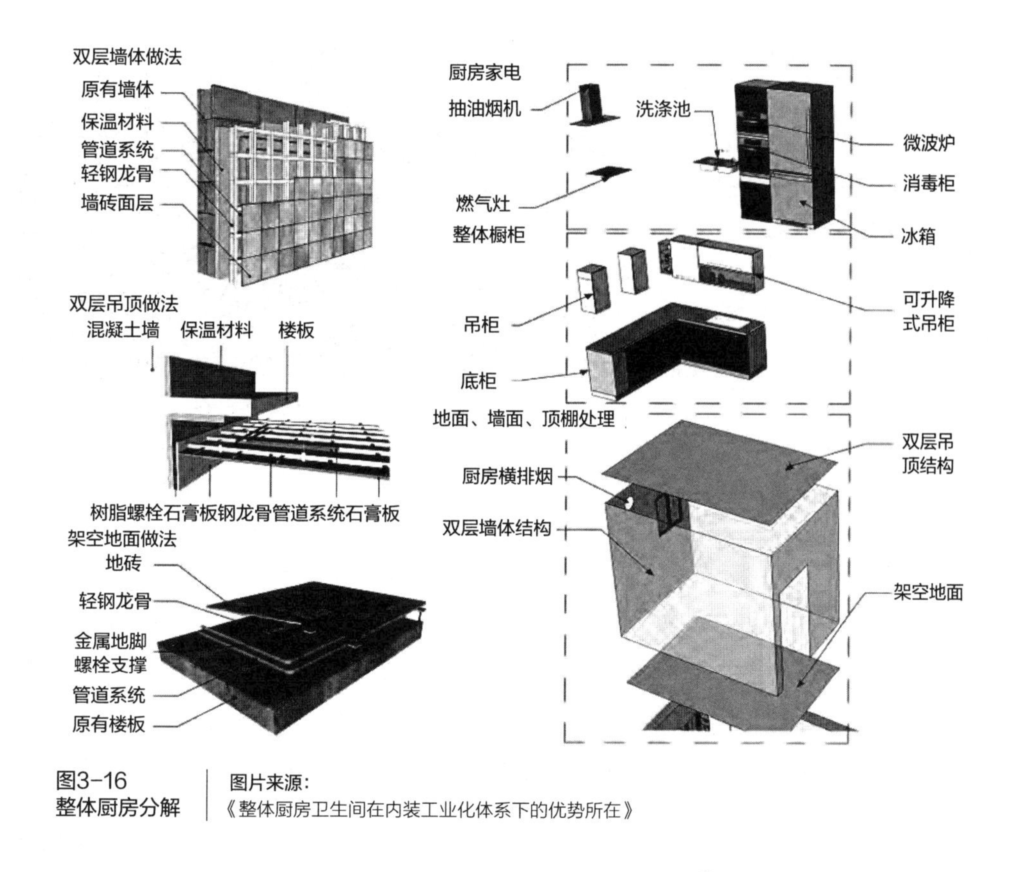

图3-16 整体厨房分解

图片来源：《整体厨房卫生间在内装工业化体系下的优势所在》

3.4.6 全面换气集成技术

全面换气技术是指采用负压式新风系统技术，通过定期新风换气设备为室内制造负压环境，以保证室内空气质量。住宅室内的空气质量，对居住者的健康影响极大，我们时刻需要吸入新鲜空气。采用负压式24小时新风换气系统，确保整个空间户型无论朝向如何，采光如何，都能享受全天候的清风。在带来健康所必需的、含氧量高的新鲜空气之余，还可解决室内衣物、棉麻织品的生虫、发霉问题，并有效预防过敏等通过空气传播的一些慢性疾病，如图3-17所示。

自然进气+机械排气方式由排气风机和自然给气口构成，一般在厕所或厨房等产生污浊空气的位置安装该排气设备，使这些部位形成负压，具有阻止污染空气向周围扩散的功效，适于在夏热冬冷地区或寒冷地区的中小套型高集成度住宅中使用。

负压式新风技术：具有舒适、静音、节能、清洁等突出优势，尤其适用于中小套型住宅，提高室内空气质量。技术要点如下：

部品选择时在满足使用功能的前提下，重点考虑与外立面、室内装修风格的匹配程度。此外，为减少室外空气直吹人体不舒适，进气口应设在空调附近，预冷（热）后进入

（a）内换气口　（b）外换气口

图3-17
新风系统内外换气口

室内。采用精细化设计，室外的进出风口需采取措施防止灰尘、花粉、蚊虫等侵入，同时在设计时要考虑到实际进行定期清扫时的方便和可行。进风口和送风口应保证必要的间距，避免部分污浊的排气再次被送进室内。另外，在决定进风口和送风口位置时，不仅要注意该住户的室外进出风口位置，还要注意相邻住户的室外进出风口位置。送风口距离地面2m，并尽可能的向上设置，使新鲜空气直接吹向人体。高层住宅应选用防风性能较好的百叶风口，并将室内进出风口位置设置在受风影响较小的位置，如图3-18、3-19所示。

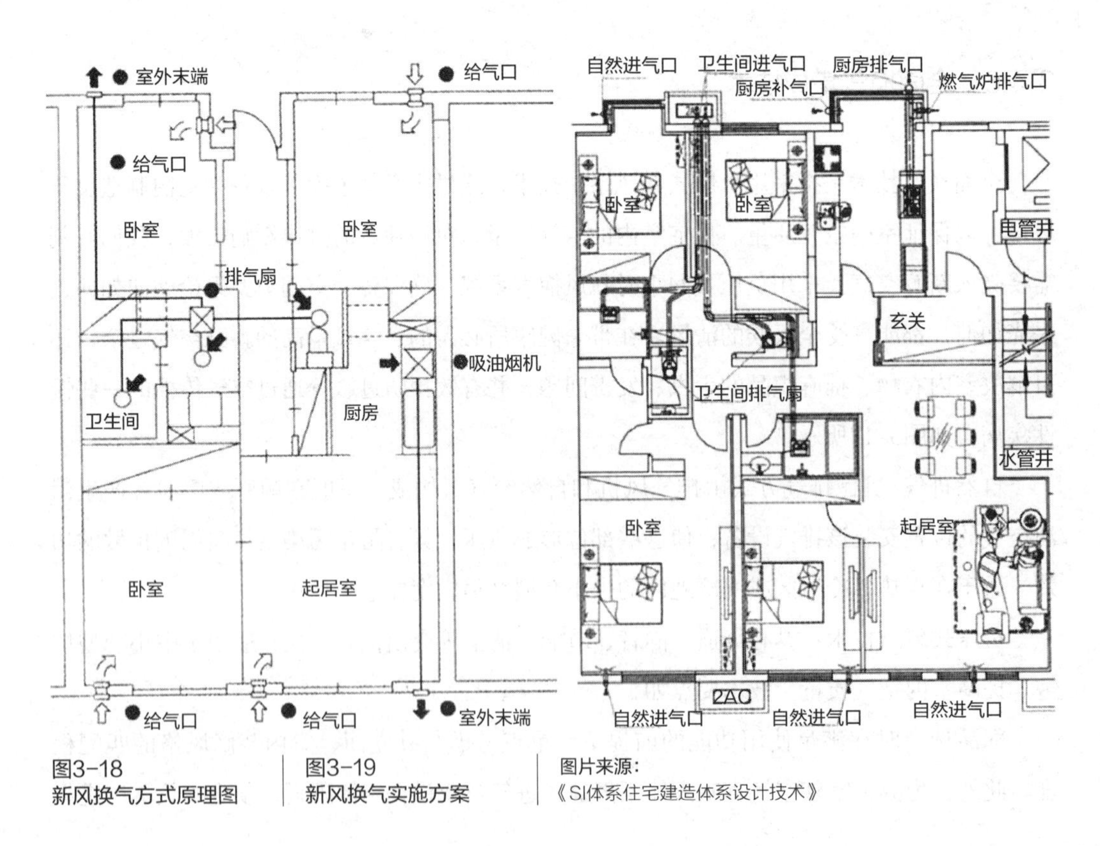

图3-18
新风换气方式原理图

图3-19
新风换气实施方案

图片来源：
《SI体系住宅建造体系设计技术》

3.5 SI住宅的标准化、模数化

3.5.1 SI住宅体系的标准化与模数协调的基本概念

1. SI住宅体系的标准化

《标准化基本术语》第一部分中对标准和标准化给出明确的定义——“在经济、技术、科学及管理等社会实践中，对重复性事物和概念通过制定、发布和实施标准并达到统一，以获得最佳的秩序和社会效益。”

就SI住宅体系而言，标准化指在通过建立综合反映SI住宅的耐久性能、安全性能、环境性能和居住性能等的部品的技术指标，制定住宅部品连接接口的规定，保证不同厂家生产的住宅部品的互换性。其内容主要包括各种部品的定义、适用条件与范围、部品的系统构成、部品的功能与性能要求、组成部品的材料和制品的技术性能要求、组合性功能试验与检验要求、功能试验与检验方法、工程应用的可实施性要求、部品的质量控制与保证、相关引用标准等方面的内容。标准化的目标是在SI住宅所涉及的生产、制造、建造、运营和评估等生产组织方式上达到最优化配合，从而提高住宅质量和生产效率。SI住宅体系的标准化应主要包括以下三方面内容：

（1）部品标准化

部品是具有特定功能的住宅建筑某部位的独立组成单元，是由建筑材料、建筑设备及其配套产品组成的系统。部品在工厂中生产加工，运送至施工现场经过简单的组装加工，达到规定的技术和质量要求后发挥其功能。部品标准化程度的高低直接决定住宅工业化程度，影响建筑的施工效率和工程质量。标准化的部品体系应满足统一的模数协调规则，建立部品外形、尺寸、技术数据，部品间的连接方式规范化，部品安装具有兼容性、通用性。

（2）节点标准化

住宅建筑不仅涉及多个节点的连接，还包括给水排水、供电、供暖、供气、通风等设备管线系统的布置埋设、接口处理以及更新维护。在设计阶段，需要预留住宅设备管线的端口以及详细的管线布置设计图，要确保室内管线设备与室外管线设备的紧密连接。同时，各功能端口要与其他部品接口完美结合，减少对住宅结构的破坏，方便后期的维护与更新。

（3）产品标准化

建立部件标准化的设计理论体系，包括确定模数协调规则与合理参数，尺寸配合与公差参数，连接构造方式与连接材料，使构件、配件及设备等的规格，材料材质、型号、色彩等内容，使部件通用化、系列化、标准化、目录化，在设计、生产、安装、维修等阶段达到统一的标准，尺寸互相配合，实现功能、质量、效益、美观等要求。

住宅标准化的定义较为抽象，核心原理一般可以简练的概括为简化、协调、统一和最优化共四个方面。采用的基本方法主要包括标准化种类和数量控制、部品通用化、接口标准化、机具通用化、工艺标准化等（表3-6）。目前被广泛认可并采用的方法是在住宅产业链中推行模数协调并建立统一导向的技术法规与标准体系。

2. SI住宅体系的模数协调

模数协调是指一组有规律的数列相互之间的配合协调，应用基本模数或扩大模数的方法实现尺寸协调。模数协调能使部件规格化，并给予构件设计一定的自由度，从而设计并生产标准化水平较高且可以组装成多样化部品的部件，实现部品的标准化与多样化，同时实现设计、生产、施工等组织之间的互相协调。SI住宅体系需要通过模数化的手段来协调S 支撑体和I 填充体，以获得建筑主体结构的长久性和建筑装饰、装修的可再生性。

我国采用的基本模数为100mm，即1M，住宅其他结构部分的模数化尺寸应为基本模数的倍数。由基本模数可引出扩大模数和分模数，水平扩大模数基数为3M、6M、12M等，竖向扩大模数基数为3M、6M；分模数基数为1/10M、1/5M、1/2M。

住宅标准化的基本方法　　　　**表3-6**

方法	内容	用途
标准化种类和数量控制	寻找对偶点，将标准化部品的种类和数量控制在一个各方都可以接受的范围内	使标准化部品的成本与定制成本之和最小，同时还可以满足客户多样化和个性化的需求
部品通用化	使某些具有相似使用功能和尺寸的部品在住宅的不同功能空间部位或系列产品间实现通用	削减部品的种类和数量；降低生产延误及管理成本，提高规模效益；充分利用生产设备进行规模生产
部品接口标准化	模块接口部位的尺寸、参数采用统一标准	实现模块间的互换，使模块满足更大数量的不同产品的需要
机具通用化	生产机具尽可能实现通用	可以减少制造中的辅助性工作（更换工具、重新定位）等对生产的影响
工艺标准化	指不需要经常进行生产系统的变化，采用一致的工艺生产部品	有利于提高部品的制造柔性、生产效率、部品质量、降低生产成本

3.5.2 SI住宅的支撑体模数协调

SI住宅的模数协调体系的构成包括支撑体、填充体的模数协调和模数网格三个部分。主要通过模数手段解决支撑体和填充体这两部分内部及其它们相互之间的协调关系，这种协调关系借助模数网格来实现。

1. 支撑体模数选择

20世纪50年代，我国开始研究模数数列，20世纪七八十年代对模数数列进行了两次修订，逐渐建立统一的模数标准体系，在工程建设的各环节发挥了重要的作用。可见，我国在住宅建筑结构空间的模数应用上有较为成熟的经验。需要说明的是，大板结构住宅虽然在20 世纪90 年代就已基本消失，但是在结构空间模数体系的理论和应用方面所形成的成果是新型工业化住宅模数化、标准化的重要参考依据。

SI住宅支撑体的模数选择上可以借鉴大板结构住宅的扩大模数体系。与大板结构住宅不同，除了结构空间以外，SI住宅把共用管道井和设备也归为支撑体的一部分。不同于大板结构住宅结构空间部件的“大标准化”，基于SI住宅支撑体的模数选择应考虑到共用管道井和设备空间部件的“小标准化”需求。因此，支撑体的模数选择应将“大标准化”和“小标准化”结合，采用以3M、6M和12M等扩大模数为主，基本模数1M为辅的模数体系。

2. 支撑体部件的定位

基于SI体系的工业化住宅支撑体部件包括柱、梁、墙体、楼屋面板、共用管道、共用设备等，柱、梁、承重墙体等影响建筑结构安全性的部件宜使用现浇手段，其他支撑体部件可使用预制手段。

支撑体部件的定位方法主要有中心线定位法和界面定位法两种。传统工业化住宅的主体结构部件多采用中心线定位法，这有利于主体结构部件的预制、定位和安装。对于SI体系住宅支撑体来说，由于部件尺寸的不同，中心线定位法会导致支撑体结构空间非模数，从而影响内装和外装部件、组合件的定位和安装。界面定位法对支撑体部件的生产、定位和安装带来诸多不便，但其在实施中有利于SI体系住宅内装和外装部件、组合件的定位和安装，部件互换性和安装灵活性强；使多个支撑体部件汇集安装在一条线上成为可能，从而满足空间界面的平整要求；能够满足支撑体结构空间的模数要求。

SI体系中的定位方法有中心线定位法和界面定位法两种。中心定位法方便于建筑结构的施工，但容易因构件尺寸不同而导致支撑体空间非模数化。采用界面定位法时，内部空间未受到因建筑构配件尺寸各异造成的影响，但不如中心定位法更利于建筑的设计和施工。综合以上情况，SI结构体系住宅中可采用中心线定位同界面定位相结合的方式。当支撑体柱、梁和各部件尺寸实现模数化，填充体部件的尺寸符合模数要求时，可通过将中

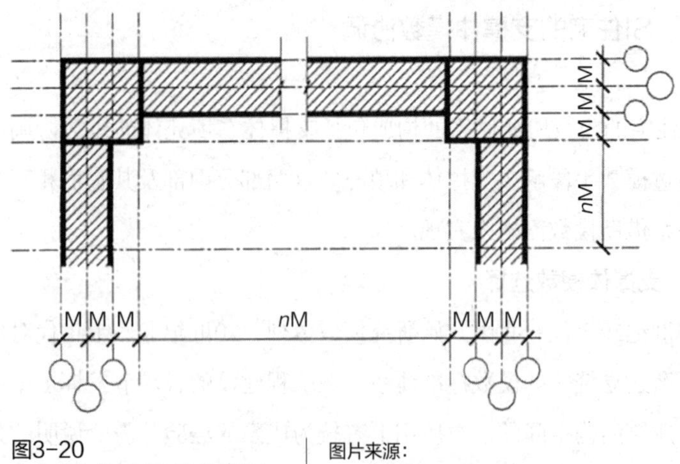

图3-20
中心线定位与界面定位的叠加

图片来源：
工业化住宅室内装修模块化研究

心定位和界面定位叠加为同一模数网络，来综合二者的优势（图3–20）。如果中心线定位和界面定位叠加为同一模数网格，则可实现两种定位方法的统一，克服各自存在的局限性。中心线定位和界面定位叠加的关键在于柱、梁和所有板状部件尺寸的模数化。

3.5.3 SI住宅的填充体模数协调

1. 填充体模数的选择

填充体内外空间依附于支撑体部件存在，具有耐久性差、可操作性强的属性表征，其在可变更、维修方面的特点决定了填充体部品一般属于小标准化的范畴。在模数选择上，适合选择扩大模数3M、基本模数1M、分模数1/2M为主，其他分模数为辅的模数体系。管道设施多采用1/5M、1/2M。

2. 填充体部件的定位

基于SI体系的工业化住宅部件中，除了支撑体部件外，都应归类为填充体部件。填充体部件由内装部件和外装部件两部分组成。内装部件包括非承重的隔墙部件、吊顶部件、地板部件等。外装部件包括不属于支撑体部件的外围护部件(如非承重的外围护墙体等)、屋面表皮部件等。填充体部件采用预制手段生产。

填充体部件的定位方法有中心线定位法和界面定位法两种。填充体隔墙部件包括隔墙内的构造柱、龙骨和面板材等，以上部分以整体进行定位。隔墙部件一般采用中心线定位法；当隔墙的一侧或两侧要求模数空间时，或者要求多个部件的表面在一条线上时，应采用界面定位法。填充体部件的基层板、面层板或面砖等均为板材部件，其定位应分为两种情况：板材部件的厚度方向和其他部件不接合或无模数空间要求时，采用中心线定位法；当一组板材部件汇集在一起安装时，考虑到构件的互换性和安装后的平直，应采用界面定位法。与支撑体部件的定位类似，若填充体部件的尺寸符合模数要求，则可实现中心线定位和界面定位重叠。

3.5.4 模数网格的设置

模数网格采用正交的网格基准线，网格线之间的距离是基本模数或扩大模数。SI体系住宅的模数网格中支撑体的模数网格和填充体的模数网格应具有一定的对应关系，支撑体与建筑内部填充体的模数网格应适当叠加，如图3-21所示。

关于定位网格的选择，结构部分设计时采用3M为基本模数，内部填充体系和住宅用部件则采用1M、2M为基本模数。网格设计以常3M为基本模量，将网格定义为3M×3M，以1M为辅助模数来划分网格，这样将产生两种划分方式：一种是用1M划分3M产生的模数网格，得到更细致的1M模数网格；一种是运用1M和2M划分，形成交叉模数网格，如图3-22所示。

第一种方式，在 1M构成的模数网格里，构件或部品的边缘只会出现在1M的网格中，因此余下与构配件相匹配的空间尺寸都将以1M为基本模数，是1M的整数倍，这种方式对

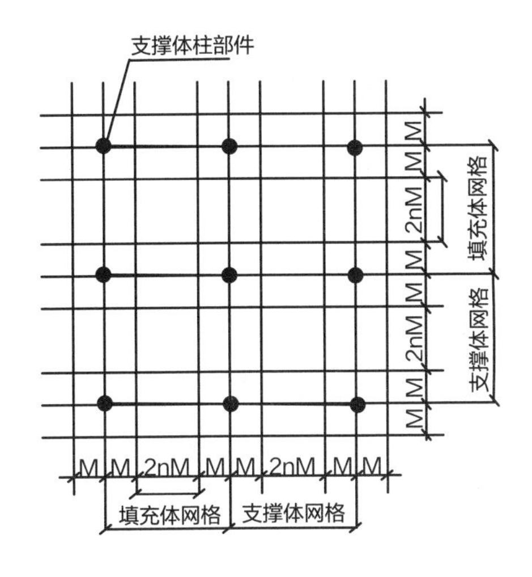

图3-21
支撑体网格与填充体网格的叠加

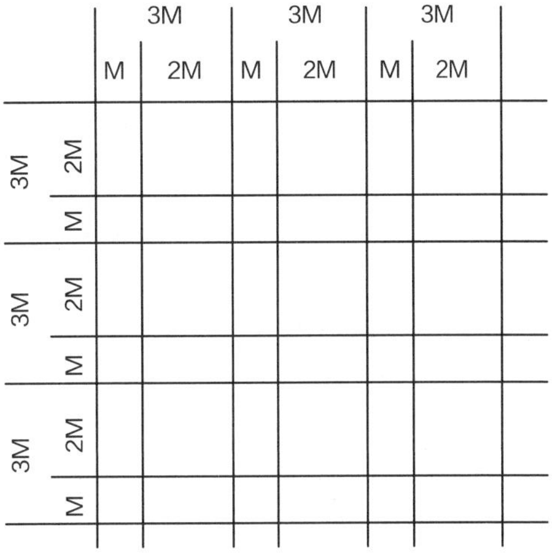

图3-22
1M、2M、3M网格叠加

空间的限制较少，余留下的内部空间尺寸也便于装修，具有较强的适应性。

第二种方式，模数网格可大范围定位为3M并细分为1M、2M交替布置，网格将出现宽格带与窄格带交替的情况。在此交叉网格布置中，1M和2M格带的中心线分别控制不同构配件的定位与尺寸。在我国住宅设计中，除却多层住宅使用的砖墙，多数承重墙厚度在100~200mm之间，依据SAR体系中承重墙以2M格带中心线定位的原则，则需允许承重墙边缘落在2M格带范围内，而非承重墙和构配件定位仍以边缘落在1M的格带网格中为准。

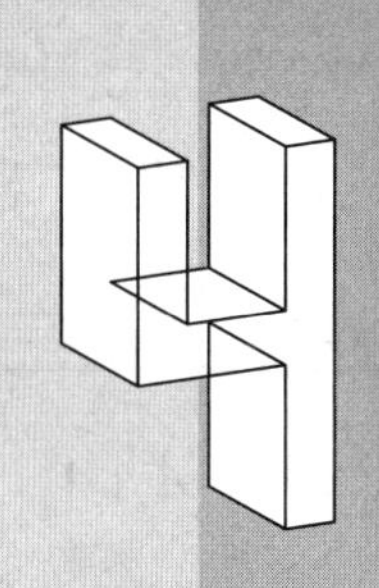

SI 体系住宅的支撑体结构体系

4.1 SI体系住宅支撑体结构的内涵

4.1.1 SI体系住宅支撑体的界定

SI体系住宅的S（Skeleton）指的是住宅的外部支撑体结构，具有公共性、长期耐久性等特点，在整个住宅中是不能随意移动的部分。SI体系住宅支撑体部分包括了主体承重结构中的梁、板、柱及承重墙，主体构成结构中的屋面、楼梯、电梯井、阳台板和非承重外墙等，这些均具有不可变性及高耐久性，可同时进行设计、生产和建造（图4-1）。

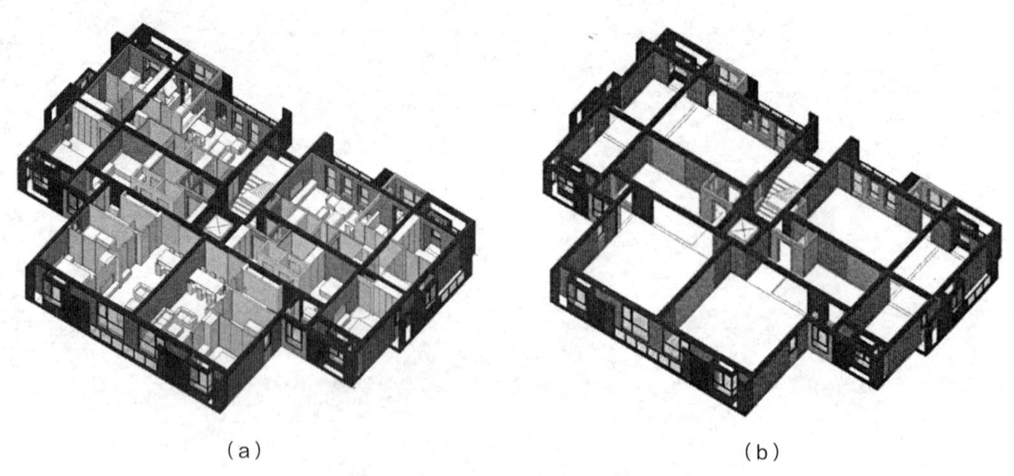

图4-1
SI体系住宅支撑体结构界定

图片来源：
《SI住宅与住房建设模式 理论·方法·案例》

住宅的使用寿命很大程度上取决于其结构体的质量，高品质的支撑体是提高耐久性的关键要素，SI体系住宅的支撑体结构寿命要求达到百年，可减少房屋建造过程中的资源浪费，使其成为保值的社会资产，这符合我国发展节能省地型住宅的趋势。SI住宅中S和I界限划分清晰，为住宅建筑业和住宅部品行业提供了清晰的市场分工范围。住宅建筑业的工作重点就放在支撑体上，使其成为资源节约型、融于环境的高质量长寿型住宅，并为填充体提供良好的展示平台。

SI体系住宅外部支撑体和内部填充体在建设过程中的设计、建造和生产分开进行。其中SI体系住宅支撑体结构承受了住宅建筑的主要荷载，决定了建筑的外貌及轮廓、空间大小、规模、交通体系等，同时也制约了住宅内部填充体的选择及布置，一旦支撑体结构确定，住宅内部如管线铺设与部品布置等都会受到支撑体结构形式的影响。

从SI体系住宅支撑体的归属性来看，开发商依据市场调研结果及总结住户的要求对住宅进行前期策划、设计及建造，由专业的建筑设计人员对支撑体进行设计，设计要保证达到“百年住宅”的使用要求，因此在进行主体设计时，设计人员要充分考虑结构的使用寿命，提高支撑体的耐久性，保证住宅的安全性、可靠性，另外还要注意保证住宅整体风格上的一致性等公共利益。

从SI体系住宅支撑体的多适性来看，支撑体设计的初期阶段，其结构构架的形式就决定了住宅是否具备多适性。较大空间的结构体系会更有利于后期住宅的内部空间填充体的设计，梁柱过多的支撑体结构则会使内部空间的设计难度增加，而且会对住宅内部空间布局的开放性产生较大限制，不利于实现空间的有效利用。由此可见支撑体结构的设计极其关键，是实现住宅适应性调整的物质载体，其多适性有利于住宅的个性化设计和填充体的更新改造。

4.1.2 SI体系住宅支撑体结构的种类

目前国际上普遍采用的SI住宅结构包括钢结构、钢筋混凝土结构、钢与钢筋混凝土组合结构、竹结构、木结构等，以钢筋混凝土结构最为常用（图4–2）。日本集合住宅的结构种类包括钢筋混凝土结构、钢骨混凝土结构、高强度钢筋混凝土结构、钢管钢筋混凝土结构及钢结构等，其中钢筋混凝土结构是普遍采用的结构方式，按平面布置又可细分为剪力墙体系、墙式框架体系、框架体系、框架剪力墙体系、筒体体系几种形式。这对我国发展SI体系住宅支撑体混凝土结构具有很好的借鉴意义。

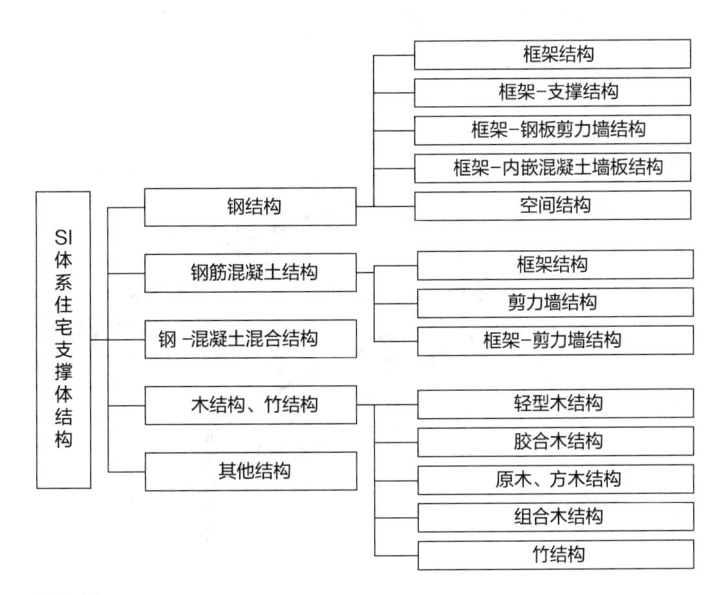

图4–2
国际SI体系住宅支撑体结构种类

我国的SI体系住宅支撑体混凝土结构所采用的结构形式按平面布置分，主要包括框架结构、预应力板柱结构、剪力墙结构、钢筋混凝土大型结构四种。

4.1.3 SI体系住宅支撑体混凝土结构的选型

我国的SI体系住宅要求支撑体结构设计达到百年住宅的耐久性要求，相较而言，日本采用两百年耐久性的材料来建造KSI体系住宅的支撑体结构部分，其支撑体结构具有更长的寿命。随着SI体系住宅的发展，我国相应出台了各种政策、规范、意见来推动其发展，例如《混凝土结构耐久性设计规范》GB/T50476—2009中规定支撑体结构使用的预应力混凝土及钢筋混凝土的强度不得低于C40及C30，这为支撑体结构的设计提供了依据。另外，SI体系住宅支撑体混凝土结构的设计最重要的设计原则就是如何让支撑体与填充体可以真正意义上做到彻底的分离设计与建造，而且还要保证支撑体的结构强度来保证结构体的耐久性以及让有限的结构体形成可以让填充体灵活布置与分隔的最大空间。

下面就SI体系住宅支撑体混凝土结构的四种平面布置结构形式的特点及适用范围进行分析，为SI体系住宅支撑体结构形式的选择提供依据。

（1）框架结构：框架结构又称构架式结构，是由梁和柱组成框架作为建筑的承重体系共同抵抗承担竖向和水平作用的荷载。框架结构是空间刚性连接的杆系结构，结构中由梁和柱以刚接或铰接方式连接（图4–3）。框架结构的隔墙仅起围护和分隔空间的作用，不起承重作用。

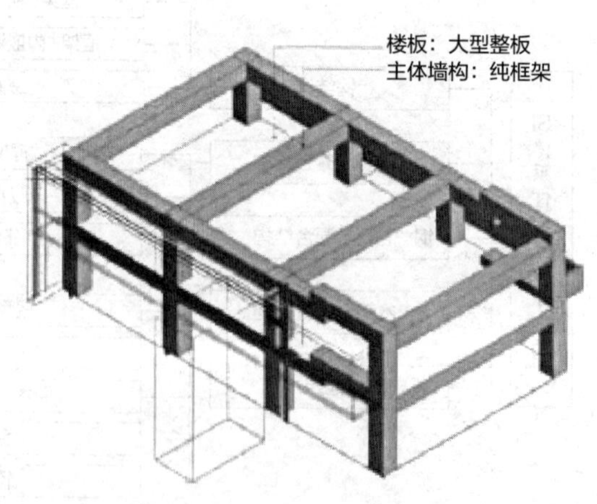

图4–3
日本KSI实验展示栋框架结构支撑体

图片来源：
《KSI住宅可长久性居住的技术与研发》

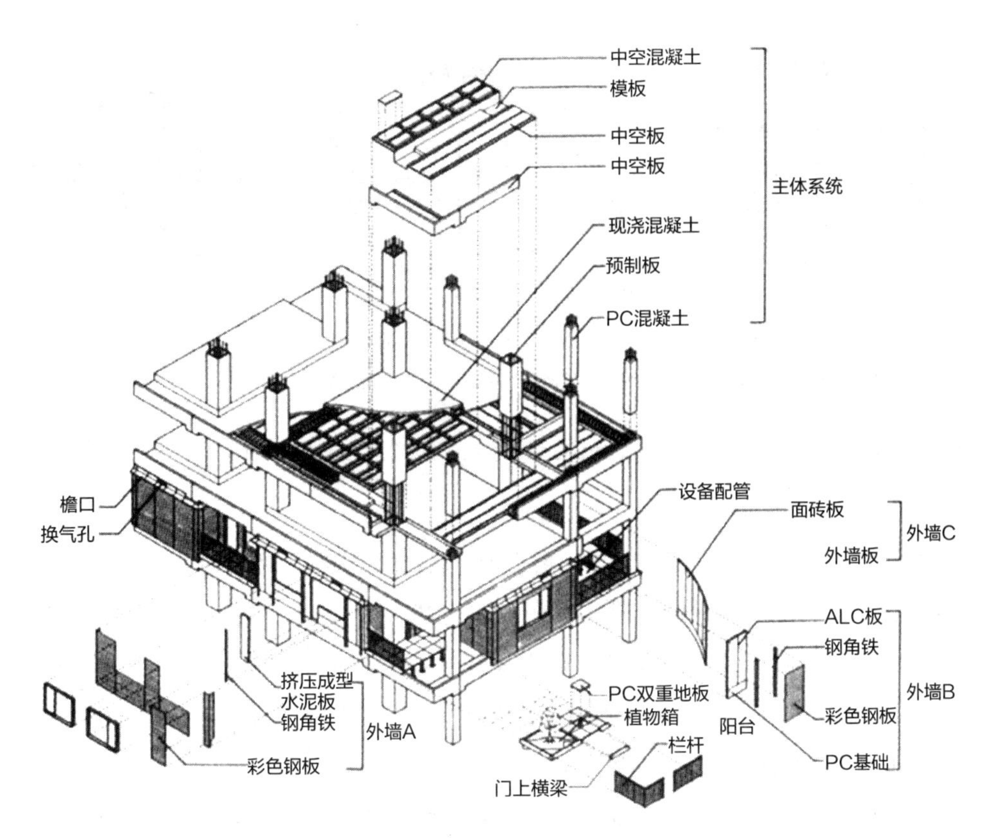

图4-4
日本大阪NEXT21实验集合住宅的框架结构支撑体

框架结构的优点是整体性好、耐久性强、结构稳定、空间比较容易划分、施工简单、可以现场浇筑施工也能预制装配施工。因为框架结构的构件可以拆分开在工厂进行标准化的生产加工，便于安装和改造，所以框架结构与工业化生产有较好的适应性，较容易形成完善的SI标准产业化体系。框架结构适用于多层、中层、高层住宅（图4–4）。

（2）预应力板柱结构：该结构内部空间无梁，不能对板柱进行任意地变动，但可以在板和柱构成的空间内进行自由地分隔，能够很好地满足住户对大空间的要求（图4–5）。我国自1974年起开始研究预应力板柱结构，现阶段已经形成比较成熟的体系，能应用于我国SI体系住宅的设计建造。

预应力板柱结构的主要组成部分是板和柱，因此能在内部划分空间的时候产生很大的自由空间，不受梁在空间结构上的束缚。同时该结构体系的稳定性高，具有很好的抗震性和耐久性。另外，采用预应力板柱体系结构还能使层高减小、成本降低。伴随着该体系的发展，我国也出台了相应的政策、规范、技术指导等来促进和指导预应力板柱结构体系发展。预应力板柱结构适用于多层住宅。

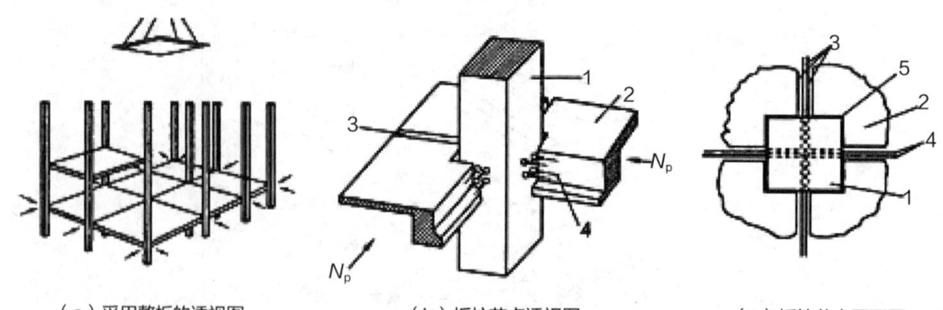

（a）采用整板的透视图　（b）板柱节点透视图　（c）板柱节点平面图

1-柱；2-板、边梁；3-明槽；4-预应力束；5-伸出筋、接缝砂浆；→-预压力

图4-5
预应力板柱结构原理示意

图片来源：
《整体预应力装配式板柱结构技术规程》CECS52-2010

（3）剪力墙结构：剪力墙结构是由剪力墙组成的承受竖向和水平作用的结构，和楼盖一起组成空间体系，当墙体处于建筑物中的合适位置时，既能有效抵抗水平作用，又能对内部空间进行分割。该结构没有梁、柱突入室内空间的问题，但墙体的分布使空间受到限制，无法做到大空间，住宅和旅馆等隔墙较多的建筑采用这种形式更能凸显优势（图4-6）。剪力墙结构适用于高层、超高层住宅。

（4）钢筋混凝土大型结构：也称钢筋混凝土巨型结构，该结构体系由钢筋混凝土巨柱、巨梁及一些大型支撑体构件构成，相邻立面的支撑交会在角柱，形成巨型空间桁架。钢筋混凝土大型结构体系能抵抗住各方向的水平力，同时具有很强的抗侧向力，整体性好；这种支撑体结构构成的大型空间可以很好的满足住户对大空间的要求，使得住宅更具

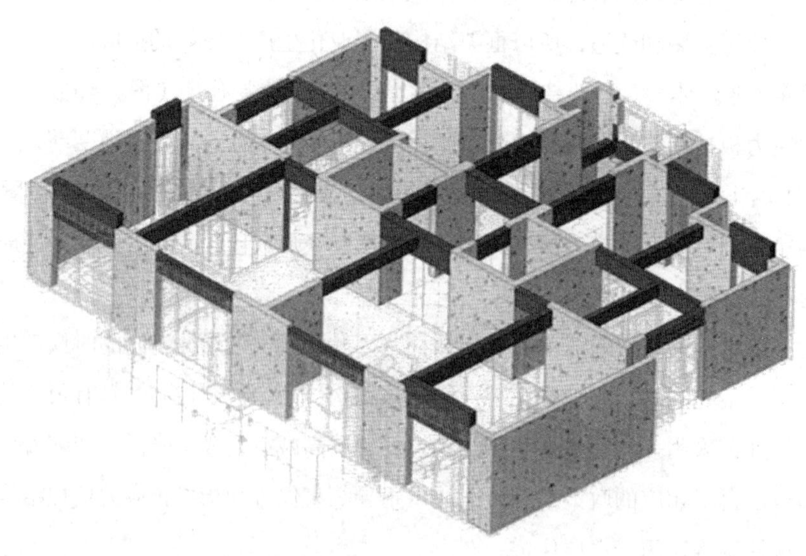

图4-6
上海万科金色里程剪力墙支撑体结构

图片来源：
《上海万科金色里程》

有可变性，在内部空间中可以进行任意分隔，也能满足住宅的多样性和多适性原则。同时该体系可以充分地利用原材料，节约成本，提高效率。钢筋混凝土大型结构适用于超高层建筑。

4.2 支撑体结构需满足的要求

支撑体是由建筑师、工程师和投资者等专业人士共同决策而产生的居住产品。虽然只是一个骨架，但它是一个已完成，并能够立即使用的建筑体。住宅建设过程中，首先完成支撑体的建造，随后住户可根据需要选择和决定适合的填充体，并用这些填充体在自己的支撑体中灵活安排住宅内部空间的布置，最终形成可使用的住宅。所以支撑体设计是SI体系住宅设计的第一步，是全部工程设计的关键，它决定了建筑的耐久性和安全性，对室内空间的划分与使用也起着决定性作用。

SI体系住宅以建筑全寿命期的理念为基础，力求在保证住宅性能和品质的前提下实现建设产业化、建筑长寿化、品质优良化和绿色低碳化，提高住宅的综合价值，建设可持续居住的居住环境。基于以上对住宅支撑体的重要性以及SI理念的讨论可以总结出SI体系住宅支撑体混凝土需要满足以下要求：

（1）安全性；

（2）耐久性；

（3）适应性；

（4）经济性；

（5）可持续性；

（6）尺寸精确性。

4.2.1 支撑体结构的安全性要求

SI体系住宅支撑体结构的安全与否，主要在于两个方面：一是支撑体结构的整体稳定性，二是主体结构之间以及主体结构与部品间的连接是否安全合理，“可靠的连接”是支撑体结构安全的最基本保障。

1. 支撑体结构的整体稳定性

支撑体结构是建筑物中起骨架作用的空间受力体系，承受着各种荷载的作用力，为了保证SI体系住宅支撑体结构在风、雨、雪、地震等自然条件下或灾害中仍然可以保持平衡、不造成倒塌等事故的发生，首先就要保证结构的整体稳定性。在进行结构设计前，需要认真仔细地进行场地勘察，并在现场进行地震安全评估以及风洞试验，形成勘察报告、评估报告，结合拟建住宅层数以及平面布局等各种因素进行分析。从而确定合适的结构形式并选用合适的结构材料，同时要对结构进行相应的抗风、抗震、耐火等处理，从而保证结构的安全性和耐用性。结构的侧向刚度和重力荷载值比要保证按照国家的规范及标准进行设计、施工，因为刚重比是衡量结构整体稳定性的关键参数。住宅建成后，进行后期维修处理时，要保证住宅的主体结构不会受到破坏，从而满足SI体系住宅对长寿性的要求。

2. 连接部位的安全性

在主体结构现浇和预制装配相结合的住宅中，结构构件之间主要通过现浇或等同现浇的连接方式来增强结构的整体稳定性。构件间的连接应该具有足够强度，能够确保承担结构之间的内力，连接方式主要有干式和湿式连接两种形式，干式连接方式是指通过预埋金属件或预留洞口，使构件与主体结构进行锚接、拼接、焊接或者套筒连接、螺栓连接等（图4-7）；采用湿式连接方式时，预制构件与现浇结构的连接节点通过灌注现浇混凝土实现连接（图4-8）。目前，我国在装配式施工上还存在很多问题：SI住宅设计、生产、施工各环节脱节，尚未形成完整的技术标准体系，SI体系住宅的设计、部品生产、装配施工、验收等环节标准缺失，全产业链关键技术缺乏且系统集成度低，设计与施工相对独立，导致连接部分存在质量隐患。另外，SI体系住宅支撑体结构在建好之后其尺寸要与填充体的安置相匹配，比如支撑体结构和可变动位置的预制内隔墙等在衔接时不应该出现尺寸上的偏差，否则会出现空隙或是无法准确安装的问题。这种情况下，就会带来为消除构件偏差而产生的额外设计、生产工作，进而引起成本增加及工期滞后，严重时，甚至会产生安全隐患。

图4-7
干式连接方式

图4-8
湿式连接方式

4.2.2 支撑体结构的耐久性要求

住宅的耐久性是指组成住宅的各类构件、设备及装修在规定条件下和时间内能保持其正常使用状态的性能。延长建筑支撑体的耐久性主要采用两种策略：延长体系与构件的使用时间，并保证在未来使用中维修更换的便利性。延长体系与构件的使用时间，即延长体系的耐久年限，日本SI体系住宅极少采用砖混结构，取而代之的是混凝土、钢筋混凝土、钢结构等材料构建的框架–剪力墙结构。一方面是出于建筑工业化的考虑，另一方面是出于对承重结构耐久性和安全性的考虑，同时减少砖的用量也是对环境的保护。除了保障住宅结构体系的耐久性，建筑的长寿化还要关注建筑内的设备管线。因为SI体系住宅中的设备管线在建筑内的布局几乎与所有建筑构件都产生了交接，其使用时间仅次于主体结构，各类管线是与主体结构并行的另一套独立体系。设备管线不仅应具有耐久性的特点，还要易于维修和更换，随着社会的进步和居住者需求的变化，周期性的管线、设备扩容改造等工作会出现在整个住宅建筑全寿命周期内。

1. 提高支撑体结构的抗震性

从抗震角度说，由于钢筋混凝土刚性较大、弹性不足，因此易受地震产生的脆性破坏，根据混凝土耐久性的基本要求，主要做法是：提高混凝土的强度等级，建议在30N/mm^{2}以上，即C30以上；控制混凝土水灰比，宜在0.55以下；根据实际情况，增加配筋厚度和配筋形式。如采用配筋混凝土小型砌块结构。

2. 提高支撑体结构的防潮性

从防潮角度来说，钢筋锈蚀使钢筋有效截面减少，影响受力。可对混凝土做防锈处理：增加混凝土保护层厚度。混凝土保护层厚度指最外层钢筋外边缘至混凝土表面的距离，我国现行施工手册适用于设计使用年限为50年的混凝土结构。为增强SI住宅主体结构的耐久性，混凝土的保护层最小厚度为50年结构的1.4倍（即按照100年的设计结构），梁、板、柱、承重墙的保护层分别增加约6～14mm；可采用涂料封闭法，考虑涂料与混凝土之间的粘结力，涂料是否抗冻、抗晒、抗雨水侵蚀，涂料的收缩、膨胀系数是否与混凝土接近，防止混凝土碳化开裂锈蚀钢筋；严格控制混凝土中最大氯离子的含量，不应超过50%；宜用非碱活性骨料。

3. 提高设备管线的可维护性

通过前期设计阶段对主体结构体系整体考虑，管线分离设计可以有效提高后期施工效率，合理控制成本，保证施工质量，方便今后检查、更新和增加新设备。

管线分离是采用 SI体系住宅实现建筑产业现代化的可持续发展目标和新型建筑工业化生产的关键技术，SI体系住宅应在公共空间独立设置配管配线，共同集中设置于户外公共空间部分（图4-9）：管道井的设置位置应结合整体厨房、整体卫浴等用水空间位置设计；管道井平面形状、尺寸应满足管道检修、更换的空间要求；管道井内上下层间的分隔应满足防火规范的要求。

图4-9
管道井示意图

具有耐久性的建筑支撑体是SI体系住宅的基础和前提，提高了住宅在建筑全寿命期内的资产价值。住宅可持续发展建设依赖于建筑主体结构的坚固性，SI体系住宅中具有耐久性的建筑支撑体部分大幅增加了主体结构的安全系数。

4.2.3 支撑体结构的适应性要求

SI体系住宅更强调以大开间的结构体系保证住宅有集中完整的使用空间，作为填充体的上层变量，支撑体结构决定了住宅的灵活性程度，也间接影响了住宅的使用寿命和舒适性。支撑体开放程度越高，住宅建筑全寿命期内的使用价值也越大，可持续性越好（图4-10）。事实上，SI体系住宅并不局限于某种结构形式，支撑体结构可以是中小柱距的框架体系，也可以是大开间剪力墙承重体系。相比较而言，大开间的框架体系可以更好地发挥支撑体和填充体分离的特性。

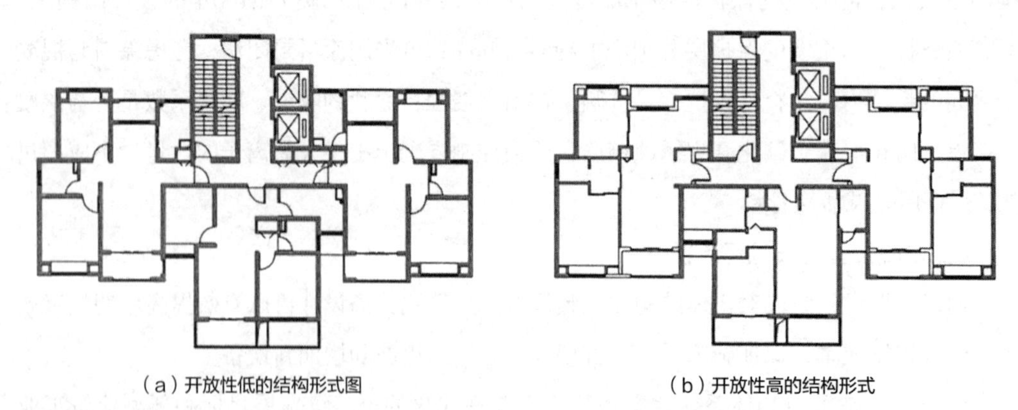

（a）开放性低的结构形式图　　（b）开放性高的结构形式

图4-10
结构形式开放性比较

图片来源：
《SI住宅与住房建设模式 体系·技术·图解》

支撑体结构在设计阶段，需要考虑平面功能组织的多样性，以及使用中动态调整的可操作性，这对它的结构选型、布置形态、构件大小等方面提出了一定的要求。但无论在哪种结构类型中应用SI住宅体系，始终都应以开放性体系为基础，以提高主体结构的开放程度。支撑体在空间上的开放性是建立在结构的适应性上，即很大程度上取决于被限定空间的尺寸、形状和关系的处理，以及对有限的位置进行灵活分割并对功能空间合理布置。适应性主要来自对住宅空间的设计，而非对技术的依赖。一个空间或一个结构，是为几个不同的功能而不是为了某一个功能而存在。一个以几个功能为目的的设计的空间和结构，可以适应其中任何一个功能，而且功能变换无需对空间和结构本身进行改造。从空间角度来看，主要是通过支撑体大空间化、支撑体结构形体的规整化以及结构空间可变设计来提高支撑体在限定空间下的适应性。

1. 支撑体大空间化

SI体系住宅建筑设计应从生产建造和家庭全生命周期使用出发，楼栋单元和套型宜优先采用大空间布置方式，尽可能取消室内承重墙体，为套型多样性选择和全生命周期变化创造条件。减少现浇量，减少施工难度等。通过前期设计阶段对结构体系整体设计考虑，有效提高后期施工效率，合理控制建设成本，保证施工质量与内装模数接口。

2. 支撑体结构形体规整化

合理控制支撑体结构的体形系数，减少开口凹槽，减少墙体凹凸，充分考虑平面的方正和完整才能最大限度的发挥空间的使用效能，居住舒适度也会相应提高，而且可以保证施工的合理性，满足住宅对节能、节地、节材的要求。住宅平面与空间设计中过多的凹凸和复杂形体变化不仅会导致工业化建造过程中的主体构件生产与安装的难度增加，也不利于成本控制及质量效率的提升，不利于节能环保（图4-11）。

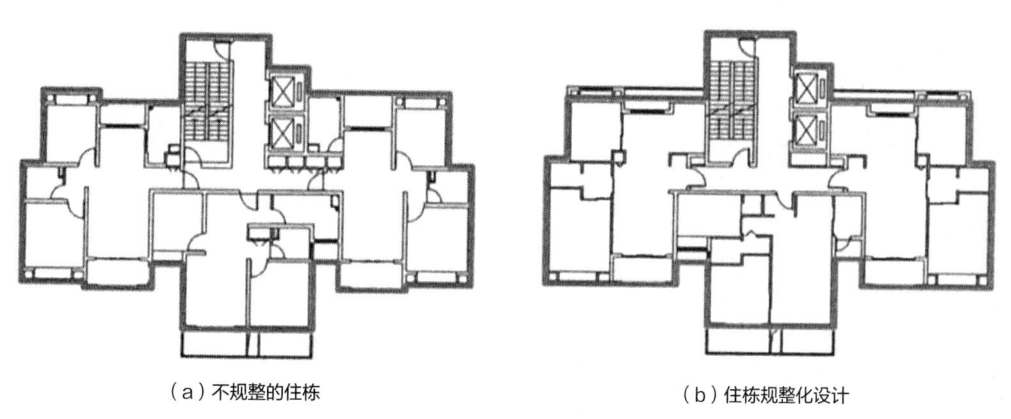

（a）不规整的住栋　　（b）住栋规整化设计

图4-11 支撑体结构形体规整化

图片来源：《SI住宅与住房建设模式 体系·技术·图解》

3. 支撑体结构空间可变设计

套型模块与公共交通核心模块组合成单元模块，结构简明、布局清晰，套型系列可组合成不同住栋形式来适应不同的居住要求。设计师在设计支撑体时可以考虑采用支撑体组合模块，这种支撑体的组合是以一个单元支撑体为基础，进行互相组合形成线列式、集中式以及单元式等基本平面形式。支撑体的可变性根据支撑体空间的规模、空间的组合模式以及形状的不同而发生变化，支撑体内的空间可变设计手法有以下两种：

（1）套型系列化与多样化

住宅套型按使用空间面积分大、中、小三个系列套型。套型设计充分考虑不同家庭结构及居住人口的情况，在同一套型内可实现多种套型的组合和变化（图4-12）。基于环境行为学，套内空间设计应充分考虑到人体尺度，在满足安全性和基本使用需求的同时，提高套内空间的舒适度和宜居性。

（2）空间可变性与灵活性

套型设计从住宅全生命周期角度出发，支撑体采用大空间可变性高的结构体系，提高了内部空间的灵活性与可变性，套型内部空间采用可实现空间灵活分割的隔墙体系，可以满足不同用户在不同阶段对空间功能的多样化需求（图4-13）。

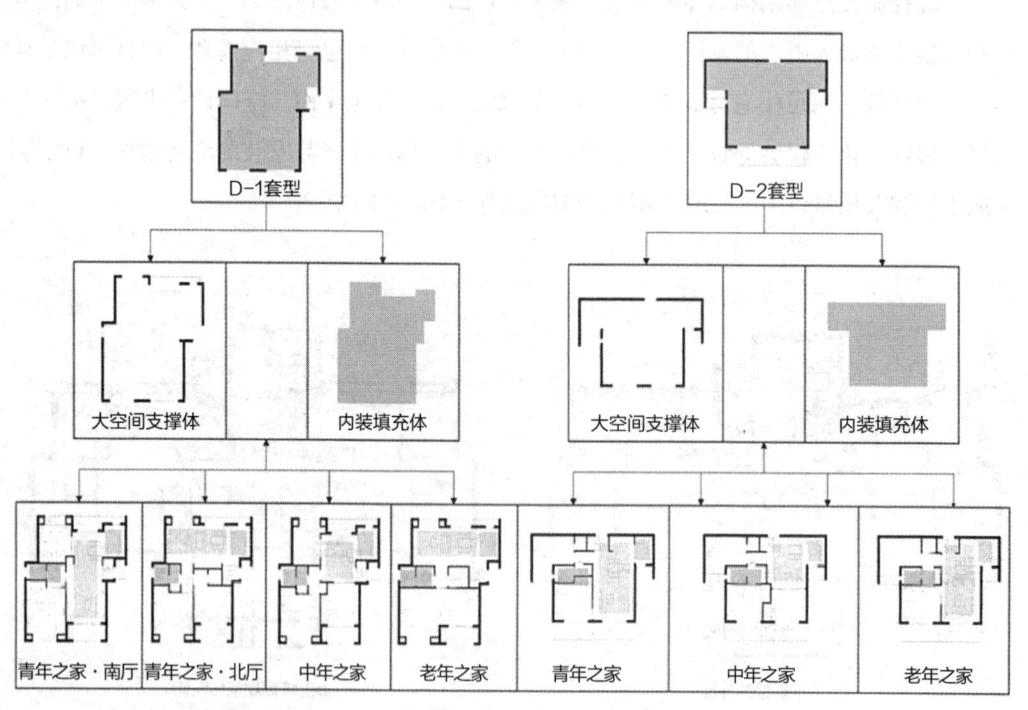

图4-12
套型多样化与系列化

图片来源：
《新型住宅工业化背景下建筑内装填充体研发与设计建造》

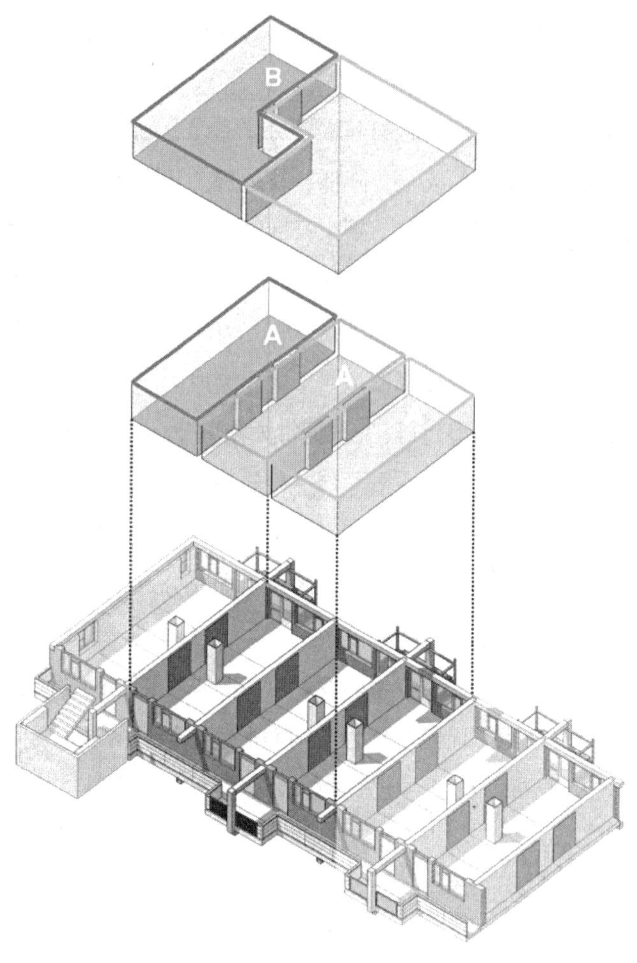

图4-13
灵活隔墙设置

图片来源：
《SI住宅与住房建设模式 理论·方法·案例》

在住宅空间内设置灵活隔墙的主要原则是：要充分考虑住户在空间里的使用需要，尊重使用者的生活习惯，应做到人性化设计，尽量用最少的隔墙创造出最丰富的室内空间。在灵活隔墙本身的设计原则上应该保证材料的最基本结构强度，同时也要保证其有效物理特性，如隔音、隔热等。且在安装过程中要做到符合模数协调的原则，以便日后住户对其进行更换和维修的时候，接口可以与其他隔墙部件进行配合。

4.2.4 支撑体结构的经济性要求

住宅的经济性是指结构是否有利于“四节”，即节能、节水、节地、节材，从而扭转经济发展中的高消耗、高污染、低产出的状况。SI 体系住宅支撑体混凝土的经济性主要体现在结构设计以及结构材料的使用方面：

1. 支撑体结构的设计

住宅设计的传统经济观念的弊端是对住宅建造成本做静态的计算，只考察初建成本，通过降低住宅标准来节约成本，降低建筑造价。其实从住宅的综合效应来看，降低标准、压缩面积不仅降低了使用要求、带来日后的不适用，还会导致改建或扩建困难，硬性的改造活动则会对原有体系造成极大破坏，以至于不得不大力追加成本，这称不上设计经济。显然设计经济需要从住宅全方位的、动态的角度进行考察，树立住宅设计的动态经济观念。如果我们不把住宅设计看作是一个最终完成的产品，而是一个动态的过程，那么在开始建设阶段，就应该量力而行，找到当时情况下的最佳答案，而不必套用所谓标准，在设计和建造时给未来的改造留有余地。这种经济观念重视住宅从开始建造到最终拆除这一完整寿命过程中的投资和使用，而不仅仅是一次性投资。对整个社会来说，这种方法可以使有限的资源被更多地分享，资源的利用也更加充分。

2. 高强度混凝土的使用

随着混凝土制造工艺及应用的发展以及高强度钢筋的普及，高强度混凝土已经在住宅建造过程中广泛使用。而使用高强度钢筋混凝土结构的SI体系住宅，在采用高强度混凝土的同时，还采用了高强度的主筋、横向补强钢筋等受力筋。这使得支撑体具有更好地抗震性、隔音性、隔热性、耐火性、耐久性、封闭性等，同时可以节约能源，降低主体结构的建造成本，具有经济实用性。

4.2.5 支撑体结构的可持续性要求

SI体系住宅是日本在作为可持续住宅模式来设计及推广的，注重于住宅的时代性、社会性和持久性，从环境资源和社会经济的观点出发，提高住宅的资产价值，使住户可以长期、持续、安心地居住。可持续住宅（Sustainable Housing）是可持续建筑在居住类建筑类型中再一次细分提出的理念，可持续住宅秉承可持续发展理念，最终实现生态持续性、经济持续性和社会持续性，将其有机统一。发展可持续住宅，将人们对居住的现实需求与未来的整体发展结合起来，使住宅的资产寿命和使用寿命同步得以延续，长久保留人们对住宅的依赖感和对城市的归属感，可以有效减少资源、能源的消耗，减少生态环境的负荷，促进人、住宅、环境的和谐共生，彻底改变住宅建设有悖于可持续发展主题的现状。SI长寿化住宅建设，让建筑成为城市文化的一种积淀，SI体系住宅是能容纳社会发展的百年住宅，其外观风貌可以得到延续，适宜城区的可持续发展，利于城市的再开发建设，获得居住者的肯定。以下就SI住宅的营建方式、使用方式、再生方式等方面来说明蕴含其中的可持续理念。

1. 低能耗的绿色营建方式

据统计，每年我国建筑垃圾体量可达20亿吨以上，并且年均增速可能保持10%以上。由于管理长期缺位、资源利用率不足、处罚力度不够等原因，建筑垃圾给城市管理带来了巨大压力。在重视节约资源、保护环境的社会变迁中，SI体系住宅的建造方式从传统的无计划的"零散建造"型转变为注重"工业化生产"型，其支撑体采用工业化方式进行生产，施工现场的垃圾减少，材料损耗减少，提高了可回收材料的数量，最终实现建筑节能，符合环保节能的发展理念。另外，住宅支撑体与设备管线分离设置，有助于解决住宅主体与设备工程间的矛盾，减少出错的可能性，有效提高住宅建造的效率。

2. 延长寿命的绿色使用方式

住宅的生命周期要经过"建造–运行–维护–拆除"的过程，与其他消费品相比使用周期长是其显著特点。SI体系住宅在设计时关注的重点之一就是其使用寿命，通过提高支撑体部分的质量及耐久性，建造能长久使用的住宅，使其成为资源节约型、环境友好型的高质量长寿型住宅，同时为填充体提供最大限度自由改变的可能。SI体系住宅的内部填充体可以在具有大空间的支撑体寿命期内进行改建来适应家庭发展的需求，而不必重新购置住宅来满足人们对住房需求的改变。从环境资源保护和可持续发展的角度看，SI体系住宅无疑是未来住宅发展的必然趋势。

3. 利于资源循环的绿色再生方式

传统住宅在长期使用的过程中，在进行二次或多次改造过程中产生的废旧物一般很难再次利用，势必会造成浪费和环境的污染。在住宅使用寿命终结时对其进行拆除也会造成很大程度上建筑材料的浪费。SI体系住宅从资源循环的角度出发，在住宅经历了使用周期后仍然可以进行功能上的再生或再利用。在功能上，SI体系住宅上下层可以采取不同风格的房间布局，其住宅功能在由于使用年限或其他原因无法再为居住使用时，其用途和规格也可以进行变更，如变更为办公室或商业设施等。

4.2.6 支撑体结构的尺寸精确性要求

支撑体结构既是房屋建筑的骨架，也是内部填充体的支撑平台。对尺寸精确的要求是内装工业化生产对支撑体提出的要求。内部填充体由于大量采用工厂化生产出的标准部品，这些部品规格整齐，尺寸精确，而且并不是针对某个建筑物专门定制的，这也要求支撑这些填充体的支撑骨架的尺寸要精确，不能有太大的偏差。在支撑体骨架尺寸精确的情况下，形成的空间可以与内填充部品经过组合后的尺寸刚好一致，安装后"严丝合缝"。

否则这些部品在安装时就可能出现安装不进去或者安装后空隙较大的问题，影响整体内装工程质量，同时出现安装不进去或者安装后空隙较大的问题后，由于需要现场再加工，如填缝、打磨、切割、接长等，从而提高内装成本降低效率，违背了工业化的高效目标。或者如果建成的结构支撑体尺寸不够精确，一些内装无法使用工厂生产的定型部品进行组装式生产，从而必须采用现场量尺寸、下料、加工、安装、填补等施工工序，重新回到了内装以手工操作为主的老路上去。以前结构体的尺寸偏差以厘米计，SI住宅的结构体尺寸偏差当以毫米计。当然，支撑体结构尺寸偏差要求高，对施工技术与管理的要求也会提高。

图4-14
鲁能领秀城·公园世家百年住宅现浇混凝土结构支撑体

4.3 支撑体混凝土结构施工方式的选择

4.3.1 SI住宅结构施工方式

SI住宅是一种工业化产品，有别于传统的手工建造方式，国际上普遍采用的是自动化和现代化的生产管理模式以及设计标准化、产品定型化、构件预制工厂化、现场装配化的生产方式，从而提高效率和高质量，并节省资源、降低环境负荷。预制装配式建筑将是今后住宅产业化方向，也是改变传统住宅建造方式的关键技术和有效途径。但由于受限于PC技术水平，缺乏相应的计算软件、验算方法、规范标准等，我国无法照搬纯日本式的预制装配式混凝土结构体系。从目前形势看，我国实现SI体系住宅支撑体混凝土结构的方式主要包括产业化方式（即工厂预制，现场装配）及施工现场现浇两种（图4–14、图4–15）。两种建造方式各有利弊，为了在国内迅速推广SI体系住宅，必须寻求一种在当下社会环境下最适宜的一种建造方式。

图4-15
日本三井不动产株式会社幕张新都心项目–全装配式结构

4.3.2　预制与现浇施工方式的选择

通过收集资料和进一步访谈产业化住宅、SI体系住宅相关专家和学者，结合现在工业化住宅及现浇住宅的发展情况和利弊，同时秉持指标选择的科学性、层次性、全面性、合理性原则，综合分析识别出了影响SI体系住宅支撑体混凝土结构建造方式的几大评价指标，同时分析各影响因素，建立影响因素的层次分析模型来加以分析研究，最终确定实现SI体系住宅支撑体混凝土结构的方式。

4.3.2.1　施工方式选择影响因素

通过调研分析，确定了影响选择工业化生产方式还是现浇施工方案的因素主要包括以下17条：

（1）住宅适用性能：是指住宅本身及内部设施设备的配置满足住户使用的性能，主要针对住宅套型、单元平面、建筑装修、设备设施、隔音性能、无障碍设施这几个方面评定。

（2）住宅支撑体结构耐久性：是指组成住宅的各类构件、设备及装修在规定条件和时间内能保持其正常使用状态的性能。

（3）住宅环保性：指在项目建造施工过程中及运营维护阶段对环境造成的影响。

（4）住宅建造技术标准体系：主要指结构标准体系、通用部品标准体系、模数标准体系；设计施工的集成化与标准化程度；部品构件生产标准化等传统现浇建造方式的技术标准体系及工业化住宅建造标准体系。

（5）住宅设计体系：包括工业化生产房屋结构部品部件的设计；住宅结构体系技术应用；传统现浇住宅结构的设计水平等。

（6）技术人员体系：包括缺少产业化及传统现浇生产方式施工的熟练工人；相关专业人才缺失，技术人员储备不足。

（7）综合引导性的政策法规：包括国家出台的一些鼓励政策、意见，指导行业发展的政策，相关产业链推动的政策。

（8）具体实施的政策法规：主要指促进企业融资投资的财税刺激性政策、保证企业利益的保险税收等金融政策。

（9）技术标准规程：主要指传统现浇及产业化生产方式相关的技术标准；具体技术工艺的一些技术指导；部品化及标准化相关政策和体系；工业化内装的标准体系和指导意见。

（10）建造成本：产业化及传统现浇建造方式在SI体系住宅支撑体混凝土结构施工阶段的成本。

（11）运营成本：产业化及传统现浇方式建设SI体系住宅支撑体混凝土结构在后期住

宅使用阶段的运营成本。

（12）完整的SI体系住宅产业链：指SI体系住宅全寿命周期从最初开发设计到施工生产再到最后竣工运营阶段所涉及到的各行各业；对相关产业链上的单位如何进行组织管理；如何使上下游企业更好的进行衔接；如何整合整个产业链上的信息资源等。

（13）施工建筑组织：主要指负责开发投资项目的房企及施工组织团队的成熟度。

（14）住宅的个性化需求：个性化需求是指住户对住宅多样性的需求。

（15）住户的认知度：评价消费者对房屋价值、内涵的认识和理解的标准。

（16）住户的接受度：住户是否有接受购买房屋的意愿。

（17）施工进度：指在项目施工过程中各工序的安排顺序与所需时间。

4.3.2.2 基于层次分析法建模比较两种建造方式

1. 建立影响因素层次模型

层次分析法是一种既有定量分析又有定性分析的方法，是将定性的问题用定量化方式转化成可决策方案的过程，主要适用于定性判断为主且无法直接评判出决策方案好坏的情况，一般可用于对影响因素指标重要性进行排序以及决策方案的优选。应用层次分析法来进行方案的优选需要对SI体系住宅支撑体混凝土结构的最优施工方案进行选择，即将该过程分成目标层、准则层、方案层这三层，其中目标层既是对施工方案的优选，准则层是各影响因素指标，方案层包括具体施工方式。然后再用数值来定量标度人的主观判断程度，也即对各影响因素的程度进行赋值，创建出影响因素的判断矩阵，再对准则层所有矩阵进行一致性检验，检验一致性通过后得到最终的最优方案。

按照各影响因素的分类情况，目标层A为：SI体系住宅支撑体混凝土结构实现的最优方式；准则层为：B1住宅性能、B2技术水平、B3政策体系、B4成本、B5生产组织、B6住户接受度、B7生产建造周期；子准则层为各因素的细分因素：C1结构的适用性能、C2混凝土结构的耐久性、C3全寿命周期环保性能、C4技术标准体系、C5设计水平体系、C6技术人员水平、C7综合引导的政策法规、C8具体实施的政策法规、C9技术标准规程、C10建造成本、C11运营成本、C12对产业链的影响、C13生产组织模式、C14住户的认知度、C15住宅的个性化需求、C16住户购买意愿、C17生产建造周期；方案层3包括：D1产业化方式建造SI体系住宅支撑体混凝土结构、D2传统现浇方式建造SI体系住宅支撑体混凝土结构（图4–16）。

由于本文的研究以定性分析为主，准则层的影响因素无法赋予精确的评判值，综合考虑得分的易得性与可靠性后，采用德尔菲专家打分法来为各影响因素的影响程度赋值，然后取每位专家打分的平均值来给出各影响因素的影响程度值，并在该方法的基础上计算出各影响因素的权重，最后得到较优的方案。

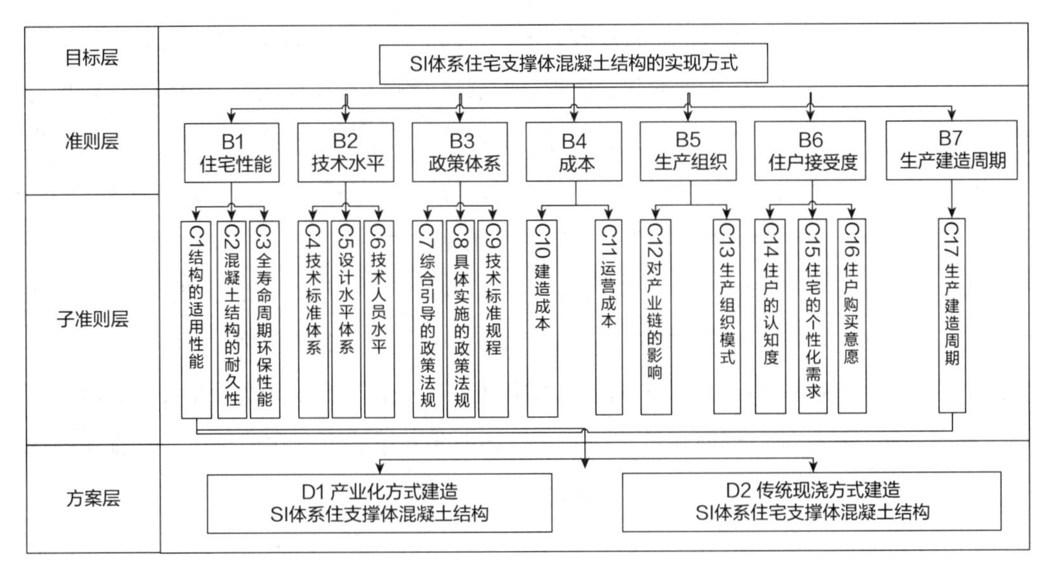

图4-16
SI体系住宅支撑体混凝土结构实现方式层次分析模型图

2. 对各影响因素赋值

为了更精确的进行计算，判断矩阵中每个元素的相对重要性衡量数值采用九标度数字度量尺度，并以1～9作为数字度量尺度，该测算尺度符合国内评价主体采用的评价逻辑，同时保留的小数位数更多，使计算结果可信度高，具体刻度见表4-1所示。

相对重要性度量尺度 **表4-1**

相对权重	定义	说明
1	同等重要	C与D同样重要
3	稍微重要	C比D稍微重要
5	比较重要	C比D比较重要
7	相当重要	C比D相当重要
9	绝对重要	C比D绝对重要
2，4，6，8	中间值	以上的相邻中间值

3. 基于EXCEL构造判断矩阵计算权向量并做一致性检验

层次分析法运算的核心问题是计算判断矩阵的最大特征值及其相应的正规化特征向量W，而向量W_i为各指标因素单排序权重值，或者叫做层次单排序结果。比较常用的计算方法有和积法、方根法、幂法等，运算原理涉及的数学方法并不复杂，但因为包括较多重复的运算，因此手算过程比较繁琐并且较容易出错。因此较简易且高效的方法是使用计算机进行计算，运算过程可以极大地简化，但现有的层次分析法程序都是单独编写的，需要计算机环境且对软件的要求高。此外，层次分析法运算过程中如果矩阵未通过一致性检验就需要做出调整，并且这种调整过程可能不止一次，每一次调整都得重新计算，对于指标因素多的层次结构，工作量非常大，手算出错的可能性很大。

因此，使用较为简单的计算机方法，使得构造判断矩阵、层次单排序和总排序、一致性检验及其后对判断矩阵的调整的过程变得更加简单，同时让读者易懂，是本书的一个出发点，而采用MICROSOFT EXCEL这样一个常用的办公软件实现AHP的简单计算，既满足计算要求，又简洁快速，同时在计算过程中：构造判断矩阵、层次单排序与总排序的计算、一致性检验和检验之后对判断矩阵的调整高效易懂。

用EXCEL表格计算层次分析法的计算步骤主要包括：建立因素层次结构模型、构造判断矩阵；采用方根法或和积法得出特征向量W，其中向量W的分量W_i构成层次单排序；计算得出l_{max}；通过计算RI、RI、CR的值来进行矩阵一致性检验以上是计算层次单排序时的具体过程，层次单排序的所有结果计算都完毕后，按照上文所写的一致性检验的方法可以算层次结果总排序表格。一致性检验不符合要求时需要重新返回调整计算，直到满足要求。层次总排序及单排序的结果只要满足一致性比例CR≤0.10就可以结束计算，接受认同排序结果。若不满足条件，需返回调整表格数据，直到结果达到要求。

通过如上步骤的计算，传统现浇施工方式实现SI体系住宅支撑体结构方案的综合权重为0.566，而通过产业化方式实现SI体系住宅支撑体结构的方案的综合权重值为0.434。从而综上得出结论，现阶段我国SI体系住宅支撑体混凝土结构的实现方式还应以传统现浇方式为主。

4.4 SI体系住宅支撑体混凝土结构的质量保障

SI体系住宅，其支撑体混凝土结构对建造质量和精度有严格的要求，一方面质量要达到百年住宅的要求，另一方面，结构的尺寸精度要准确，便于后续内部填充体的安装以及施工过程的顺利进行。本书上一节已分析出实现SI体系住宅混凝土结构的现阶段最优施工方式是传统现浇，本节将基于较优的现浇施工方式针对SI体系住宅的特殊要求对支撑体混凝土结构的质量保证进行具体分析。

4.4.1 传统现浇住宅工程混凝土结构施工质量现状及问题分析

随着国民经济的快速发展，建筑市场的法规、法律近些年不断地完善，市场对建筑行业的需求也越来越大，为了适应发展，建筑相关单位对各种新技术、新工艺以及新装备的开发应用也愈发重要，这些应用不仅可以提高建筑的建造效率，同时也能大幅度提升建筑质量。然而在这些新的建筑模式、技术等带来一定发展优势的同时也带来了一些问题，例如施工现场违反质量管理规定的现象时有发生，质量管理混乱，施工人员素质偏低，缺乏质量管理意识，很难完成高端技术含量的工程等。目前国内住宅的平均寿命仅仅为30年，然而我国《民用建筑设计通则》GB 50352—2005规定重要高层建筑或其他建筑的主体混凝土结构的寿命应该达到100年，普通建筑主体结构寿命需达到50～100年，通则的要求和我国建筑主体结构耐久性的实际情况差别很大。我国20世纪八九十年代修建的建筑现在很大一部分都在进行拆除重建。其中一部分原因是施工质量管理水平落后，另一部分原因是建筑物内部布局无法满足需求。这些现浇住宅的质量和精度远远未达到SI体系住宅支撑体混凝土结构的要求。要达到百年住宅的质量和精度要求，技术已不再是不可攻破的难关，现浇住宅只要完全按设计规范和施工规范去做就可以达到质量要求的标准，目前最大的障碍是如何去组织管理整个施工过程来确保技术规范的实施和制度的落实。

4.4.2 传统现浇住宅工程混凝土结构施工问题分析

1. 施工单位的主要问题

（1）很多施工单位为了取得施工项目的施工资格，故意隐瞒单位等级资质，或伪造假的资质证明、采取资质挂靠等方式来承包建筑工程项目，这些都为项目建造过程中的质量问题埋下了隐患。

（2）为了在招投标过程中中标，很多施工单位不惜压低标价、串标、甚至行贿，在后期建造过程中为了挽回成本损失而降低工程质量。

（3）一些施工单位为了最大化利润采取了压缩成本的方法，例如为了减低材料成本、减少材料用量、以次充好；为了降低人工成本，有些施工单位随意跨越工序、压缩工期，这些情况都导致了项目后期的各种质量问题。

（4）通过提供虚假资料、报告、证明等文档，在项目的检验阶段以达到掩盖存在的质量问题。

（5）在劳动力数量不充足的情况下，不按程序规定，随意招收劳务工人。

2. 设计单位行为不规范的现象

在工程实践中有较多工程质量问题的出现是因为设计工作的不规范造成的。当前，许多企业为节约成本、节省时间在承揽项目成功后不用相应资质好、技术过硬的设计单位进行设计，而是自行随意进行设计，虽然能审核通过、资质也不存在问题，但许多工作更多地是一味参照类似的项目照搬照抄，一方面导致了优势的资源得不到有效的利用，另一方面影响工程的质量。

3. 项目建设的单位存在的主要问题

工程实践中，建设单位尤其是公有制企业的制约较多，使得建设单位的自主控制力下降，比如工程资金的使用、建设标准以及施工单位，都要受制于上级单位，应有的权力得不到有效的保障，因此应承担义务的执行力会大打折扣。此外，部分建设单位对发包方和承包方的关系不明确，缺乏统筹决策的意识与能力，追求片面利益，不理性地要求低成本高标准，影响工程实施效率，也损害了工程的质量。

4. 工程质量监督方面存在的突出问题

现阶段我国各省市一般将建筑工程项目的质量监督工作委托给当地的质监分站，但仍旧存在诸多问题。

（1）由于我国经济的迅速发展，市场对建筑行业的需求也日益增大，对建筑数量以及工业化的需求也大大增加。诸多的项目导致工作量的增加，仅仅依靠质量监督部门的工作是完全不够的。

（2）值得提出来的是，部分监督人员存在责任心不够、工作能力不强以及其他道德风险。

（3）此外，质监站特别是分支机构，为了谋取私利，将正常的无偿服务的检查工作变成谋取利益的工具，利用职权私自增加监督项目、提高收费标准，极大地影响了工作成效及公正性。

5. 劳务人员素质急需提高

当前工程现场的劳务人员素质普遍不高，大部分没有经过培训、考核就直接从别的岗位涌入劳务市场，再进入工程施工现场，很多务工人员是因为没有其他专业技能才被迫进入工程领域，可见工程领域的劳务人员技能的欠缺，因此部分高质量、高水平的工程项目施工很难完成或达标。除了技能欠缺，同时还存在组织松散、精品意识差、施工技术程度低、学习新技术、新工艺意愿低、按照规范和标准进行施工作业不够严格以及变相降低质量要求等问题。因此，通过培训提升劳务人员的意识与技能是当务之急，通过保障人员素质方面才能保证工程质量。同时，当前的建筑市场仍然是一个不完善的市场，无法做到管理层面的有序、良性循环，例如当前普遍存在的“挂靠”现象，由拥有资质的企业中标工程，再层层分包，最后实施项目则变成了施工队伍来施工，利润空间少、队伍良莠不齐容易导致偷工减料，降低工程标准。另外这种“挂靠”大部分是纯外包，总承包方不派技术人员和监理人员到现场进行指导，较容易出现混乱状态，长此以往容易导致工程市场的无序和混乱。因此不断完善管理，提高劳务人员的意识和技能，是保证建筑质量的首要任务。

4.4.3 提高现浇混凝土结构质量的质量保证措施

精细化管理是在摒弃粗放式经营方式，吸取传统管理理论的基础上，从管理的宏观层面到微观层面纵横交错地实施精细化，以组织发展战略为导向，以运营管理为基础，已执行落地为目的的管理提升体系，是通过实战管理的系统化和细化，使组织管理和职能模块间精准匹配和高效运行，最终完成组织的发展目标。

1. 实施精细化管理的重要意义

在国外发达国家，精细程度是住宅本身的固有属性，满足住宅标准的产品即是高精度产品，因此不单独强调精细化的概念。住宅产品精细程度在政策、规范、产业等各个环节都领先于国内水平。以高度产业化发展为前提，强调住宅整体，性能的优化。国家规范相对完善、标准高，可以参考和借鉴的住宅设计成果比较多。可以说，发达国家没有刻意单独强调住宅精细化的市场才是正常的市场。

我国住宅产品精细化是相对于住宅产品品质粗糙现状而言的，是开发企业和设计企业不得不面对的问题。因此，把我国住宅产品在精细程度方面的补课工作、追赶国外精度水准的过程叫做精细化。

住宅产品精细化问题是在当前特殊时期、特殊阶段、特殊国情下提出的。过去十年，我国住宅产品品质一直在提升，精细程度有所提高，但与国外高精度住宅相比有较大差距。在过去的几十年，住宅的精度主要由企业主导，而企业对精细化管理的投入完全由企业决定，为节约成本，其发展必然让位于非精细化生产，主要原因在于政府对住宅高精度标准政策一定程度上的缺失、对高精度住宅激励不足、研发资金不足。我国在住宅精细化方面还有较长的路要走，尤其需要政府部门的政策和资金支持。

成本的提高并不是阻碍企业发展精细化生产不可克服的因素，对企业来说，发展精细化管理的最大制约在于管理水平的制约。对于精细化生产来说，技术问题是容易解决的，各环节的资源整合是难点，也是决定其是否为真正意义上的精细化生产最重要的一点，因此企业对设计、施工、成本等管理水平的提升是开展精细化生产的首要任务，而管理人才与管理方法又是其核心问题。

管理水平的提升是施工生产水平的一个重要体现，随着项目复杂程度的不断提升，项目对管理水平的要求也越来越高，实施精细化的生产、施工管理已成为一种趋势。精细化生产、施工管理的优势在于精细化控制整个过程，而且可以针对过程中不同的情况采取相应的控制措施，提高管理效度，能细化分解质量管理的目标和内容，从而针对影响施工及产品质量的因素进行识别、分析以及制定相应控制措施。

2. 针对住宅质量的精细化管理的具体措施

（1）提升项目施工前期管理精细化水平

质量精细化管理是指全寿命周期的精细化管理，如图4-17所示，除了在项目施工过程应用，在施工前期阶段也应该有部分体现。即在项目施工方案、项目施工组织设计等工作时，可以引入精细化管理方式对其进行优化，除此之外还能对质量管理中的部分管理内容进行把控与优化，以一

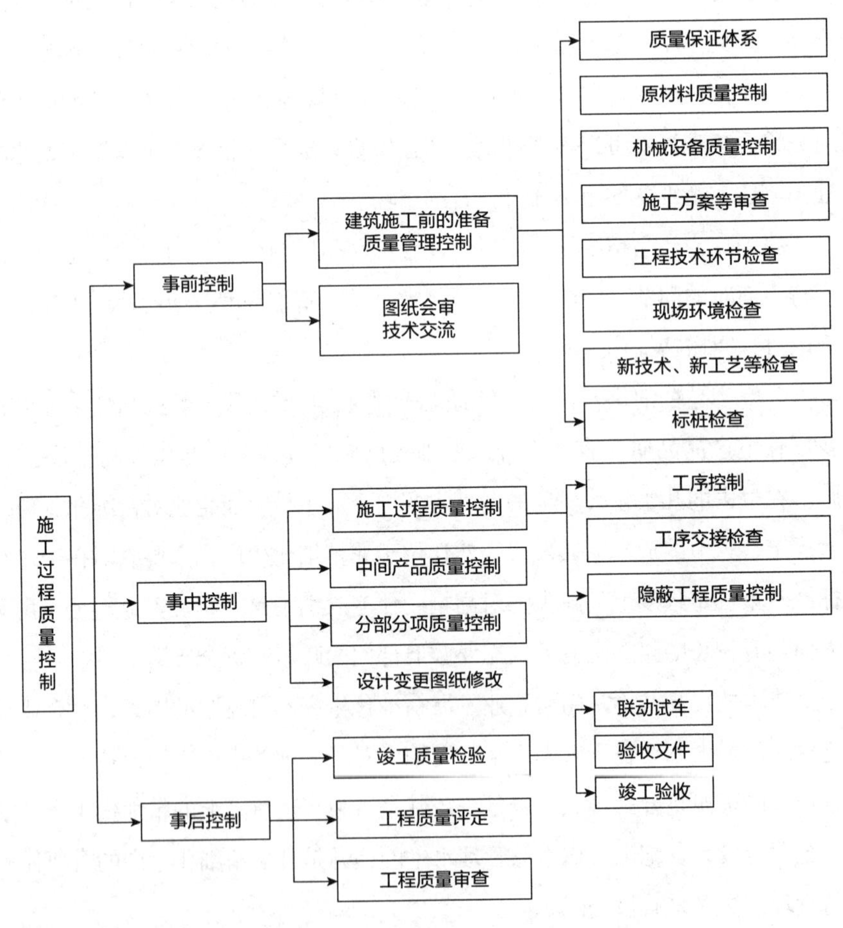

图4-17
建筑工程施工过程中的质量控制

个工程项目的分包为例，质量保证协议的签订是一项重要工作，协议的有效性是其中很重要的一方面，精细化管理可以对协议中的质量保证条款进行分析，确保各项质量保证条款能在后续工作中落实，充分实现相应的约束作用，另外，设计部门在工程设计时充分考虑到SI体系住宅支撑体混凝土结构要求的特殊性，在保证百年住宅质量设计的前提下，针对内部填充体和外部支撑体衔接需要达到的精度要求更精细化地确定结构尺寸以满足精度要求。

（2）提高施工质量精细化管理

施工过程中的精细化管理主要应在以下几方面加强把控：

①加强施工各环节有关人员的甄选、激励与培训等精细化管理，即对合适的工作环节选择适当的人员，并有针对性地进行激励与培训，以保证人员发挥其最大价值，从而保障工程质量的精细化；

②对施工有关材料进行严格的、贯穿始终的精细化控制，包括材料采购的数量、质量以及材料的存储、使用时期、使用方式等，保证材料质量及使用的有效性，从而规避因材料质量或使用导致的质量问题；

③针对机械设备的租赁、调配以及使用采取精细化管理，实现机械设备进场与出场的及时管理（JUST IN TIME）以确保工程质量；

④监理需要审核项目进度目标并专项策划，同时确定质量管理责任架构，审核总体计划、月/季度计划、三月计划，发生偏差时给出纠偏方式。

（3）加强项目工程竣工验收阶段的质量精细化管理

项目竣工验收阶段的质量精细化管理的工作内容主要包括监督部门对住宅房屋结构体的质量进行监督检查，同时检查验收施工单位所有上报完成的项目的质量，进行现场拍照留存归档影像资料。另外，对工程项目存在的质量缺陷进行检查，检查核实后进行反馈，参加图纸审查，最后对项目质量中存在的一些问题提出解决措施，完善项目质量。例如万科住宅质量验收的精度标准及测量方法（表4–2）。

3. 具体案例分析

某建设单位的开发项目中，以精细化方式进行管理，项目总公寓套数为575套，占地面积共计六千多平方米，项目内包括了服务中心、康复中心及养生休闲区等各类娱乐设施。

自2013年7月以来，该建设单位对项目进行施工建造精细化管理。同时还选了未进行精细化管理的类似住宅建造进行对比。其中一栋以精细化管理方式作为全寿命周期的理念贯穿，另一栋采取传统的施工精细化方式。经过观察发现，仅少数用精细化方式管理的施工过程受国内环境和条件影响无法落实，其余很大一部分项目管理方式在调整后有推广性，可以复制。

万科住宅主体结构质量验收的精度标准及测量方法　　表4-2

<table>
<tr><th></th><th>验收大类</th><th>验收项目</th><th>验收子项</th><th>标准、精度要求</th><th>测量点</th><th>测量方法</th><th>测量时间</th></tr>
<tr><td rowspan="7">主体结构</td><td rowspan="3">房间净空尺寸</td><td>（1）长</td><td rowspan="3"></td><td>误差小于等于10mm</td><td rowspan="3">大房间测6个点，小房间测4～5个点，厨房、卫生间测2个点</td><td>水准仪或拉线、钢尺检查</td><td rowspan="3"></td></tr>
<tr><td>（2）宽</td><td>误差小于等于10mm</td><td>水准仪或拉线、钢尺检查</td></tr>
<tr><td>（3）净高</td><td>高与低点误差小于等于15mm</td><td>水准仪或拉线、钢尺检查</td></tr>
<tr><td rowspan="4">现浇结构</td><td rowspan="3">（4）楼板</td><td>平整度</td><td>允许偏差小于8mm（不做找平层，结构楼板平整度要求）/允许偏差小于4mm(毛坯房)</td><td rowspan="3">每个面检查2～3个点</td><td>用2m靠尺、线锤检查</td><td>拆模后</td></tr>
<tr><td>观感质量</td><td>地坪表面平整，无浮浆，无结构裂缝，表面无麻面，蜂窝、接茬不明显，不起砂。</td><td>目测</td><td>拆模后</td></tr>
<tr><td>厚度</td><td>符合设计要求</td><td>尺量检查</td><td>拆模后</td></tr>
<tr><td>（5）阳台和室内高差</td><td>高差</td><td>符合设计要求(通常4cm)</td><td>每个面检查2～4个点</td><td>尺量检查</td><td>拆模后</td></tr>
</table>

精细化管理楼栋质量分析对比　　表4-3

序号	分项工程	A楼（普通管理）		B楼（精细化管理）		提升比例
		次数	一次性通过率	次数	一次性通过率	
1	梁板钢筋验收	6	33.33%	6	66.67%	33.3%
2	竖向构件钢筋验收	5	40.00%	5	80.00%	40.00%
3	浇筑前模板验收	5	80.00%	5	80.00%	0
4	每层砌体结构验收	5	40.00%	5	100.00%	60.00%
5	防水涂膜隐蔽验收	5	0	5	60.00%	60.00%
6	吊顶封板前验收	30	60.00%	30	90.00%	30.00%
7	精装修户内观感验收	90	67.78%	90	81.11%	13.33%

经过分析对比，采用精细化施工管理的住宅在管理成效上全方位胜过传统施工管理方式的楼房。下面从质量方面进行分析对比采用精细化管理方式带来的效益。

质量分析如表4-3所示：由于该项目目前还未交付，无法具体统计出投诉率和维修率，因此参考已完工的分项工程的验收一次性通过率来对比分析项目质量。

该项目团队在项目质量精细化管理的过程中的质量意识远远高于参照项目的团队，尤其是通过项目建造初期阶段的几次整改后，质量水平提升近30%。这是由于该项目组采用了监理巡检表及质量追溯表对员工及工程质量进行量化监督的结果。

4.5 SI体系住宅支撑结构的现场工业化施工方式

SI体系住宅作为一种工业化产品，要求主体工业化生产，国外SI体系住宅一般采用装配式施工，我国目前大力推广建筑工业化，但是不少人对建筑工业化误解较深，人们普遍认为预制装配施工方式是实现建筑工业化的唯一途径、普及绿色建筑的唯一捷径；却无视了当今机械化现浇混凝土的先进适用性，现浇混凝土被看作是传统的甚至是落后的施工方式，这种看法是不符合实际、十分片面的。

从上一节的分析可以知道采用现浇方式更适合我国目前SI体系住宅的发展状况，但是我们也必须承认传统现浇方式确实在施工中表现出很多问题：技术水平不高，表现为生产的流动性大，工作环境差，现场手工操作多、湿作业多、工人劳动强度大，生产效率低，管理粗放、没有规模效益、对环境影响较大，体现为高度的分散生产和分散经营，导致生产周期长、技术落后、劳动生产率低、质量不容易得到保证，成本高，损失浪费严重，易发生质量安全等事故。但是这并不是混凝土现浇这种生产方式本身的问题，而是我们采用的施工技术、施工人员、材料、机械设备、环境影响、管理方法等方面的问题。换句话说，如果在技术、人员、设备、材料、环境、管理等方法进行有效的改进提升，是可以在保留这种施工方式的前提下将混凝土现浇做得比现在好的。而装配式施工方式也是集利弊于一身，预制化率高，现场工作量减少，这是利；但增加了构件连接的工作量和可靠性要求，增加了建造成本，这是弊。由于混凝土从液态向固态转化是不可逆的，因此混凝土构件与构件之间不可能连接成一体，主要靠钢筋的套筒灌浆连接和浆锚搭接，对材料、机具和专业操作人员的要求较高，万一质量出问题，就是安全隐患。因此，盲目追求预制率或装配化率，构件的连接处理就会增多，混凝土结构的整体性和安全性就会下降。

从过去我国建筑工业化的发展道路来看，目前我们必须打破“只有混凝土预制装配才是建筑工业化”的理论误区，解放思想，重新认识建筑工业化的内涵：大工业生产的特征，首先是使用机器代替手工工具操作，工业化的核心应该是机械化，发展工业化建筑必须以多快好省的实际效果作为检验的标准，在相当长的时间内，还要采取预制和现浇相结合、干法作业和必要的湿法作业相结合、新材料和传统材料相结合、工厂生产和现场预制相结合等一系列两条腿走路的方针。认识到：建筑产品与工业产品不同，其体型庞大、工序繁多，产品本身是固定的，施工人员和机具设备是流动的，而工业产品则是在工厂的生产线上流动的，操作人员和机具设备是固定的，因此，应该把施工现场看成建筑产品生产的“工厂”。

4.5.1 碧桂园SSGF现场工业化建造体系

根据碧桂园人的陈述：最新的SSGF新建造技术成套工法，通过铝模及结构拉缝技术，实现全混凝土现浇外墙体系，主体结构一次浇筑成型，让建造房屋也像3D打印一样，免除外墙二次结构和内外抹灰，实现结构自防水，减少外墙、窗边渗漏等质量隐患。内墙大量使用预制间隔板，让砌砖、抹灰工序成为历史；厨卫间隔墙专门使用的陶瓷墙板，质量只有水的三分之二重，却有着出色的防水和隔热功能；施工现场各种标识清晰，扫描二维码还能够了解建材情况，实现“产品溯源”。通过穿插施工，提前进行装修施工，加速进度和交房时间（图4–18、图4–19）。

通过以上说明可以解析：SSGF是以主体结构混凝土现浇为基础的工法，内部局部采用预制构件，并且采用一系列技术，首先现浇外墙保证结构安全，然后保持施工质量，在非结构体系部位采用一些工业化的产品，提高效率。采用这些措施同样可以实现保证质量安全、提高效率和节能环保的目标，而且成本也没有增加。碧桂园的SSGF新建造工法体系是传统现浇技术基础上的改进，但明显要优于传统现浇技术。

图4–18
碧桂园茶山SSGF项目

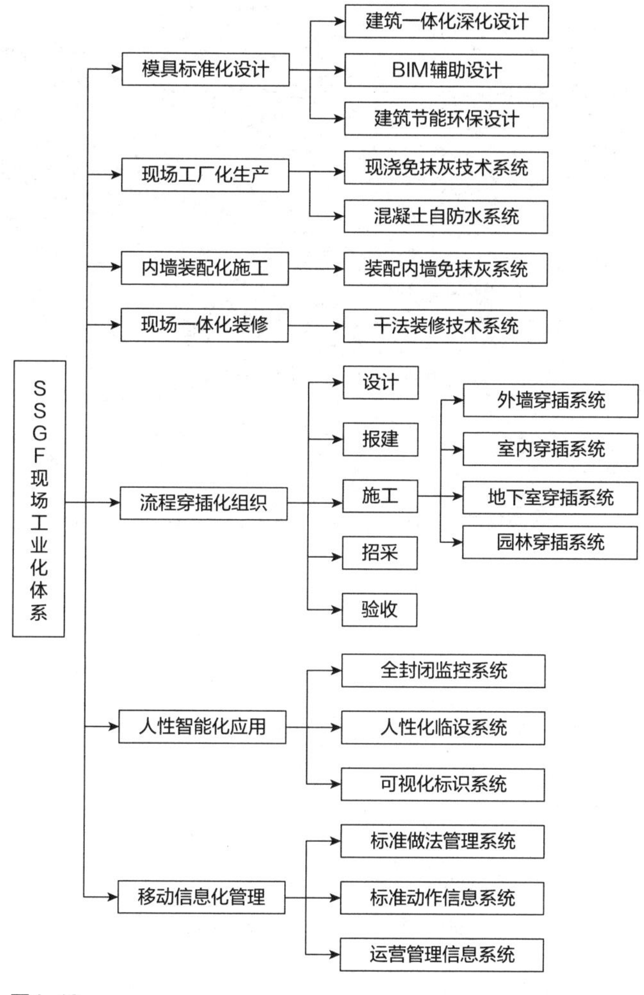

图4–19
SSGF现场工业化体系

4.5.2 “空中造楼机”

“空中造楼机”是一种可以把高层或超高层建筑直接浇筑出来的大型机械装置，相当于把预制工厂搬到了施工现场（图4–20）。空中造楼采用智能手段控制，使全部楼面房间的标准化模板，在浇筑20小时后平行脱模，整体提升，在45分钟内升高一层楼。接着就是利用叠合板的原理，现场浇注楼板，全部工期（包括装修在内）7天就能完成，无需支模拆模，无需找平粉刷。

空中造楼机，可理解为一座现代化工业生产方式的移动造楼工厂。装配标准化率大于95%，可实现在不同工地与建筑间的转移、安装、拆卸。研究测算与示范建造表明，与传统的建造方式相比较，移动造楼工厂现浇技术无需反复支模及拆模、无需人工绑扎钢筋、

图4-20
空中造楼机

无需找平粉刷，可以减少约90%的现场用工。空中造楼机循环使用三次以上，建安成本可以实现与传统工法基本持平。

“空中造楼机”工业化现浇体系，可以实现现浇钢筋混凝土剪力墙结构体系的工业化建造，质量可以达到国家现行钢筋混凝土施工验收规范的要求。现浇结构抗震性能好、性价比高，能适应高层和超高层住宅市场需求，也符合绿色施工要求。其实“空中造楼机”的基本理念就是用先进的机械化、自动化方式在工程现场完成混凝土的现浇施工。由于采用了大型机械化、自动化的生产方式使其人工用量大大减少，并实现工程“质量可控、成本可控、周期可控”和绿色环保的要求。

上述两种工法都是在保留现浇工艺的基础上，以安全、高效、绿色为目标，对现浇工艺进行的改进，改进后克服了传统现浇工艺的缺点，这两种施工方式均可称为“现浇工业化”。这个词说明工业化不仅有工厂预制+现场装配，在工程现场和对象上也可以进行工业化的生产。此外如大模板、铝模、爬模、钢筋工厂加工现场装配、预拌混凝土等，也都属于现场工业化的范畴。

其实，对传统现浇方式、装配式和现场工业化这三种施工方式进行分析后，我们很难对这三者在SI体系住宅中的适用性做出一个绝对的定论，各有利弊。建筑工业化的核心是机械化，基础是标准化。对于混凝土而言，不管是现浇、预制或预制、现浇相结合，都可以成为实现建筑产业化生产的途径，只是我们在使用这些施工方式进行SI体系住宅支撑体混凝土结构施工的过程中应该注意以下几点：

一要坚持模数协调原则，推进基本单元、基本间、户内专用功能部位（厨房、卫生间、楼梯间）的标准化设计，建立通用结构构件和功能性部品的标准体系。

二要坚持技术创新，采用隔震减震、高强混凝土、高强钢筋等新技术、新材料，研究开发先进适用的构件连接技术，保证商品混凝土和预制构件质量，提高混凝土建筑的结构安全与使用功能。

三要因地制宜、循序渐进，全面实现建筑的基础、结构、装修工程机械化施工和信息化管理。

因此，我们不能盲目推广采用装配式方式来建造SI体系住宅。选择预制还是现浇，或是预制和现浇相结合的施工方式，不能刻意强求，不要搞行政命令，也无先进落后之分，都应该从实际出发，根据工程条件和市场需要来确定。我国人多地少、建筑抗震要求高，对于量大面广的高层SI体系住宅支撑体的建造，还应坚持以机械化现浇混凝土为主，完善提高现场工业化水平，以确保支撑体混凝土结构的整体性和抗震安全性。

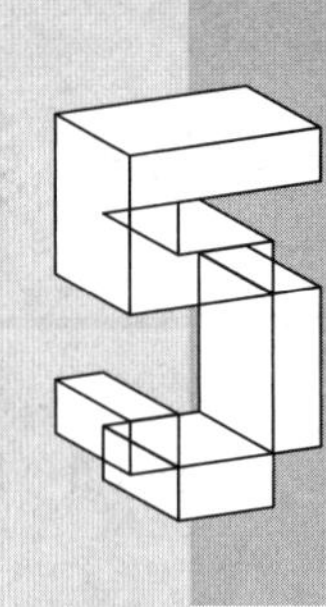

SI 体系住宅的填充体系

5.1 SI填充体系的内涵

5.1.1 SI填充体的体系结构

填充体I（Infill）是指住宅套内的外墙（非承重）、分户墙（非承重）、门窗等围护部品，内装部品里的集成化部品和模块化部品，设备及管线共三个部分，具有灵活性和适应性。

在SI体系中的填充体系中，围护部品主要包括非承重分户墙、非承重外墙、楼地面及外门窗。其中非承重外墙包括轻型外挂式围护系统、轻型内嵌式围护系统、幕墙系统等维护墙体结构。其展现了住宅的外观形象，会随着环境、时间以及审美而发生改变。其施工方法和工艺与传统建筑物非承重外围护结构施工并无明显不同。

内装部品主要包括架空地板、架空吊顶、轻质隔墙、户内门窗以及墙面处理（包含PVC墙、外墙内保温、架空墙体等）的集成部品和包含整体厨房、整体浴室和系统收纳的模块化部品两大体系。其设计和安装的合理与否对用户的居住体验好坏有着至关重要的影响。

设备与管线部分主要分为给水排水系统、暖通和空调系统、燃气设备系统、消防系统、电气照明系统、电梯系统、新能源系统、物业管理与服务、网络与布线、安全消防以及家庭智能终端等几大部分。从设备与管线这类填充体部品的属性来看，可以分为共用和自用两部分，自用部分可以由居住所有者自行处置和设计，属于其私有物品，共用部分的部品虽供居住者使用，但其属于相邻居住者共有财产，其设计决策权需与相邻居住者以及物业方共同协调。设备与管线部分与内装部品常合并被统称为SI体系内装工业化。

我国目前SI示范项目有雅世合金、绿地南翔等，在内装设计、生产、建造过程中基本实现了标准化和装配化，建立了项目的部品体系。而要真正实现SI，则需在设计上扩大室内空间，减少承重结构所占空间比重，形成规格化、大开间、施工便捷并兼具安全性和舒适性的建筑空间结构。

标准化是打造SI住宅填充体部品的前提和基础。填充体部品的标准化包括部品标准化、节点标准化以及模块化三个方面。在设计阶段采用标准的部品设计方案，需根据模数标准来规范部件及构配件，实现部品的标准化和系列化。节点的标准化需在设计阶段就完成详细的管线布置设计图，确保室内管线设备与室外管线设备的紧密连接，各功能端口根据室内的功能布局安装在节点表面上，减少对住宅结构的破坏，方便后期的维护与更新。模块式的产品标准化的设计理论体系除了考虑基本的模数协调与合理参数以外，还有尺寸配合与公差参数，连接构造方式与连接材料，构件、配件及设备等的规格，材料材质、型号、色彩等内容，使模块式的产品通用化、系列化、标准化、目录化，在设计、生产、安装、维修等阶段达到统一的标准，满足功能、质量、效益、美观等要求。

5.1.2 SI填充体系的优势

SI填充体的设计出发点是使其具有一定的灵活性和适应性，在建筑的全生命周期内实现建筑利用价值的最大化，延长建筑使用寿命。相比于支撑体长达几十年甚至上百年的使用寿命，填充体会在支撑体生命周期内进行4～5次的更换，所以能够更为直接地应对使用者的个性化需求。因此，填充体的使命就是可以实现快速便捷的更换，避免因填充体的变化而对支撑体的耐久性产生不良影响。在SI住宅体系中，大量的干法施工技法和各种集成技术的应用，不仅是出于对部品体系工业化生产的考虑，更是实现这种可变性策略的技术手段。

所以在可持续发展的视角上，首先要从用户需求出发，关注用户的使用性和舒适性。其次要兼顾建筑的形式与功能，使空间结构在满足需求的前提下，根据使用者的意愿进行更替，实现某种程度上的“私人订制”。此外，SI体系的填充体部品体系的生产通常采用大规模的工厂制作，减少现场湿作业。采用新型内装工业化的住宅建筑填充体技术解决方案，大体上看有以下五个方面优势：①保障质量，部品在工厂制作，且工地现场采用干式作业，可以最大限度地保证产品质量和性能；②提高劳动生产率，降低成本，节省大量人工和管理费用，缩短开发周期，综合效益明显；③节能环保，减少原材料的浪费，施工现场大部分为干法施工，噪声粉尘和建筑垃圾等污染大为减少；④便于维护，降低了后期的运营维护难度，为部品更新变化创造了可能，实现了住宅的可持续发展；⑤填充部品可实现工业化生产，采用通用部品，有效解决了施工生产的尺寸误差和模数接口问题。

5.2 SI住宅填充体系施工安装方法和流程

5.2.1 填充体部品的安装定位

5.2.1.1 安装定位方法

部品在空间网格的定位方法分为中心线定位法和界面定位法。如图5-1所示。中心线定位法是通过网格线定位两个以上部件或组合件位置的方法，即模数网格线位于部件中心线。中心线定位法有利于支撑体结构部件的预制、定位和安装，但是会导致支撑体结构非模数，影响内装部件与结构部件的组合、定位和安装。

界面定位法的模数网格线位于部件边界面，是通过界面网格限定部件或组合件空间区域的方法。界面定位法不便于支撑体结构部件的预制、定位和安装，但是它有利于内装部件与外部结构体部件的组合、定位和安装，能够提高部件或组合件安装和互换的灵活性，并且还可以使多个支撑体部件安装汇集在一条直线上，使空间界面平整，符合空间基本的模数要求。

中心线定位法与界面定位法叠加时，形成同一的模数网格，可以实现两者的统一，充分发挥各自的优势，使主体结构部件和内装结构部件同时满足基准面定位的要求，并符合模数尺寸要求，如图5-2所示。

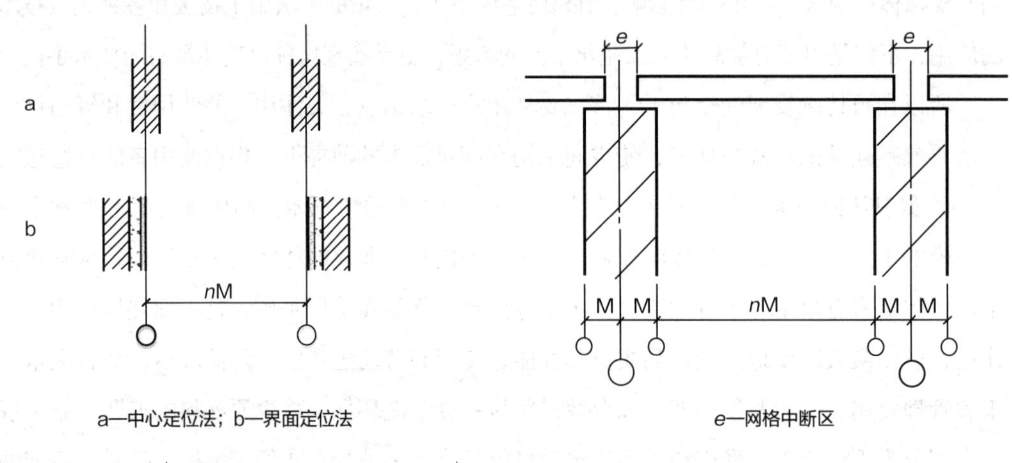

图5-1
主体结构定位法

图5-2
中心线定位和界面定位叠加

图片来源：
《建筑模数协调标准》GB/T50002-2013

5.2.1.2 填充体部品的定位

填充体的隔墙部件包括隔墙内的构造柱、面板材和龙骨等。隔墙部件应整体定位，通常采用中心定位法。但是，当隔墙一侧或双侧对于模数空间有较高要求时，则应使用界面定位法。填充体部件的基层板、面层板和面砖都属于板材部件（图5-3），具体的定位方法分为两种情况：当板材部件的厚度方向与其他的部件不结合或者对模数空间没有要求时，采用中心定位法；当一组板材部件汇集在一起进行安装时，则应使用界面定位法（图5-4）。根据《住宅建筑模数协调标准》GB/T50100-2001，整体卫生间这种多板状部件的安装，可采用中心线定位法或界面定位法。

5.2.1.3 填充体模数网格的设置

填充体的模数网格应当与支撑体的模数网格建立对应关系。在多层填充体部件叠加的

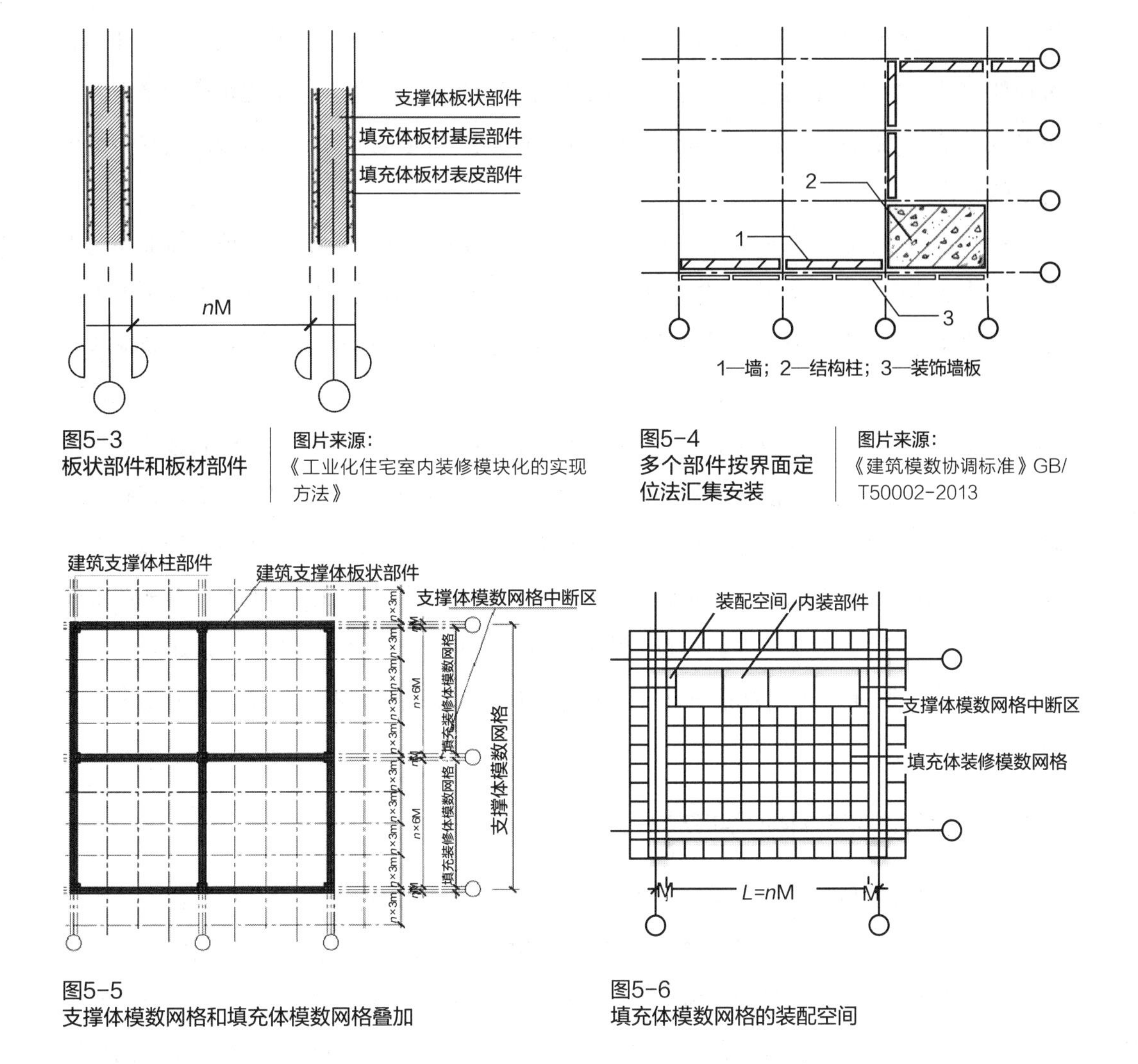

图5-3
板状部件和板材部件

图片来源：
《工业化住宅室内装修模块化的实现方法》

图5-4
多个部件按界面定位法汇集安装

图片来源：
《建筑模数协调标准》GB/T50002-2013

图5-5
支撑体模数网格和填充体模数网格叠加

图5-6
填充体模数网格的装配空间

情况下，住宅内空间的装修模数网格、支撑体模数网格和不同板材部件的模数网格应适当叠加（图5–5）。

填充体的模数网格应当设置在网格中断层或者装配空间上，如图5–6所示。网格中断层的尺寸可以是模数，也可以是非模数，设置填充体网格中断层，可便于板材部件或设备的模数定位。

5.2.2 填充部品的安装流程及连接方法

5.2.2.1 填充体部品施工工序

住宅建筑的主体结构浇筑完成后，将进行各种建筑部品的安装。安装顺序遵循三大基本原则：先内侧隔墙、后外围护；先墙体、后门窗；先公共空间、后各户内空间。部品通过预埋金属构件与主体结构相连接，部分部品需要通过局部湿作业来加强构件的稳定性。主要流程如下：公共空间隔墙的安装→分户墙的安装→外墙的安装→阳台板的安装→维护门窗的安装。

SI住宅填充体部品的现场施工安装的一大特点就是干法作业，目前，填充体部品的生产和安装都趋向内装工业化，或者说是内装工业化的逐渐普及和推广会占领填充体生产和施工的大部分市场。所以，本书重点从内装工业化的角度阐述填充体部品的详细施工工序。

内装工业化的实现从技术层面上，包括内装部品体系以及部品施工工法和施工质量管理两大方面。内装施工工法是进行施工工序的协调，控制施工质量，保证住宅符合施工验收标准。施工工序是根据具体项目的工程规模和特点进行分析，加强施工组织管理，缩短施工工期，减少工程投入。应当充分利用施工工作面，将内装项目按照专业类型和流水施工组织管理相结合，对施工工艺和施工流程进行科学的安排、合理的组织，采用先进的施工工法和技术措施，充分发挥人、材、机的功能。装配式内装基本施工工序如图5-7所示。

5.2.2.2 填充体与支撑体的连接方法

填充体与支撑体的连接，应当注意安装顺序和各部位的安装方法。住宅总体安装顺序是完成住宅内外墙体的装修工作之后再安装住宅内部空间，内部空间包括安装内隔墙、整体厨房、整体卫生间，铺设架空地板和户内管线。内部空间的安装顺序是先安装整体厨房和整体卫生间，再安装内隔墙体。各部位的安装方法应注意：整体厨房和整体卫生间使用内拼式安装方法，与地面的连接是通过部件下部的螺栓，完成与地面的连接之后再连接管线设备；内隔墙的固定安装不需要通过特殊的结构，原因是内隔墙采用升降脚结构，调节升降脚即可使内隔墙体与上下楼板通过挤压的方式固定，墙板之间通过凹槽进行连接，墙体要做好保温和密封工作；架空地板与支撑体框架的连接是通过四周的龙骨实现的，双层地脚螺栓能够加强地板与楼板的锚固，同时实现与基层板的连接。

5.2.3 SI住宅室内装修模块化

模块化是指为了取得最佳效益，从系统观点出发，研究产品的构成形式，用分解和组合的方式构建模块体系，并运用模块组合成产品或系统的过程。产品模块化研究起源于20世纪50年代末，早期是满足大规模生产需求的生产过程模块化，后期出现适应大规模定制

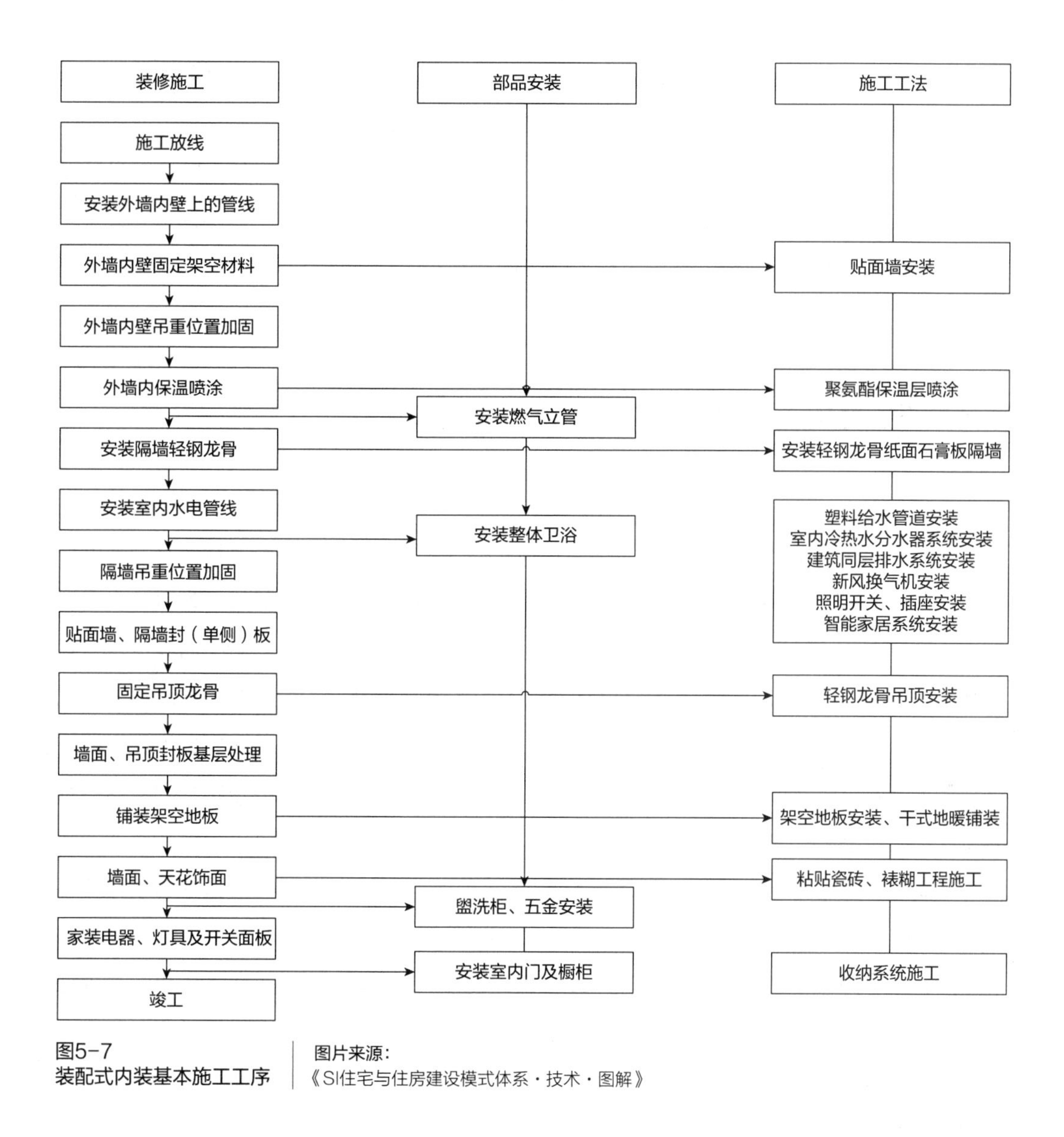

图5-7
装配式内装基本施工工序

图片来源：
《SI住宅与住房建设模式体系·技术·图解》

的产品，构件模块化。1965年，斯塔尔在哈佛商业评论上提出“模块化生产”的概念，并指出模块化是指设计、制造模块，使零件和部品能够以最好的方式组合。从过程来看，最初的模块化工作是由设计者确定模块的分解、组合方式和工艺流程，而模块的生产者和产品的拼装者无需创意构思，只要执行设计者的意图即可。产品模块化包括设计的模块化，生产的模块化和管理的模块化等内容。

SI住宅里的室内装修模块化是指为了取得住宅室内装饰（含陈设）及家居用品在设计、生产、施工、使用管理等全生命周期中的最佳效益，从系统观点出发，研究住宅内装的构成形式，用分解和组合的方式建立住宅内装模块系统，并和建筑结构支撑体系统、维护结构模块系统（外装模块系统）等物质构成要素共同构成SI住宅产品的模块化体系，以实现住宅产品全生命周期的低碳性。实现SI住宅内装模块化的基础条件是建筑模数协调应用。整体厨房和整体卫浴就是典型的模块化装修产品。

SI住宅室内装修模块化特性有如下几点：独立性、系统性、通用性与互换性、组合方式多样性，标准化与精密性。设计的模块化是前提，模块之间的组合与协调是关键，（工厂）生产和（现场）组装施工模块化是实施途径。

5.3 SI住宅填充体系围护部品

首先明确两个概念，外围护部品和围护部品。广义上的外围护部品是指所有的外围护部品，在日本SI住宅体系当中，住宅通常为框架结构体系，将外围护部品归为填充体，但在我国的住宅开发建设中多采用剪力墙结构，所以外围护部分应视具体情况而决定是否纳入填充体。本书中所讨论的围护部品是指户外的非承重围护部品，包括起围护作用的楼地面、外门窗、非承重外墙和分户墙。在国内的SI住宅示范项目中，为了获取更大空间的同时满足承重要求，在设计上多采取外墙为剪力墙结构，这样可以尽可能地减少内部的承重墙体，例如，上海威廉公馆11号楼外围护墙体采用的就是剪力墙结构。

考虑围护部品更换频率低于内填充体部品，围护结构与内填充体部品虽同为填充体部品，但其与主体结构的连接在满足抗震、防水、防火、保温、隔热和隔声等各项性能要求的同时，也应确保建筑物具备较高的耐久性能。外围护结构的保温宜采用易于更换的内保温体系。此外，考虑到建筑外表面的整体美观度和观赏度，起围护作用的非承重外墙在更换时应注意时间和空间的统一性，最大程度确保统一更换，尽量避免因为用户个人行为而影响建筑整体的形象。

5.3.1 预制混凝土外挂墙板

围护结构非承重外墙体在国内SI住宅应用的实例极少，幕墙这类围护结构的安装和维护与传统建筑的施工流程相差无几，所以在此不做过多介绍。而外挂式围护系统具体施工方法可参照装配式建筑预制混凝土外挂墙板做法。预制混凝土外挂墙板的适用范围包括工业建筑及民用建筑，其中民用建筑主要包含住宅和公共建筑，在大型公共建筑外墙使用的预制混凝土外挂墙板可充分展示独特的表现力，是国外广泛采用的外围护结构体系。

预制混凝土外挂墙板(Precast Concrete Facade Panel) 是由预制混凝土墙板、墙板与主体结构连接件或连接节点等组成，安装在主体结构上，起围护、装饰作用的非承重预制混凝土外挂墙板（图5-8）。外墙挂板按构件构造可分为钢筋混凝土外墙挂板、预应力混凝土外墙挂板两种形式；按与主体结构连接节点构造可分为点支承连接、线支承连接两种形式；按保温形式可分为无保温、外保温、夹心保温三种形式；按建筑外墙功能定位可分为围护墙板和装饰墙板。各类外墙挂板可根据工程需要与外装饰、保温、门窗结合形成一体化预制墙板系统。

预制混凝土外墙挂板可采用面砖饰面、石材饰面、彩色混凝土饰面、清水混凝土饰面、露骨料混凝土饰面及表面带装饰图案的混凝土饰面等，可使建筑外墙具有独特的表现力的同时减少了传统施工方法里的后期墙面加工，节约了成本并提高了施工效率。预制混凝土外墙挂板在工厂中采用工业化方式生产，具有施工速度快、质量好、维修费用低的优点，主要包括预制混凝土外墙挂板（建筑和结构）设计技术、预制混凝土外墙挂板加工制作技术和预制混凝土外墙挂板安装施工技术。

外挂墙板结构构件、保温材料和拉结件的设计使用年限宜与主体结构相同。外挂墙板接缝处防水、密封材料的设计使用年限可低于主体结构，并应在设计文件中明确规定设计

图5-8
预制混凝土外墙板及装饰性墙板

图片来源：
东都建材PC与GRC技术

使用年限和检查维修的要求。外挂墙板的施工图设计和预制构件制作详图设计的深度应满足建筑、结构和机电设备等各专业以及构件制作、运输、安装等各环节的综合要求。

混凝土、钢筋、预埋件的材料性能要求应符合国家现行标准《混凝土结构设计规范》GB 50010—2010、《钢结构设计规范》GB 50017—2014和《装配式混凝土结构技术规程》JGJ 1—2014等的有关规定。预制混凝土外挂墙板的混凝土强度等级不应低于C30，且宜采用轻骨料混凝土。当采用轻骨料混凝土时，混凝土强度等级不应低于LC30。当外挂墙板采用清水混凝土时，混凝土强度等级不宜低于C40。外挂墙板钢筋焊接网应符合现行行业标准《钢筋焊接网混凝土结构技术规程》JGJ 114—2014的规定。连接用焊接材料，螺栓和锚栓等紧固件的材料应符合国家现行标准《钢结构设计规范》GB 50017—2014、《钢结构焊接规范》GB 50661—2011和《钢筋焊接及验收规程》JGJ 18—2012等的规定。夹心外挂墙板中内外叶墙板间的拉结件宜采用纤维增强塑料（FRP）拉结件或不锈钢拉结件。

预制混凝土外挂墙板安装的具体操作和注意事项如下：

外挂墙板安装时，应保证每块墙板上的连接件只承受自身荷载。外挂墙板与吊具的分离应在校准定位及临时支撑安装完成后进行。连接节点处露明铁件应进行防腐处理。另外，外挂墙板与主体结构连接的预埋件，应在主体结构施工时按设计要求埋设。预埋件的施工应符合现行国家标准《混凝土结构工程施工质量验收规范》GB 50204—2015及设计要求。当预埋件位置偏差过大或未预先埋设预埋件时，应采取有效的补救措施。

外挂墙板接缝防水施工应符合下列规定：①防水施工前，应将板缝空腔清理干净；②应按设计要求填塞背衬材料；③密封材料嵌填应饱满、密实、均匀、顺直、表面平滑，其厚度应满足设计要求。预制外挂墙板安装的尺寸允许偏差及检验方法应符合表5-1的规定。

预制外挂墙板安装尺寸的允许偏差及检验方法应参照装修标准　　表5-1

项目			允许偏差（mm）	检验方法
构件中心线对轴线位置	预制外挂墙板		8	经纬仪及尺量
构件标高	预制外挂墙板底面或顶面		±5	水准仪或拉线、尺量
构件垂直度	预制外挂墙板	≤6m	5	经纬仪或吊线、尺量
		>6m	10	
墙板接缝	宽度		±5	尺量
	中心线位置			

具体实际详细操作和设计规范可参考中华人民共和国住房和城乡建设部发布的《预制混凝土外挂墙板工程技术规程》（征求意见稿）等相关标准和规范。

5.3.2 外墙干挂陶板

在国内SI住宅示范项目上海威廉公馆11号楼外围护墙体采用的是剪力墙结构，但其外围采用了外墙干挂陶板作为墙体的外装饰，其干法施工保证了其更换的便捷性，也属于一种围护填充体系部品。外墙干挂陶板由高温烧制而成，密度高、不易吸水、不易开裂，是一种具有高稳定性的建筑材料，不会因紫外线的长期照射而变色或褪色，能长时间保持建筑物的外观美丽和性能稳定（图5-9）。

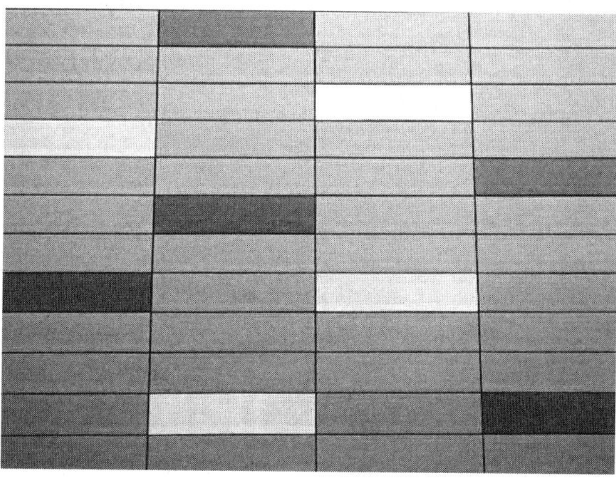

图5-9
外墙干挂陶板板材

5.3.3 户外合成地板

户外合成地板也是一种围护部品中楼地面处理的代表之一。户外合成地板采用人工木材制造，是由约55%的天然木材、约40%的再生清树脂以及约5%的复合材，作为原料生产而成的新型环保型人工木材（图5-10）。

户外合成地板的特征：

（1）加入了木粉，所以它具有天然木材的质感和柔和的触感，木粉主要是由木材切割过程中产生的木粉以及边材生产而成。

图5-10
户外合成地板

（2）由于加入了树脂，因此具有高耐久性，适合长期使用。树脂使用日本生产的再生清树脂，并且使用复合材及高耐候型颜料。

（3）地板支撑脚采用树脂螺栓，可快速调节到所需高度，方便施工，更换便捷。

5.4 SI住宅填充体系内装部品

SI填充体系内装部品总共分为两大部分，分别是集成式部品和模块式部品。如图5-11所示。

集成化部品的研发因素主要有部品模数制、部品标准化、接口通用化和部品认定保障制度等，只有促进住宅部品体系的建立，才能使部品集成

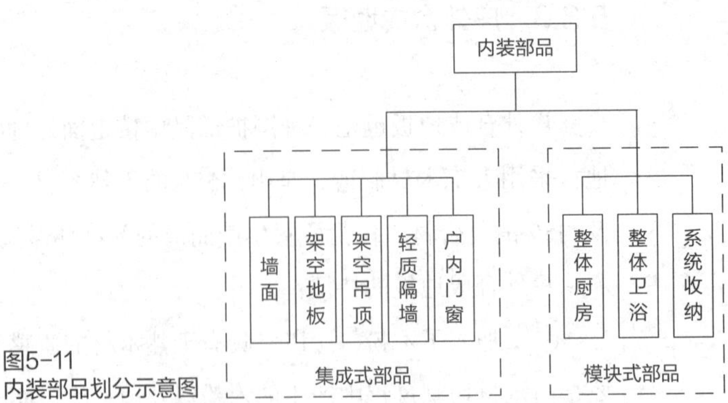

图5-11
内装部品划分示意图

的发展更加通用化和系列化。设计前期应考虑两方面因素：第一，将架空的墙面地面和吊顶系统继续进行技术梳理，明确各类系统的构造组成、技术优势、适用范围、经济指标、设计预留条件等。第二，通过寻找可国产化的，能实现SI理念的低成本部品，如低空间龙骨，通过优化设计的方法，如局部架空，以减少层高的增加，来实现内装管线与主体结构的分离，同时降低成本，增加市场的接受度。

5.4.1 轻质隔墙

5.4.1.1 轻钢龙骨隔墙

轻质隔墙是指由工厂生产的具有隔音或防潮等性能且满足空间和功能要求的装配式隔墙集成部品。轻质隔墙的品类有很多种，但从我国目前的国情出发，兼顾材质的加工工艺，轻钢龙骨更适合SI住宅户内的轻质隔墙的建造，如图5–12所示。

轻钢龙骨隔墙的建造工艺要重点注意龙骨间距要符合板材的模数，并要兼顾洞口的留置。门洞口的留置要兼顾门套的安装，需要与门的生产和安装厂家充分沟通。室内电位的预留既要满足水电设计规范，又要兼顾家具的摆放，尤其是橱柜，其柜体电位的预留需与家具厂家提前沟通。水电的管线布置不得使竖向主龙骨断开，在墙体内穿行需作固定处理。燃气入户后需走明线，走线处要在墙体上作加固。须在吊顶高度位置的墙体内作加固以保证墙体与吊顶龙骨的连接。墙体的设计还要兼顾一些家用电器、家具等日用品的规格尺寸，如冰箱、洗衣机、空调、整体浴室等。为了满足隔音的要求，墙体应与顶棚和地面之间上下贯通，卧室与其他房间则通过填塞岩棉增强隔音效果。

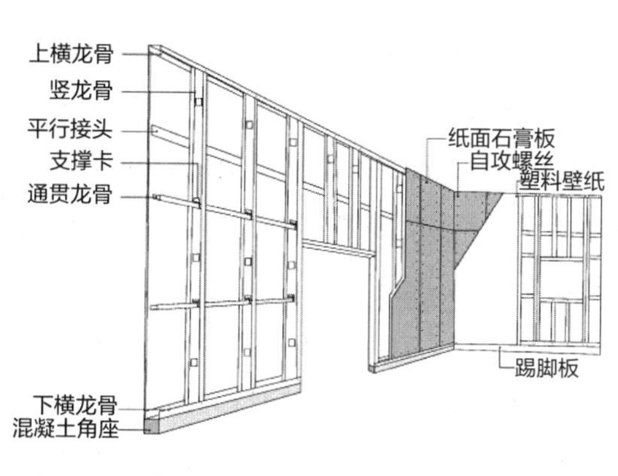

图5–12
轻钢龙骨隔墙

龙骨板材根据设计高度在厂家定制，减少现场裁剪。为了方便客户将来挂物方便，距地2m处设置120mm高的木工板挂物带。壁式空调、电视等应设计板材加固，以保证将来的挂物不破坏墙体。

轻质隔墙的特征：

（1）架空层内敷设管线设备，实现管线与主体结构的分离。

（2）桥面处设置检修口，方便设备管线检查和修理。

（3）轻质隔墙节约空间，自重轻，抗震性能好，布置灵活。

（4）易于控制，质量精准度高于干法施工，施工速度快。

5.4.1.2 蒸压轻质混凝土条板分户墙

在SI住宅中，非承重分户墙结构体需要具备良好的隔热性、隔音性、耐火性和耐久性能。ALC条板非常适合用来建造分户墙。ALC是蒸压轻质混凝土（Autoclaved Lightweight Concrete）的简称，是高性能蒸压加气混凝土的一种。ALC板是以粉煤灰（或硅砂）、水泥、石灰等为主原料，经过高压蒸汽养护而成的多气孔混凝土成型板材（内含经过处理的钢筋增强）。ALC板既可做墙体材料，又可做屋面板，是一种性能优越的新型建材。ALC板最早在欧洲出现，日本、欧洲等地区已有四十多年的生产、应用历史。目前国内厂家的生产技术和生产设备主要引自日本和德国。

其主要特点如下：

（1）ALC板容重轻，强度高，作为一种非承重维护结构材料完全能够满足在各种使用条件下对板材抗弯、抗裂及节点强度的要求，是一种轻质高强维护结构材料；

（2）保温隔热性：该材料不仅具有好的保温性能，也具有较佳的隔热性能。当采用合理的厚度时，不仅可以用于保温要求高的寒冷地区，也可用于隔热要求高的夏热冬暖地区或夏热冬冷地区，满足节能标准的要求；

（3）该材料是一种由大量均匀的、互不连通的微小气孔组成的多孔材料，具有很好的隔音性能，100mm厚的ALC板平均隔音量40.8dB，150mm厚ALC板的平均隔音量45.8dB；

（4）ALC板材是一种不燃的无机材料，具有很好的耐火性能，作为墙板耐火极限100mm厚板为3.23小时；150mm厚板＞4小时；50mm厚板保护钢梁耐火极限＞3小时；50mm厚板保护钢柱耐火极限＞4小时；都超过了一级耐火标准；

（5）ALC是一种无机硅酸盐材料，不老化，耐久性好，其使用年限可以和各类建筑物的使用寿命相匹配；并且该材料无放射性，无有害气体逸出，是一种绿色环保材料；

（6）ALC板材生产工业化、标准化，安装产业化，可锯、切、刨、钻，施工干作业，速度快；ALC板具有完善的应用配套体系，配有专用连接件、勾缝剂、修补粉、界面剂

图5-13
ALC板建筑实物图

等；施工简单造价低，采用本材料不用抹灰，降低造价20～25元/m²；可以直接刮腻子喷涂料；表面质量好、不开裂；采用本材料因为采用干法施工，所以板面不存在空鼓裂纹现象。

ALC板具有科学合理的节点设计和安装方法，它在保证节点强度的基础上确保墙体在平面外稳定性、安全性的同时，在平面内通过墙板具有的可转动性，使墙体在平面内具有适应较大水平位移的随动性。这样可以保证建筑物维护结构在大风或地震力作用下不会发生大的损坏，具有较强的抗震性能。另外ALC板还可以与岩棉等组成复合墙体，起到更好的保温隔音效果。ALC板已在众多国内外建筑工程中用作内外墙板、屋面板等使用（图5-13）。

5.4.2 墙面处理

墙面处理主要包括架空墙体、外墙内保温、集成墙饰等，虽然PVC墙纸也是墙面处理的一种，但其技术应用已经较为普遍，本书不做介绍。随着时间和技术的变革，还会出现其他新型墙面处理技术方法。

5.4.2.1 架空墙体

架空墙体是通过在外墙室内侧，采用树脂螺栓或轻钢龙骨等架空材料，调节螺栓高度或选择合适的轻钢龙骨对墙面厚度进行控制然后再外贴石膏板，由工厂生产的具有隔音防火或防潮等性能且满足空间和功能要求的墙体集成部品，实现管线与结构墙体的分离，架空空间用来安装、铺设电气管线、开关、插座（图5-14、图5-15）。树脂螺栓是墙面加工技术的重要物品，树脂制品导热系数较铁、铝等低，可选型号丰富，调整范围相对较大。

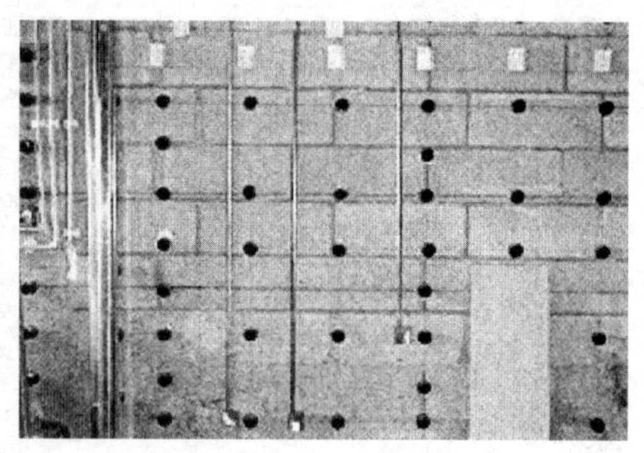

图5-14
墙体管线分离

图5-15
架空层内明配管敷设图

图片来源：
《SI住宅建造体系施工技术中日技术集成型住宅示范案例北京雅世合金》

架空墙体的特征：

（1）架空层内敷设管线设备，实现管线与主体结构的分离。

（2）设置墙体检修口，方便设备管线检查和修理。

（3）墙体架空层可内喷涂保温材料形成外墙内保温体系，室内易达到舒适温度。

（4）与普通墙面的水泥找平做法相比，石膏板材的裂痕率比较低，且粘贴墙壁更快捷。

架空墙体的安装（图5-16）：

（1）测量墙体的尺寸。

（2）标出墙体中心线等基准线。

（3）算出墙壁底材面板所需螺栓枚数及铺设位置。

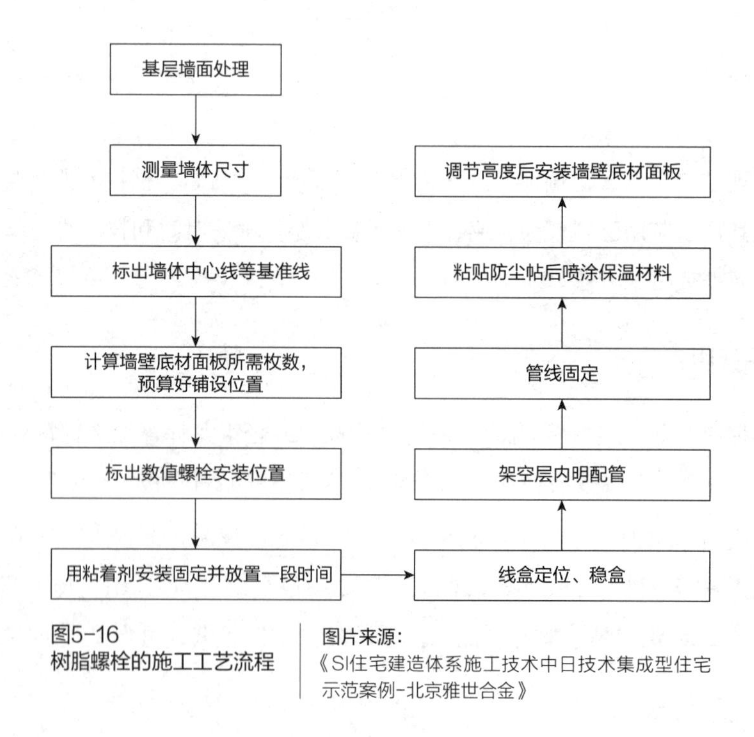

图5-16
树脂螺栓的施工工艺流程

图片来源：
《SI住宅建造体系施工技术中日技术集成型住宅示范案例-北京雅世合金》

（4）标出树脂螺栓的安装位置，螺栓用粘着剂安装固定，并放置一段时间。

（5）调节高度，安装墙壁底材板面。

5.4.2.2 外墙内保温

外墙内保温通常是和架空墙体相配合的。内保温系统能有效地提高保温材料的使用寿命，其中聚氨酯发泡保温材料是占用空间最小，保温性能最好的材料，整体性好，且兼具防水功能。在内衬墙的间隙填充现场整体发泡聚氨酯的做法在日本等国家也是最常见一种做法。此外，还需尽量消除热桥部位并应对热桥部位进行加强处理，对于外围护结构中热桥常出现的部位应加强保温措施。

发泡聚氨酯内保温特征：

（1）内保温有助于采暖设备在短时间内迅速提高室内温度，并有效节省能源。

（2）节能效率高，适合独立采暖间歇性运行的特点，还具备一定的防水性能。

（3）耐久性好且防火性能较好，安全性高。

工艺流程：施工准备→聚氨酯喷涂（图5-17）→刷防火涂层→验收（图5-18）。

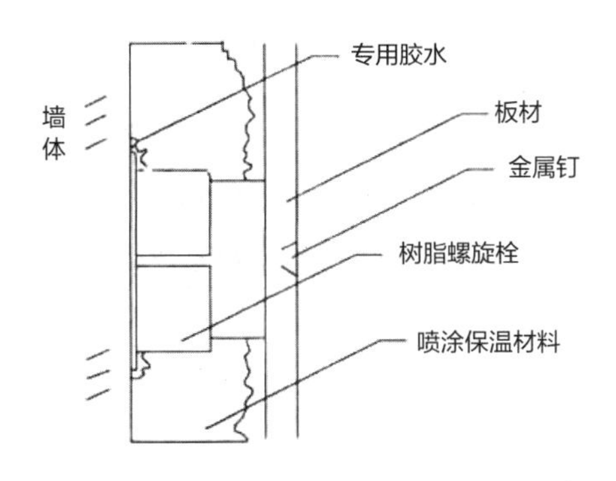

图5-17
聚氨酯喷涂示意图

图5-18
硬泡聚氨酯内保温图

图片来源：
《SI住宅建造体系施工技术——中日技术集成型住宅示范案例-北京雅世合金》

5.4.2.3 集成墙饰

内墙面装饰近几年发展迅速，由简单的墙砖刷白，发展到油漆涂料加装饰板，以及近些年较流行的墙纸。而集成墙面就是在涂料和壁纸装饰的基础上研发的具有环保、美观、施工速度快、耐久性好、更换简便的一种新型墙面处理材料。从产品属性来看，集成墙饰表面除了拥有墙纸、涂料所拥有的彩色图案，其最大特色就是立体感很强，拥有凹凸感的表面，是墙纸、涂料、瓷砖、油漆、石材等墙面装饰材料的升级型产品。因为可以随意拼接，自由组合，并且具有诸多健康环保的元素，从而取名为集成墙面。在SI住宅中，推荐

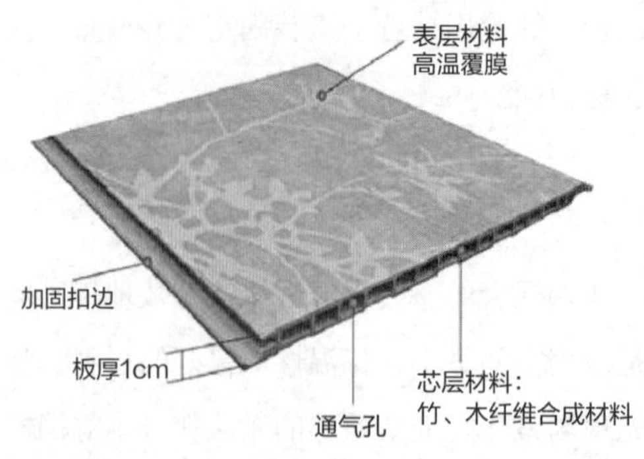

图5-19
竹木纤维集成墙饰

使用集成墙面装饰，干法施工，易于更换的建筑理念。

集成墙面是2009年针对家装污染以及装修工序繁琐等弊端提出的集成化全屋装修解决方案，发展至今分为两种材料：一种是采用铝锰合金、隔音发泡材料、铝箔三层压制而成；另一种是采取竹木纤维为主材，高温状态挤压成型而成。本书以竹木纤维集成墙饰为例来介绍。

竹木纤维集成墙饰的主材是竹木纤维（木屑、竹屑等生物质纤维），在高温状态下挤压成型，整个生产过程中不含任何胶水成分，完全避免了甲醛释放导致对人体的危害，具有绿色环保、保温隔热、降温降噪、防水防潮、易清洁不变形、安装便捷、使用寿命长、可二次循环利用等特点，也符合国家“节材代木”的政策导向。竹木纤维集成墙面凭借其特点，在欧美国家备受推崇，国内近几年发展也很快（图5-19）。

5.4.3 架空地板

通过在结构楼板上采用树脂或金属螺栓支撑脚，在支撑脚上再敷设衬板及地板面层，形成架空层，这是一种集成地面部品体系。架空地板可实现工厂化生产，施工快速，方便日后检修，但占用一定的空间高度（图5-20、图5-21）。

架空地板高度和支脚的高度需配套，且要考虑其下管线的高度。出现较大的集中荷载之处，需做局部加密螺栓支脚的处理。承压板之间须留不小于5mm的缝隙，该缝隙可方便安装后板高的调节，也可防止出现起鼓现象，还可防止因热胀冷缩而引起的承压板变形。若采用局部降板的手法，要充分考虑降板区域与非降板区域架空地板的衔接，同时应注意降板处隔

图5-20
架空地板图

图5-21
架空地板系统专用部品

墙与天花和地面的处理。

架空地板的特征：

（1）架空层内敷设管线设备，实现管线与主体结构的分离。

（2）架空地板有一定的弹性，可对容易跌倒的老人和孩子起到一定的缓冲作用。

（3）在安装分水器的地板处设置地面检修口，以方便管道检查和修理使用。

（4）在地板和墙面的交接处，留出3mm左右的缝隙，不仅能保证地板下空气的流动，还能达到预期的隔音效果。

5.4.4 轻钢龙骨吊顶体系

通过在结构楼板下采用吊挂具有保温隔热性能的装饰吊顶板，并在其架空层内敷设电气管线，安装照明设备等，这是一种集成化顶板部品体系。在满足管线敷设的基础上，尽可能地减少吊顶所占用的空间高度，以保证室内净高。吊顶设计，其高度不应低于门、窗上口，更不得影响门和窗的开启。同层排气、排烟的出口最低端要高于吊顶底不少于50mm，分体式空调室外机出户管道洞口顶距吊顶底间距不应少于300mm，结构预留时就应考虑周到。由于卫浴和厨房吊顶内可能有通风、排烟或给水管道穿行，该区域的吊顶可能与其他空间无法同高，可以采取不同高度的手法处理，但净高不得低于2200mm（图5-22）。

架空吊顶的特征：

（1）架空层内敷设管线设备，实现管线与主体结构的分离。

图5-22
轻钢龙骨吊顶

（2）在安装设备的顶板处设置地面检修口，以方便管道检查和修理使用。

（3）架空吊顶具有一定的隔音效果。

5.4.5 门窗

建筑节能中，降低门窗的能耗是其重点研究方向之一。目前市场上比较常见的有隔热铝合金门窗、塑钢门窗的性能较为优良，超过了传统的钢窗和普通铝合金窗。SI住宅里的门窗需要具备较为良好的更换特性以及良好的密闭性。门窗属于SI住宅中较为成熟的填充体体系部品中的系列之一。雅世合金公寓项目中采用的是玻璃纤维增强塑料窗（FRP），具有美观、环保节能、安装简便等特点。上海绿地新里波洛克公馆采用的手动铝合金外遮阳门窗系统，有效防止热辐射，提升节能效率（图5-23）。

图5-23
手动铝合金外遮阳门窗系统

图片来源：
绿地新里波洛克公馆

5.4.6 整体厨房

整体厨房空间包含操作空间、储存空间和设备空间三部分，以及给水排水、电气、燃气等设备管线。操作空间是厨房空间中最基本、最常使用的部分，由准备空间、清洗空间和烹饪空间三部分组成，其操作集中区域分别是操作台、洗涤池和灶台。储存空间是指用于摆放厨房用具的存储空间以及电冰箱等其他厨房家具；设备空间是指抽油烟机、电饭锅等电器设备和管道设备。

整体厨房的结构包括整体橱柜、厨房吊顶、墙面和地面，其中整体橱柜和厨房吊顶的设计最复杂、包含的内容最多，以整体橱柜为例进行模块化设计说明。整体橱柜涉及电器、家具、水、电、燃气、设备等专业，是将操作台、炉灶、水池、储藏柜等设备作为一个整体进行设计、组合。根据《住宅整体厨房》JG/T184-2006和《住宅厨房家具及设备模数》JG/T219-2007系列的规定，厨房的进深和开间通常采用3M位基本模数，家具通常采用1M位基本模数。模块化设计通过选择和组合不同功能的模块来构成不同的产品，在整体橱柜的模块化设计中，模块指的是柜体、柜件、柜门和抽屉等，在一定的尺寸系列内可以自由地进行选择和搭配（图5-24、图5-25）。

厨房空间集中了给水、排水、热水、排风等多种类的管线设备，设计中应当首先满足各系统自身安装及运行要求，同时结合用户需求以及人体工程学，合理布置各个管道及设备，并考虑后期检修和更新的便易性。从整体来说，整体厨房的标准化设计应当满足人、机和环境间的相互协调，各设备部品的尺寸应通过人体工学尺寸、心理机能和行为习惯等方面的科学研究，实现人性化、功能化和安全化。

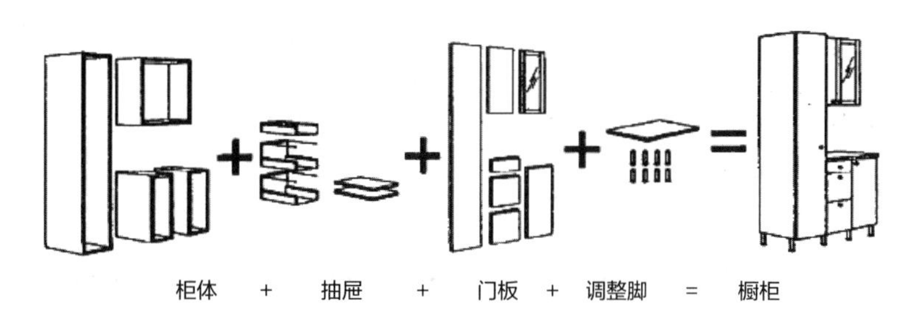

图5-24
整体橱柜模块化设计示意图

图5-25
整体厨房

整体厨房空间的平面布置优化设计主要是指“洗涤池—灶台—冰箱”三角形工作空间的合理空间安排，根据三角形工作空间的平面布置类型可分为单排形厨房、双排形厨房、L形厨房、U形厨房（图5-26）。不同的平面布置类型在造价、空间利用率、管道走线、人体活动流线距离等方面具有不同的特点，在设计阶段设计单位应综合考虑户型设计和业主需求等因素进行调整，从而实现整体厨房的舒适性、功能性、个性化。

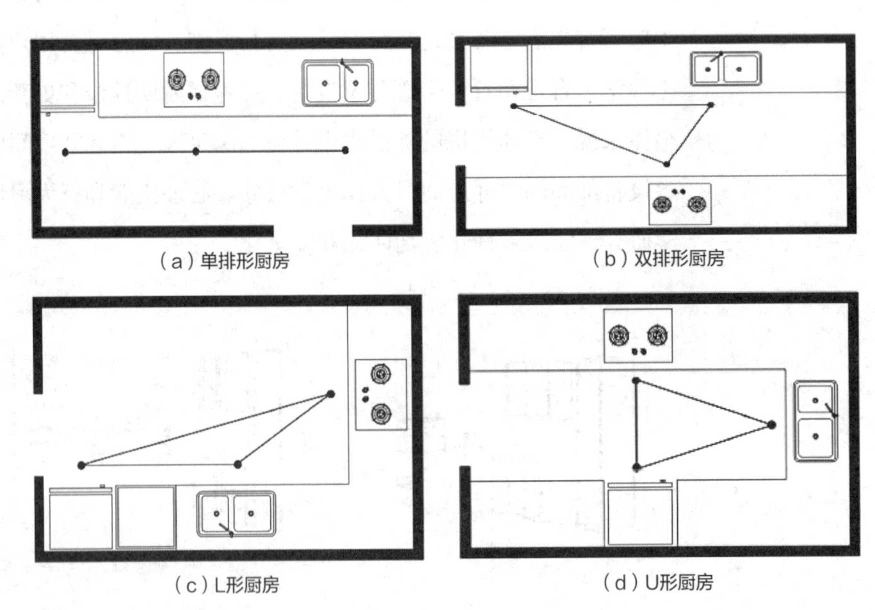

图5-26
厨房平面布置图

5.4.7 整体卫浴

根据《住宅卫生间功能及尺寸系列》GB/T 11977—2008中的定义，整体卫生间是用浴盆和防水盘（或组合）、洗面器和台板（或组合）、壁板和顶板构成的整体框架，与卫生洁具形成的独立卫生单元。整体卫生间包含洗浴部品、梳洗部品和便溺部品以及通风换气设备等，同时还涉及给水排水、电气线等综合管线的排布设计，并要与各洗具和围护结构合理搭配，达到整体防渗漏的性能（图5-27）。

整体卫生间尺寸规格的确定是依据卫生间内净尺寸，通常符合建筑模数M=100mm，常见尺寸以200mm为扩大模数递增，为了便于排水管道的安装，安装管道侧与建筑墙体之间的距离一般为200～400mm左右，其他位置为75mm左右。

卫生间是住宅中用水最多、管线最密集的区域，将卫生间内的设备管线作为一个模块进行统筹设计，能够有效改善传统卫生间容易出现的漏水、异味和卫生死角的问题。设备管线部件包括上下水、中水、排风及电气五类。各部件或组合件的尺寸大小应协调与住宅主体结构的尺寸关系，各部件之间也应满足模数协调标准，优化设计，尽量减少部件或组合件的种类和数量，明确部件或组合件的空间布置位置，提高卫生间空间的使用

图5-27
整体卫浴和卫浴间吊顶、排水口接口

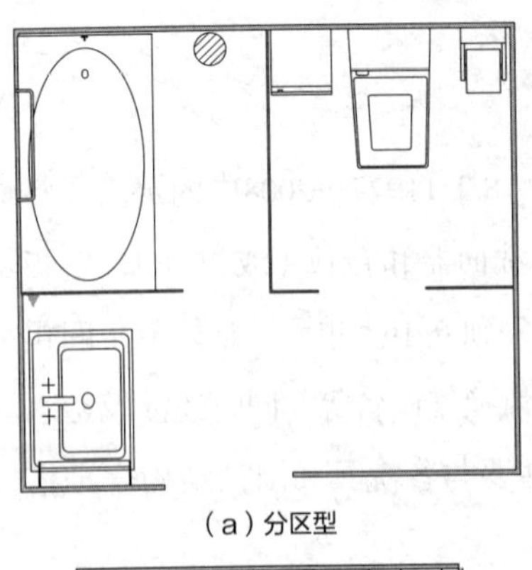

（a）分区型

（b）集中型

图5-28
卫生间布置型式

率，保证部件生产、安装环节的简单、高效。

整体卫生间的平面布置类型根据功能分区不同主要分为集中型和分区型两种，卫生间的设计应在最低限度的空间内满足所有功能需求并采用合理舒适的空间尺寸比例，通常来说，卫生间的进深应不小于2500mm，舒适尺度为3300mm，当进深达到2700mm时，卫生间空间可以进行分区设计，分区型卫生间的合适进深为3300mm。卫生间功能区域的平面布置类型可根据空间大小、客户对于各功能区域的需求进行设计，集中型适用于卫生间空间较小、布局紧凑的户型，分布型适用于对干湿分离要求较高，浴室、便溺、洗面空间独立布置，相互分设的住宅空间需求（图5–28）。

5.4.8　系统收纳

系统收纳是由工厂生产、现场装配的满足不同套内功能空间分类储藏要求的基本单元，也是模块化的部品配置，包括门扇、五金件和隔板等。系统收纳采用标准化设计和模块化部品尺寸，便于工业生产和现场装配，既能为居住者提供更为多样化的选择，也具有环保节能、质量好、品质高等优点。工厂化生产的整体收纳物品，通过整体集成、整体设计、整体安装，从而实现产品标准化、工业化的建造，可避免传统设计与施工误差造成的各种质量隐患，全面提升了产品的综合效益（图5–29）。

设计时应与部品厂家协调，满足土建净尺寸和预留设备及管线接口的安装位置要求，同时还要考虑这些模块化部品的后期运维问题。收纳空间合理布局，按照居住者的动线轨迹，设置收纳空间。玄关、客厅、餐厅、厨房、卫生间、卧室等都有相对应的收纳空间。最大限度地合理地设置收纳，提高空间的使用效率满足了住户的基本使用需要，力求做到就近收

图5-29
系统收纳

图片来源：
万科万花筒住宅产品

纳、分类储藏，最大化收纳空间。

系统收纳分为专属收纳空间和辅助收纳空间两种类型。对有条件设置独立收纳空间的套型设计专属的收纳空间。对于没有条件设置独立收纳空间的套型，设置辅助收纳空间。分析实践经验，可以看出辅助收纳面积适当增加，更有利于实现其他功能空间的整洁与舒适（图5-30、图5-31）。

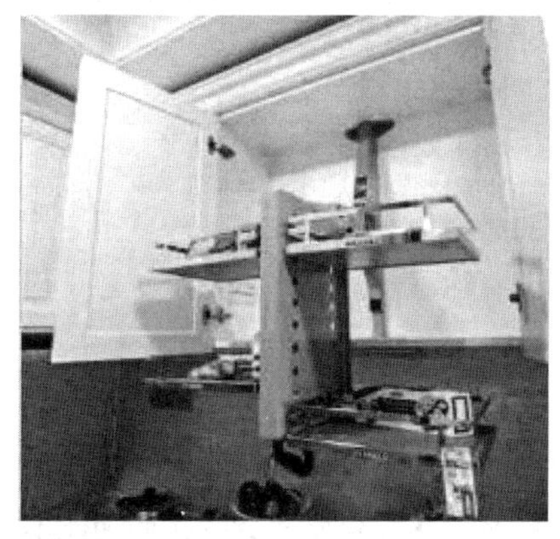
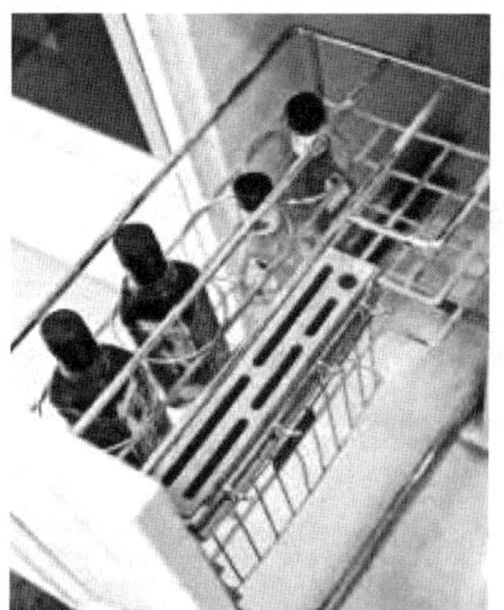

图5-30
厨房收纳

图5-31
洗手池上下方收纳

5.5 SI住宅填充体系设备及管线部品

SI住宅的设备与管线部品的设计应以建设可持续的住宅为基本原则，使设备与建筑达到平衡与融合。节能环保，延长建筑寿命，从而营造一个安全、便捷且舒适的居住环境。

5.5.1 给水排水系统

5.5.1.1 给水系统

通常意义来说给水系统包括供自来水、热水、消防栓给水、自动喷淋给水以及中水等不同系统。SI住宅采用的是分水器供水方式，按照功能不同，分别设置给水管以及通往不同功能空间的给水管等，如冷热水供水系统，通过分水器分别连接通往厨房、盥洗室、浴室以及卫生间的冷热水管。此外，有的还在卫生间单独设置中水管，作为平时冲厕用水。在住宅楼的供水设计中，普遍采用两套供水方式，水池加水泵加高位水箱系统和水池加变频泵系统，高层SI住宅宜采用两套系统所构成的复合分区给水方式。这样的安排既保证了正常的二次加压供水，又保证了在停电的情况下，可以利用高位水箱继续供水。

住宅应设置热水供应设施，包括浴室用热水和厨房用热水，以满足洗浴、洗漱、洗菜和洗碗等需求，由于热源状况和技术经济条件不同，可采用多种加热方式和热水供应系统，如住宅楼集中供热水系统，每户单独供热水系统（燃气热水器、电热水器、太阳能热水器）。在SI住宅中，应尽量采用每户单独供热水系统。

5.5.1.2 排水系统

SI住宅追求布局灵活，维修方便，因此户内不设排水立管，而是采用同层排水方式，将排水立管设置在公共管井内，同时连接各户排水分管。通过架空地板下的架空层或局部采用排水集合管降板的方式，实现同层排水。一般在门厅地板上都有检修口，便于维修更换，这样就避免了传统排水方式，由于排水立管穿过楼层，维修时影响上下楼住户情况。采用这种排水方式，一般排水横管保持在1/100的缓坡即可，同时可以在公共立管上伸出一个横向支管，作为清扫专用口，利用高压清洁方式，在公共空间即可清扫干净，而不用入户清扫（图5-32）。

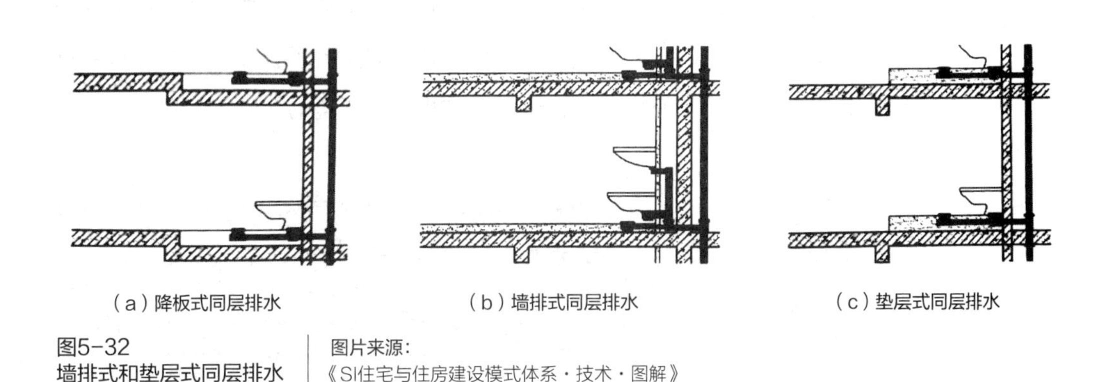

（a）降板式同层排水　（b）墙排式同层排水　（c）垫层式同层排水

图5-32
墙排式和垫层式同层排水

图片来源：
《SI住宅与住房建设模式体系·技术·图解》

5.5.1.3 中水系统

中水是指各种排水，经过适当的处理，达到规定的水质标准后回用的水，如盥洗、沐浴、洗衣、厨房等生活废水经过净化处理后被回收再利用，便将其纳入杂用水供水系统，作为冲厕、清扫消防、冷却或者是室外浇灌用。中水是沿用的，日本的叫法也叫再生水，人们通常将自来水称为上水，将污水废水称为下水，再生水水质介于上水和下水之间，故称为中水，虽不能饮用，但可以用于水质要求不高的场合。SI住宅倡导建筑绿色，减少不必要的浪费，中水的合理回收利用也符合SI住宅的初衷，是促进可持续发展的方式之一。

5.5.2 换气、空调和采暖系统

5.5.2.1 换气系统

SI住宅里的换气系统是指采用风扇等机械方式（包括热交换器型）进行有计划的送风、排气的通风换气系统（图5-33）。包括整体换气（室内）和局部换气（厨房和浴室）两种。随着住宅密闭性的提高，以及对室内有害气体的关注，住宅需要进行定期换气来保证室内空气质量。负压式换气就是通过换气设备强行排放室内空气，使室内形成负压，从而通过设置在墙壁上的带有过滤网的送气口吸入户外的新鲜空气，有效地去除沙尘，将干净的空气送到各个房间。厨房排气传统做法有两种，一种作法是排至竖向共同排烟道，另一种是直接排到室外。由于排至共同排烟道会经常发生回流和泄露的现象。在SI住宅厨房中，可以采用横向机械排烟换气设备，直接将油烟排至室外，同时进行换气，其优点是节省功能空间，可不受竖向烟道位置制约，自由布置空间格局，并具有防灾隔音作用，当然这种排烟换气方法需要在外排口设置避风及防止污染环境的构件。

图5-33
新风系统

5.5.2.2 空调系统

SI住宅的空调系统包括制冷采暖两种方式。按空调功能辐射范围可以分为集中式中央空调和分户式单元空调两种，在住宅中，更普遍应用的是第二种。以户为单位设置的独立空调系统，处理空气中的冷源空气加热加湿设备，风机和自动控制设备均装在一个箱体内，空调箱多为定型产品，包括燃气空调、空气源热泵空调、水源热力泵空调等。这个空调系统又称为机组系统，可直接安装在空调房间附近，就地对空气进行处理，可根据需要自由调节，同时不影响其他用户。SI住宅多采用这种分户单元式空调系统，每户有一个调节器，可以根据自己的情况调节合适的温度湿度，适度进行空气净化。

5.5.2.3 采暖系统

传统的湿式铺法地暖系统，管道损坏后无法更换，楼板荷载大，已成为困扰建筑地暖行业的一个难题。而干式地暖系统具有温度提升快、施工工期短、楼板负载小、易于日后维修和改造等优点。

干式地板采暖是区别于传统的混凝土埋入式地板采暖系统，目前常见的有两种模式，一种是预制轻薄型地板采暖面板，是由保温基板、塑料加热管、铝箔、龙骨和二次分集水器等组成的一体化薄板，板面厚度约为12mm，加热管外径为7mm。另一种是现场铺装模式，是在传统湿法地暖做法的基础上做出改良，无混凝土垫层施工工序，全程为干式作业。干式地板采暖具备地板辐射采暖的人体舒适度、节省室内空间等优势的同时，又有效解决了湿式地暖不易维修、渗漏不好控制等问题，保证了全干式内装的实现（图5-34、图5-35、图5-36）。

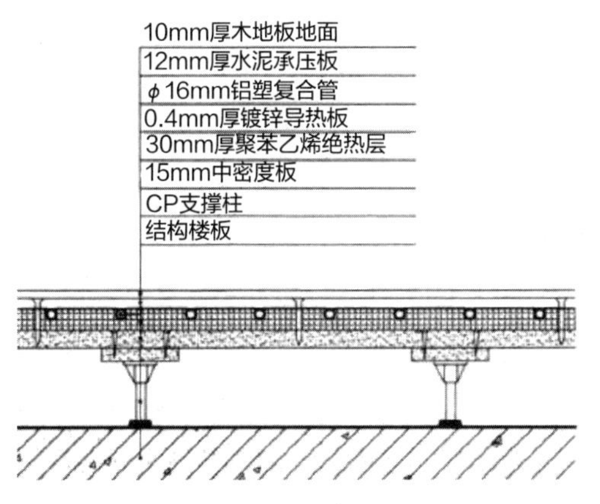

图5-34
适合架空木地板的地暖干铺结构图

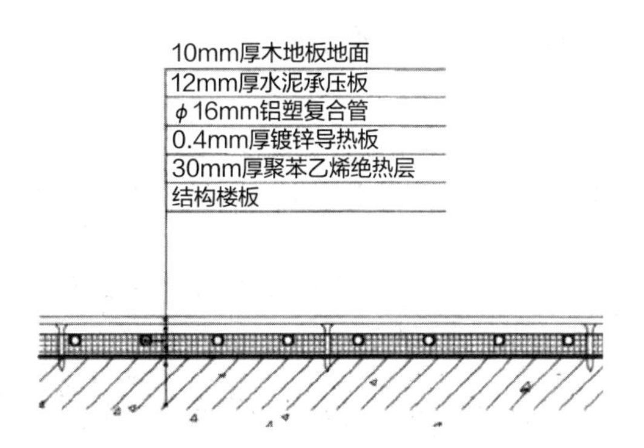

图5-35
适合水泥地面的地暖干铺结构图

图片来源：
《SI住宅建造体系施工技术——中日技术集成型住宅示范案例-北京雅世合金公寓》

图5-36
干式地板采暖

图片来源：
鲁能领秀城·公园时间

5.5.3 燃气系统

城市供燃气系统是指供应居民生活和部分生产用燃气的工程设施系统，是城市基础设施的组成部分，由气源、输配管网和应用设施三部分组成。城市燃气主要有三类：天然气、人工气以及液化石油气。天然气由于热值高、生产成本低、安全性强、污染小等特点，现已经成为理想的城市燃气气源。

由于住宅楼的燃气总立管向每户分出支管，通过燃气表连接燃气设备及控制盘。户内燃气通道的铺设应符合相关规范要求并应安装漏气警报装置，确保安全，燃气管的口径应根据各住户所使用的燃气器具和设备的燃气消耗量来决定，燃气消耗量可根据燃气设备的种类、数量，以及每小时的燃气消耗量和各种设备的同时使用率来确定。

5.5.4 电气照明系统

5.5.4.1 干湿分离式电气管道

SI住宅中，电力管线的敷设要与墙体分离，便于日后的更换、改动与检修（图5-37）。建筑物的结构主体部分与设备管线部分严格按照两个阶段予以实施。在规划设计阶段，应根据建筑结构形式、内隔墙材料、户内吊顶与地板的铺装方式，确定住宅内部各类电气管线的敷设方式。目前国内的传统设计方法多在土建施工过程中将各类电气管线尽可能地敷设在结构中。

图5-37
干湿分离式电气管道敷设技术

图片来源：
雅世合金公寓

在设计时应考虑在住户室内设置局部吊顶及架空地板，由公共电气管井引至住户配电箱的电气管线敷设于结构楼板内，其余户内电气水平管线均采用吊顶或地板内明敷，并穿电线管保护。由于国内住宅多采用钢筋混凝土剪力墙或砌体结构，室内会有承重墙及结构梁，因此，在项目设计过程中，应与建筑、结构及装修专业密切配合，根据装修要求，尽量做到在结构墙体上的电气管线的精确预埋，以减少不必要的修改，安装在建筑隔墙内的管线应注意与水平管线连接时的转角处理，其弯曲半径应在规范允许的范围内，不宜过大。在需要穿越承重墙或结构梁时，应配合土建专业预套管，并且使套管尽量贴近顶板。在顶板下敷设的电气管线应结合吊顶安装位置予以布置，管线可紧贴于结构楼板下敷设，带状电线直接粘贴或者其他电线直接用卡件予以固定（图5-38）。室内电气管线敷设时，尽量做到走线合理，减少管线交叉，从而最大限度地节省室内空间（图5-39）。

5.5.4.2 照明系统

在SI住宅中，在设计上建议采用智能的照明系统，可以更好地实现SI住宅的节能环保的理念。可以利用先

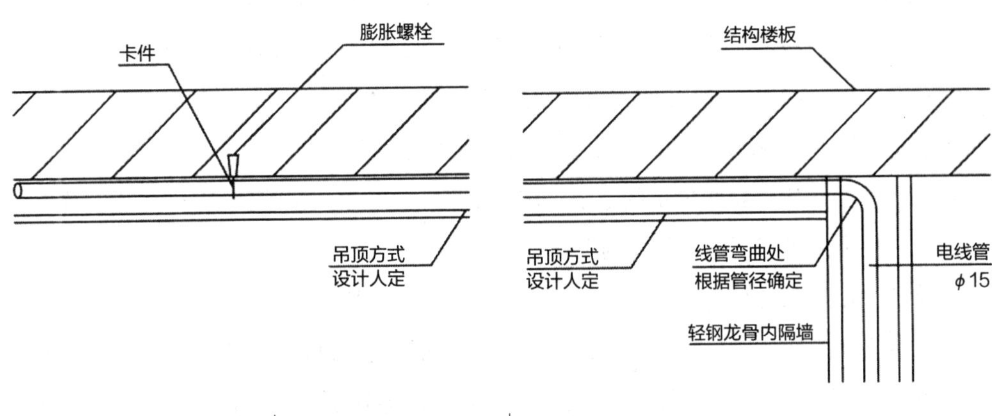

图5-38
顶板下敷设电气管线示意图

图5-39
电气管线转角示意图

图片来源：
雅世合金公寓

进的电磁调压及电磁感应技术对供电进行实时监控与跟踪，自动平滑地调节电路的电压和电流幅度，改善照明电路中不平衡负荷所带来的额外功耗，提高功率因素，降低灯具和线路的工作温度，优化照明系统。

5.5.5 弱电系统

弱电技术随着社会的发展，逐步拓展到居民生活的各个角落，让居民切实享受到现代建筑高新技术便民惠民特性。居住区的弱电系统主要包括综合布线、楼宇智能化、设备管理、物业管理、消防报警、安全防范等方面（表5-2）。

居住区的弱电系统 **表5-2**

分类	内容
综合布线	卫星接收系统，有线电视系统，电话交换系统，宽带网络系统等
楼宇智能化	地库先锋监控系统，智能照明水泵监控，冷热源监控等
设备管理	电梯管理，给水排水设备管理，发电设备管理，变电设备管理，燃气设备管理等
物业管理	小区一卡通系统广播及背景音乐系统，停车场管理系统、三表远传系统等
消防报警	公共广播系统，消防警报装置系统，灭火设备管理系统等
安全防范	电子门禁系统，访客对讲系统，闭路电视监控系统，电子巡更系统，防盗报警系统等

图表来源：王笑梦　马涛《打造百年住宅》

5.5.6 新能源系统

新能源是指包括太阳能、风能、生物质能、潮汐能、地热能、氢能和核能等能量。而在住宅中最适合、最常见的新能源即为太阳能。然而在SI体系住宅中，除普通的太阳能热水器可以利用到太阳能以外，把太阳能作为重要提供能量的能量来源的实践却比较少见。尤其是在北方，冬季采暖的煤炭消耗量巨大，造成空气污染严重，严重危害人们生活健康。所以我国部分学者尝试在SI 住宅中应用太阳能，将被动式采暖技术与SI结合，作为一种绿色取暖的方式进行了一些初步的探索。

被动式太阳能采暖是指不依赖于机械功，通过建筑的朝向、材料、构造和结构的适宜选择，使其在冬季能集取、贮存、分布太阳能，从而解决建筑物的采暖问题的技术。在现有住宅建筑体系下，外挂采暖构件在安装时都要在住宅施工完成后进行，并没有做到与建筑体系的一体化设计，对外围护结构有一定的破坏。若南向房间采用SI住宅体系，那么南向房间的外围护结构就变成为SI体系中的立面填充体。因此，当南向房间采用集热模块作为外围护结构的外挂节能构件时，集热模块和遮阳构件就可以与SI立面填充体结合，实现部品化生产，从而使立面填充体成为具有冬季采暖的新型的集热蓄热墙式外围护结构。而当南向房间设有封闭阳台时，则可使其成为附加阳光间，并利用SI体系的特点，实现封闭阳台的部品化，便于与住宅体系相结合，同时也解决了由住户自行封闭安装带来的阳台密闭保温性能较差和阳台封闭样式参差不齐影响住宅整体形式的问题，如图5-40所示。

SI体系的结构支撑体耐久度和强度较高，有利于无梁楼板的使用，这样就为双层天花或双层楼板系统的设立提供了有利条件。而双层天花、楼板系统，则适应隔墙位置变更的被动式通风及传热系统或多功能空调系统。在SI住宅体系下，双层天花系统可以为集热模块提供一个送风管道，将热量输送到室内中心位置，使得室内内侧的人也能感受到集热模块的供暖效果。大连理工大学陈滨教授通过建设实验房实测调查、单体实验、数

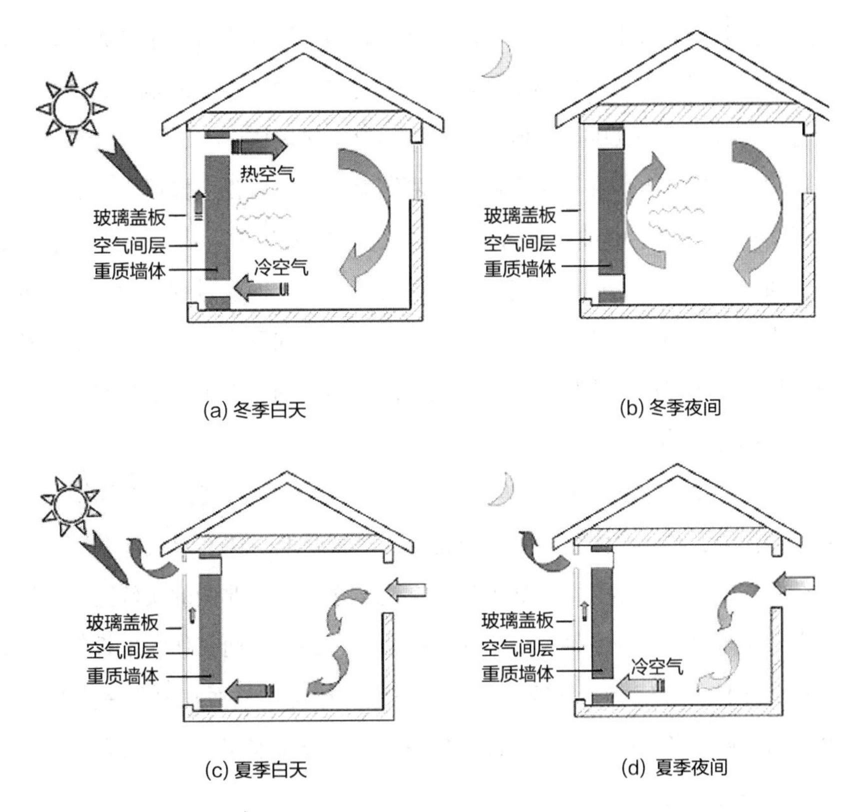

图5-40
集热模块冬季工作原理

图片来源：
李东辉　范悦，被动式太阳能采暖技术与住宅体系结合的适应性探讨

值模拟计算等方法，系统对比研究影响采暖效果的因素及在改善策略下的运行效果，证明了没有风机的条件下采用管道输送热量的实验房比没有管道输送的对比实验房的湿度要高出20%左右。管道输送热量的实验房在室外温度零下14℃的冬季，室内温度仍然达到了11℃，没有管道输送的实验房室内平均温度相比之下低1～1.5℃。但是房间深处即远离集热器一侧，二者温度相差则在2～3℃左右。

采用SI体系的南向房间的内墙体可以灵活分割，这样对于室内能量传递是十分有利的。例如当南向房间利用封闭阳台作为附加阳光间进行热量收集时，可以在阳台和相邻房间之间设置SI填充墙体，这样，封闭式阳台与相邻房间之间的分割就可以由用户的需要自主设置：白天将隔墙打开，阳台与周围房间形成一个整体利于收集的太阳热并将其传递到其他的房间；夜间将隔墙封闭，此时的阳台作为一个缓冲区可以避免白天收集到的热量在夜间损失。

南北向房间能量传递的主要障碍是南北房间的分隔墙。可以建立一个送风管道让热量传递不受墙体限制，让北向房间也分享到集热模块的供热效果，利用SI住宅双层天花系统作为送风管道传递热量的办法。

具体做法是：在顶棚下方200mm处设置天花板，二者通过南北向的条形骨架连接。SI住宅的南北分隔墙由于采用轻质填充墙体，因此可以直接固定在天花板和地板之间而不需通到顶棚，同时无梁楼板的采用使双层天花之间没有横梁的阻挡，这样就形成了由顶棚与天花板所组成的高200mm的传输管道。集热蓄热墙体的上通风口开在双层楼板之间，下通风口位于地板上方。在管道内部，分隔墙对应的位置设可控风门。具体工作原理：在冬季白天，空气在夹层中被加热后上升，通过温控风门进入双层天花所形成的管道，向北传递，通过隔墙上方的可控风门进入北向房间，在传递的过程中通过管道向房间内散热，冷却下来的空气通过南北房间隔墙下方的可控风门回到南向房间，从而完成整个住宅能量循环过程。冬季夜间的原理与白天大致相同，不同的是卷帘放下且热量的来源主要通过集热蓄热墙体的散热。

日本舞滨样板房C栋是东京大学松村秀一教授为研究住宅的环境及节能技术所建设的实验性住宅，采用SI体系。住宅的通风技术较好地与住宅建筑体系结合。样板房采用管道输送的办法把经过热交换机处理过的空气输送到位于北侧的实验室内，同时在房间隔墙的下方开通风口，实现空气在整个住宅中的换气循环。而在住宅地板的下方，专门设置了通风道，并且与住宅北侧外墙内的拔风空气层相连，从而在夏季带走热量，实现外墙内换气。由于场地条件的限制，样板房采用了独栋小住宅作为研究对象，而不是集合住宅，但是仍有一定的借鉴意义。

5.5.7 家庭智能终端

建筑智能系统，是指以建筑为平台，兼备建筑设备、办公自动化及通信网络三大系统，集结构、系统、服务、管理及它们之间最优化组合，利用现代通信技术、信息技术、计算机网络技术、监控技术等，通过对建筑和建筑设备的自动检测与优化控制、信息资源的优化管理，实现对建筑物的智能控制与管理，以满足用户对建筑物的监控、管理和信息共享的需求，从而使智能建筑具有安全、舒适、高效和环保的特点，达到投资合理、适应信息社会需要的目标，向人们提供一个安全、高效、舒适、便利的综合服务环境。住宅工业体系革命性地将传统意义上的住宅拆分为六大工业体系，其中整体厨房、整体卫生间、内隔墙和架空地板等部品均可采用家用电器的模式加以生产。而在各类住宅工业部品和家用电器中嵌入内置射频识别芯片，通过家庭智能终端与芯片之间的数据采集、传输和指令转换，来控制各类工业部品的工作。再通过家庭智能终端与无线网络连接，住户还可远程遥控指挥，如同大脑操纵手指一样灵活方便。

家庭智能终端是一个多功能的技术系统，包括可视对讲、家庭内部的安全防范、家居综合布线系统、照明控制、家电控制、室内环境状况监测和设备控制、远程的视频监控、声音监听、家庭的影音系统，如图5-41所示，还包括远程医疗、远程教学等。其硬件按“从低端到高端”包括各类感应器、嵌入内置射频识别芯片、家庭智能控制终端。

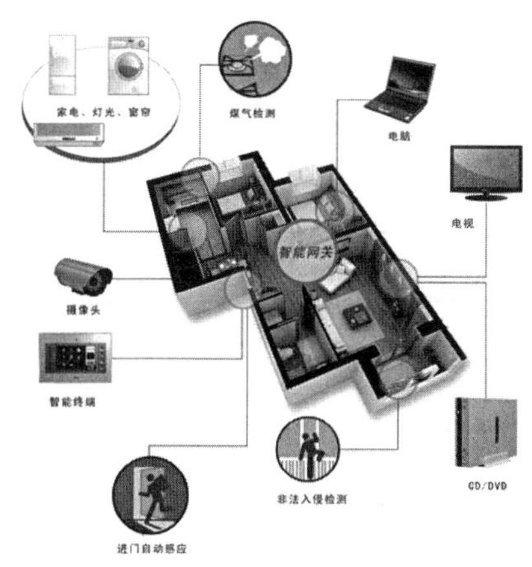

图5-41
家庭智能控制终端及各类感应器

SI住宅的接口

6.1 SI住宅接口的内涵

6.1.1 SI住宅接口的定义与成因

接口（Interface）又称界面，指存在于系统、模块或构件之间相互接触并相互作用的部位。这一概念首先运用在工程技术领域，描述各种模块、设备、部件及其他组件之间的连接部分，反映了两种物件之间的结合状态、要素与要素之间的连接关系，分离的部品构件只有通过接口设计才能构成有机整体。

本书所指的接口是在物理实体层面的两个或多个建设元素或部位的实体连接，如主体结构框架与内隔墙的连接，楼板与模块化内装部品的连接等。接口是设计、施工、安装中需要重点关注的问题，是实现支撑体与填充体分离与结合的关键，与建筑结构的整体性能密切相关，同时部品构件的功能及使用寿命都影响着接口的形式与连接方法。

通过分析接口问题的成因，有助于接口问题的有效管理和解决。从技术维度看，SI住宅接口的产生原因一般有功能差异和专业差异。

1. 功能差异

SI住宅的填充体部品采用工业化的生产方式，部品在预制工厂生产加工。支撑体采用现浇工艺或工厂预制，生产后运输至现场与填充体进行安装连接。支撑体部分在功能上强调耐久性，而填充体部分则强调灵活可变和适应性，二者功能上的差异意味着二者在设计、制造和维护等阶段的不同，所以在安装过程中需要重点考虑接口问题。

2. 专业差异

在住宅的设计、建造过程中，存在着不同专业的交叉和配合，比如结构部分和设备管线部分，分属于不同的专业种类，设计施工相对独立，而结构与管线又经常存在着交错与重叠，管线预留接口的大小、管线布置等方案的确定均需要专业间的配合协调。而在SI住宅中支撑体与填充体的分离特性更强调各专业之间的配合。由于接口问题而产生的后期变更会导致成本增加，甚至威胁到建筑质量，所以由专业差异导致的接口问题不容忽视。

6.1.2 SI住宅接口的特征

接口的特征来自部品装配方面的要求，即要求以最高的装配质量和最低的装配成本组装起来，要求缩短安装时间、提高安装效率和质量、降低安装成本等。基于SI住宅“百年住宅”的设计理念，及其住宅灵活性与适应性的要求，其接口应具有下列特征：

1. 整体结构稳定性

SI住宅的建造是将建筑物支撑体和填充体分离，分别生产再组装的过程，两部分构件的同步生产可缩短工期进而节约成本，使施工效率得到提高。但采用新型建造方式的前提是保证住宅质量不低于传统建造模式，并且力争提高施工效率，节约资源。SI体系支撑体结构部分采用高耐久性材料现场浇筑或预制，填充体部分采用工业化生产提前预制并在现场装配，在支撑体结构与内部填充体连接的过程中，需保证二者之间接口的稳定性与耐久性，从而延长建筑的使用寿命，满足建筑使用功能。

2. 接口设计的可建造性

可建造性指填充体构件满足施工要求，尽可能做到构造简单，施工方便，接口安装准确。SI住宅体系的填充体部品在设计过程中相对独立，设计者通常缺乏构件实际拼装经验，因此部品之间的接口问题常被忽视。然而由于工业化建造的高精度要求，构件的尺寸偏差将导致构件无法安装，设计返工将带来成本的增加。故可建造性是设计工艺的体现，也是住宅经济效益的保证。

3. 接口的通用性

接口的通用性包含两方面，一方面是不同的填充体部品可以通过同一类接口安装连接至支撑体结构或其他填充体部品；另一方面是接口能满足在住宅长远使用期中部品更新换代的需要。

接口的通用性与填充体部品的通用性密切相关。在SI住宅的理念中，支撑体的使用寿命是100年，而部品设备的使用寿命通常仅有20～30年，因此，通过部品与接口两者的标准化与通用性来实现部品互换，为住宅后期使用过程中的更新改造提供保障。

4. 接口的相对独立性

接口的相对独立性指在部品之间的接口是相对独立的，接口处的连接可以单独拆装，确保与该部品相连接的部品设备是并行、分离的。对于填充体部品之间的接口而言，相对独立性指不影响该填充体部品上的其他接口，能减少或避免部品更换对有关部品和设备正常使用的影响；对于填充体与支撑体结构体系间的接口，相对独立性则指不影响支撑体结构体系的稳定性和耐久性，从而降低更新维护的工作难度。在日本的百年住宅建设系统（CHS）设计原则中也提及接口应具有相对独立性，使部品更换不会损伤住宅本体。

例如SI住宅中的管线包含公共管线和户内管线，住户在对户内水电管线进行检修更换时，应不影响和破坏支撑体，这就要求设备、管道、建筑、结构四者之间接口设计安全并合理。一方面是保证管道的设计满足使用要求，另一方面住宅结构不会因为细部的连接问题产生维修性破坏。

5. 接口的材料性能

接口既是填充体的组成部分之一，也是填充体与支撑体间的连接部分，其材料性能除必须满足前述耐久性要求外，还需具有良好的环保性能以满足循环利用的要求，需要能适应接口使用环境的温度、湿度等条件。接口材料依据满足用户需求和功能要求，在物理特性上可能需要具备良好的隔热、保温、隔音、防震性能，在化学特性上要求材料的防腐、防锈、防氧化等性能。如果接口采用金属材料，还需要有良好的机械性能，包括高精度、高韧性、高强度以及刚度、硬度等要求，其中高精度是接口安装的基本要求，高韧性和高强度则能保证在部品使用过程中接口的稳定性。

6. 接口的装拆便利性

装拆便利性要求在保证连接质量的前提下，接口连接方式应当简单，能简化接口的安装动作，可以提高填充体的安装效率，降低填充体更换、拆除的难度，满足了实现填充体部品灵活移动及更新维护的需要。同时部品可设置限位及定位标记、安装成功的提醒装置、止位标记以及防错标识等，以便提高接口安装的精度。

6.1.3 接口的设计原则

设计阶段决定了所有部品构件的构造，从设计阶段的主要工作来识别接口有利于确保接口的可建造性。对照接口的产生原因，接口的设计原则主要有优先滞后原则、模数协调原则及技术标准一致性原则。

6.1.3.1 接口设计的优先滞后原则

在SI住宅的理念中，支撑体结构强调耐久性，填充体部品强调灵活可变、易维护更新和适应性，二者在使用寿命方面完全不同。尽管SI住宅采取分离设计，为了避免部品的更换对所连接的部品或结构造成不利影响，应当考虑部品的连接安装方式与对应的优先顺序。

在确定连接方式与安装优先顺序之前，应先将构成SI住宅的各式部品和构配件按照一定的标准划分为部品群，划分标准包括：空间和位置上归纳为一体、使用或移动安置上归纳成单元、依据耐用年限的不同进行划分、依据拆除后再循环利用的可能性进行划分、与居住形态的变迁等结合起来进行划分以及依据生产组织、施工组织、流通组织进行划分。

部品群应综合设定其具备的耐用性能，包含物理、技术和社会层次的耐久性。部品

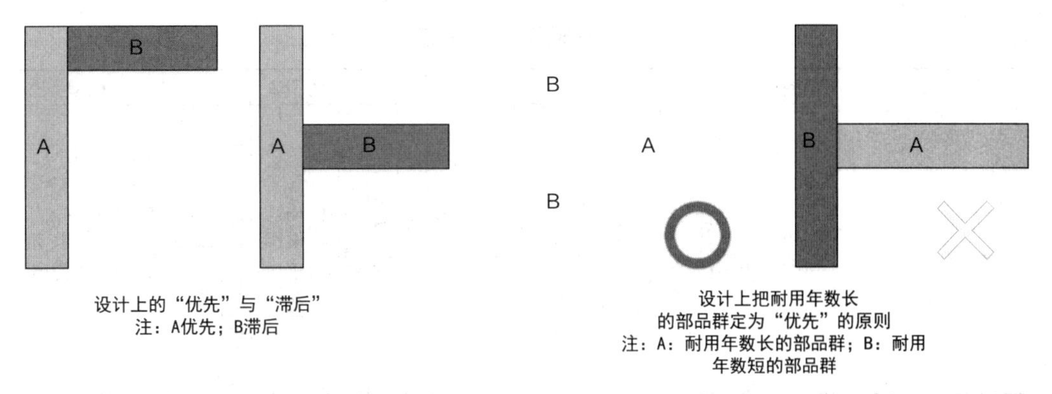

图6-1
接口设计的优先滞后原则

图片来源：
《日本住宅建设与产业化（第二版）》

群的耐用性能可分为不同水平，如日本的百年住宅建设系统（CHS）将部品群划分为以下5种类型：预计有3～6年耐用性的04型，预计有6～12年耐用性的08型，预计有12～25年耐用性的15型，预计有25～50年耐用性的30型，以及预计有50～100年耐用性的60型。划分不同耐用年限的部品群可以降低住宅改建时的成本和难度，使住宅的居住使用功能得到长久保证，有利于住宅长寿化的实现。

在设计中，相对于耐用年数短的部品群而言，原则上是将耐用年数长的部品群定位为“优先”，将耐用年数短的部品群定位为“滞后”，在维修更换时必须采用不能让耐用年数长的部品群受损伤的构成方法和连接方式（图6-1）。但在实际设计过程中，要严格遵守原则比较困难，经常出现看错、看漏的情况，且有些部位实际施工也确实无法按照设计原则进行，对此应有针对性地考虑对策，并做好说明和标记。

对于没有特别规定标记及整理的情况，CHS提供了划分部品群连接表的方法（表6-1），该方法能有效地划分不同耐久性能的部品群之间的接口，耐久性能分类见前述CHS的分类结果。表6-1中，○代表部品群出现问题时，纵栏的部品群相比横栏的部品群应为“优先”，另外，在安装时纵栏的部品群应优先安装，在更新维护时横栏的部品群的维护和更换不应对纵栏的部品群造成损伤，也不能阻碍纵栏的部品群的维护和更换。*1～*3代表部品群出现问题时纵栏的部品群相比横栏的部品群为“滞后”，但在住宅更新方面有所改善。空白栏则表示纵栏的部品群与横栏的部品群之间不存在关联，不用考虑优先滞后原则。

CHS部品群连接例表 **表6-1**

		60型		30型												15型									08型				
		地基	骨架	屋顶	外墙	室外开口部	室外设备	室内一次装修	室内装修	室内地板A	室内墙壁A	室内天花A	管线	管道	卫浴洁具	间壁墙	室内地板B	室内墙壁B	室内天花B	室内设备机器	电器	冷暖气设备、热水供给设备	单元式浴室	单元式收纳箱	室内地板C	室内墙壁C	室内天花C	间壁墙B	浴缸
60型	地基																												
	骨架	○																											
30型	屋顶		○																										
	外墙		○	○																									
	室外开口部		○		○																								
	室外设备		○		○	○																							
	室内一次装修		○																										
	室内装修							○																					
	室内地板A		○					○																					
	室内墙壁A		○					○		○																			
	室内天花A		○					○			○																		
	管线		○		○						○	○																	
	管道	*1	*2		○					○																			
	卫浴洁具									○				○															
15型	间壁墙		○					○		○	○	○																	
	室内地板B		○					○			○				*3	○													
	室内墙壁B		○					○		○	○	○			*3		○												
	室内天花B		○					○			○	○				○		○											
	室内设备机器							○		○	○		○	○			○												
	电器							○				○	○						○										
	冷暖气设备、热水供给设备							○					○	○															
	单元式浴室		○		○								○	○		○						○							
	单元式收纳箱		○					○		○	○	○					○	○	○										
08型	室内地板C		○								○				*3		○		○		○			○					
	室内墙壁C		○							○	○	○			*3		○	○	○	○	○				○				
	室内天花C		○								○					○		○		○	○			○		○			
	间壁墙B							○		○	○	○					○	○	○										
	浴缸													○						○									

（图表来源：《日本住宅建设与产业化（第二版）》）

6.1.3.2　接口设计的模数协调原则

SI住宅接口设计应遵循模数协调的原则，以实现安装的严密性。在实际中，部品构件的实际尺寸宜小于制作尺寸（即设计尺寸），这导致了制作公差的出现，设计时应按照国家有关模数协调的标准计算制作公差值，将制作公差控制在一定范围内。

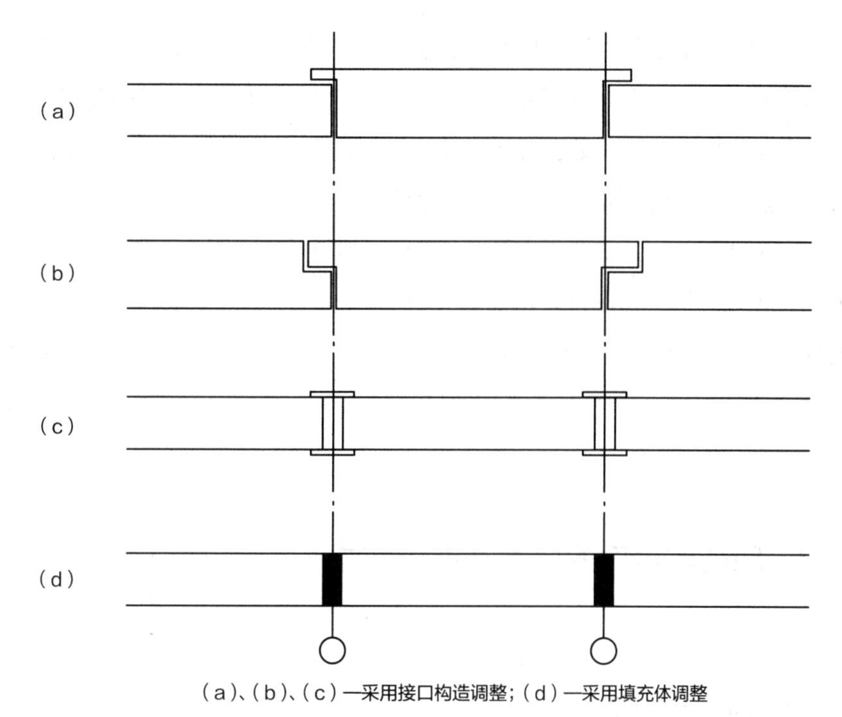

（a）、（b）、（c）—采用接口构造调整；（d）—采用填充体调整

图6-2
连接空间与严密安装

图片来源：
《建筑模数协调标准》GB/T 50002-2013

制作公差及部品安装时产生的安装公差也会使接口安装处出现连接空间或空隙，可采用接口构造调整或填充体调整的方法实现严密安装。后施工的部品构件应负责填补空隙，先施工的部品构件不得侵犯后施工部品构件的领域，施工完成面不得越过基准面（图6-2）。依据模数协调的原则，大而重且不易加工的部品构件应先施工，没有安装公差或安装公差小的部品构件应先施工。

6.1.3.3 接口设计的技术标准一致性原则

接口的匹配是在标准一致的前提下实现的。接口的技术标准化需要相关过程的协调统一，具有一致性、连贯性，称为接口的技术标准一致性。在SI住宅的设计、生产、施工过程中，技术标准一致性的提炼可依据其应用的需求，分别制定基础技术标准、产品标准、工艺标准、施工工法标准等，如住宅部品构件的接口设计标准化、接口几何形状统一、尺寸规格化、模数协调、节点标准化、施工工艺标准化等，接口的标准化设计也是实现部品模块通用性和互换性的保证。

SI住宅设计阶段的工作大体可分为部品拆分、连接节点设计、部品制图。首先，部品拆分决定了部品的数量及质量，从而决定了接口的种类、数量和施工的难易程度。接口的模数与规格设计需满足通用化和多样性的要求，并且技术标准与工艺要与施工方一致具有可建造性。其次，部品的连接节点设计遵循标准化，确保部品吊装就位和装配成型。最后，在预制部品的图纸设计阶段中，设计图不但要体现部品的整体设计形式、还要对重要节点（包含接口）与细部、部品制作材料以及部品结构参数分别作具体说明，以便后续的部品生产方和施工方全面而清晰地了解部品的尺寸和规格，进一步确保接口连接的精准度。

6.2 SI住宅接口的分类与连接方式

6.2.1 SI住宅接口的分类

SI住宅接口可按不同的分类标准分为不同类型，如按接口的存在形式或实体构件特征等进行分类。

接口按存在于部品间的形式可分为依附式与独立式两类，如图6–3所示。依附式接口也称直接式接口，是指依附于部品表面的接口，如预埋金属件或预留洞口等。而独立式接口也称间接式接口，是指接口作为独立的连接部件，分别与依附于部品构件上的接口相配合实现连接。

为更好地识别接口，本书从实体构件的特征分析SI住宅接口的特性，由主体结构与内装部品构成的实体体系考察接口的分类，如表6–2所示。

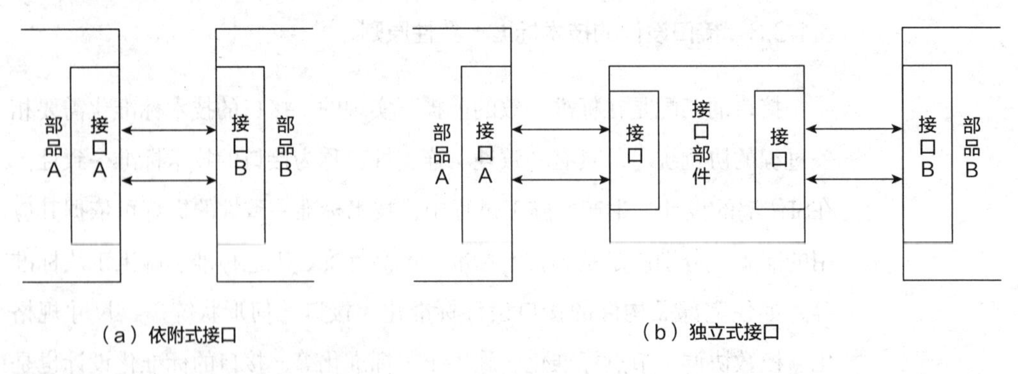

图6–3
依附式与独立式接口示意图

图片来源：
《中国经济发达地区的住宅产业化探索——基于轻钢轻板住宅体系适用技术初步研究》

SI住宅接口按实体构件分类及主要连接方式　表6-2

接口类型	接口系统	子系统	主要接口方式
围护部品接口	围护部品接口系统	墙体部品	混凝土浇筑法、螺栓连接等
内装部品接口	内装集成接口系统	架空地板	支撑脚+螺栓连接等
		轻质隔墙	胶接法、螺栓连接等
		架空墙体	胶接法、螺栓连接等
		架空吊顶	螺栓连接、卡扣式连接等
	内装模块接口系统	整体厨房	支撑脚+螺栓连接等
		整体卫浴	支撑脚+螺栓连接、胶接法等
设备及管线接口	设备管线接口系统	给水排水系统	分支管给水；楼板降板、同层排水等
		电气系统	架空层配线、带式电线等
		暖通系统	干式地暖等

依据所包含的部品群，每类接口系统可向下进一步分为不同的接口子系统，表6–2中列出了SI住宅中较为重要的接口子系统，一些细部连接则归入这些接口子系统中介绍而不单独列出。其中，围护部品接口系统、内装集成接口系统和内装模块接口系统的连接方式主要针对主体结构与内装部品的连接，设备管线接口系统的连接方式则主要针对水、电等管线在主体结构与内装部品内的埋设与连通。

6.2.2 SI住宅接口的常用连接方式

接口的连接方式按接口能否移动或部品间能否相对位移可分为固定式连接和可调式连接两类。

固定式连接要求部品构件之间的约束位置是固定的，不留调节或位移的空间，通常不可拆解或采取破坏性方法才可拆解，一般用于前述的直接式接口，如焊接、胶接等连接方式。

可调式连接则要求部品构件之间的连接位置是相对固定的，有调节或位移的空间，一般用于间接式接口。可调式连接还可继续分为可拆装式连接与活动式连接。可拆装式连接指接口及其连接的一侧部品可以较灵活地拆装，如划分室内空间的轻质隔墙，考虑采用搭挂式金属件，接缝采用密封胶后斜位型对缝连接，表面不留痕迹，方便以后更换表面装修材质。活动式连接指接口所连接的部品间可相对位移活动，如在内隔墙与楼板之间可采用滑动式金属组件装配连接（图6–4），形成可以随时变化的室内空间。

图6-4
隔墙与楼板间采用滑动式金属组件的活动式连接示意图　图片来源：绿地新里波洛克公馆项目

SI住宅接口的常用连接方式有螺栓连接、铆钉连接、胶接法、卡扣式连接、混凝土浇筑法、焊接连接及接触连接等，下面对常用连接方式逐一进行介绍。

1. 螺栓连接

螺栓连接性能稳定可靠，施工方便简捷，是机械连接的一种方式，在SI体系接口中使用较多。螺栓有钢制螺栓和树脂螺栓两种，二者在承压能力上均可满足荷载的要求。

重要构件使用钢螺栓连接较为稳妥。钢螺栓连接属于可拆装式连接，通常是由螺栓与螺母配合，用于紧固连接两个带有通孔的元件，如图6-5（a）所示。根据螺杆与通孔的配合程度，钢螺栓连接可进一步分为普通螺栓连接与铰制孔螺栓连接，前者装配后孔与杆间有间隙，结构

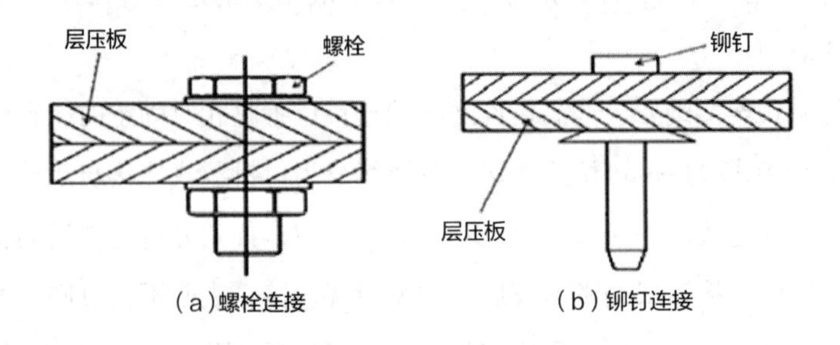

图6-5
机械连接示意图　图片来源：《纤维增强树脂基复合材料连接技术研究现状与展望》

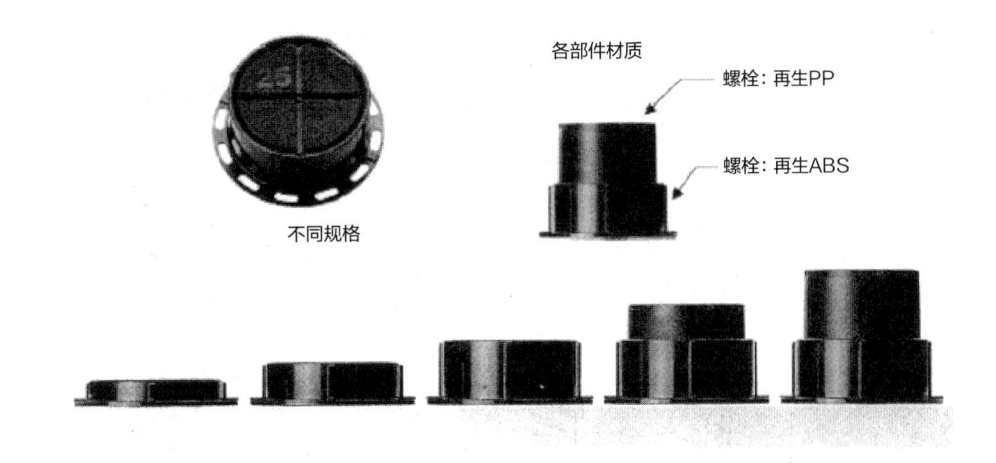

图6-6 树脂螺栓　图片来源：《SI住宅建造体系施工技术——中日技术集成型住宅示范案例·北京雅世合金公寓》

简单，可多次拆装，应用较广；而后者装配后孔与杆间无间隙，主要承受横向载荷，也可作定位。

树脂螺栓能在一定范围内调整高度（图6-6），可按实际需要在部品间形成架空层。相比钢螺栓，树脂螺栓的耐久性、刚度不够稳定，但其直角弹性大，缓冲性能及隔音性能好，并且采用再生塑料低碳环保，一般用于非重要的构件或部品中。树脂螺栓需要涂抹专用胶粘剂才能与充当基准面的部品相连接，螺栓粘好后需等待一定时间，其强度才能达到设计强度，然后再通过钢螺栓与其他部品构件连接。

2. 铆钉连接

铆钉连接是利用铆钉将两个或两个以上的部品元件（多为板材或型材）连在一起，简称铆接，也是机械连接的一种方式，如图6-5（b）所示。铆钉必须具有良好的塑性和无淬硬性，通常使用钢、铜、铝等材料。铆接具有工艺简单、连接可靠、抗震、耐冲击的优点。

与螺栓连接相比，铆接更为经济、重量更轻，但铆接不适于太厚的材料，不适于承受拉力。与焊接相比，铆接结构笨重，生产效率低，经济性和紧密性不如焊接。

3. 胶接法

胶接法是通过使用胶结剂将部品与结构或其他部品牢固地连接在一起的方法，也可称胶粘法。采用胶接工艺能消除铆接、焊接或螺栓连接造成的集中应力，提高连接件的耐疲劳性能，尤其能更好地保证构件的整体性和提高抗裂性；同时胶接也具有密封性、耐水性、耐腐蚀性、耐疲劳、质地轻和绝缘性能良好的特点。胶接因施工方法简便、工具简单、成本低廉，在建筑施工中得到广泛应用，如用于外墙内保温的连接、架空墙体中树脂

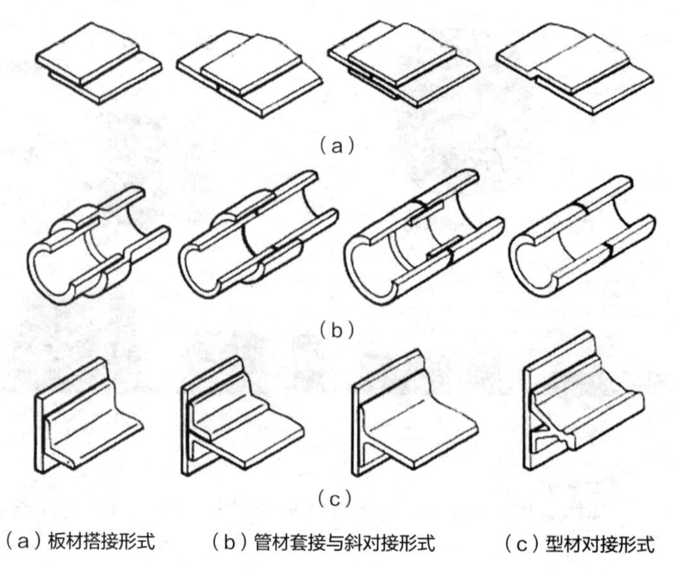

图6-7
不同胶接接口形式

螺栓与墙面的连接、需要密封性能的内装部品及设备的连接，以及建筑物的维修、改造、加固与补强。

胶接效果与接口形式、表面处理及胶粘剂选择密切相关。在设计胶接接口形式时，应增大胶接面积，提高接口抗冲击、抗剥离能力，因而多采用搭接、套接、对接等形式，如图6-7所示。材料的胶接表面状况对胶接质量有直接影响，胶接前需要对材料进行表面处理，如清洗除油和除锈，及喷砂或机械加工使胶接面具有一定的粗糙度等。另外，胶粘剂品种多样、性能各异，选择时要考虑胶接件材料的种类和性质、接口使用环境与允许的胶接工艺条件等因素。

4. 卡扣式连接

卡扣是用于一个零件与另一零件的嵌入连接或整体闭锁的机构，其材料通常由具有一定柔韧性的材料构成。一般而言，卡扣由定位件、紧固件组成，定位件的作用是在安装时引导卡扣顺利、正确、快速地到达安装位置，而紧固件的作用是锁紧连接以保持连接的坚固性与有效性。在内部装修构件与结构的某些接口部位，可采用卡扣式连接，特点是操作简单，易于拆装，可节省大量安装时间，能有效满足SI住宅的适应性要求。例如，在轻钢龙骨吊顶的安装工程中应用卡扣式连接，在一定程度上保证了吊顶工程的施工质量，提高吊顶安装效率，省掉了传统对穿螺栓连接方式中人力和时间的消耗。

5. 混凝土浇筑法

混凝土浇筑法是在施工时使用现浇混凝土或水泥浆将接口部分锚固。浇筑部位仅在接口部分，所需混凝土量少，接口强度高。如在剪力墙结构中的“内浇外挂”式外墙，预制外墙构件与板和梁等构件的接口处浇筑混凝土以固定结构之间的连接。

6. 焊接连接

焊接技术是利用电流热效应、电弧放电或气体燃烧产生的热量使钢筋受热熔化，然后施加一定压力使熔融状态的钢筋锻在一起，当钢筋冷却后形成可靠连接。常用的焊接方式为电弧焊，任何形状的结构都可用焊缝连接，构造简单。焊接连接一般不需拼接材料，而且能实现自动化操作，生产效率高。

7. 接触连接

接触连接类似于木结构中的榫卯连接，将部品在接口点制作成凹槽形状，相当于榫卯结构中的榫头和卯孔，通过咬合作用将两部件固定在一起。接触连接可以实现快速拼装和拆卸，无须螺钉和焊接，施工方法较简单。例如内隔墙的墙板之间可依靠形状的凹凸咬合在一起形成接触连接。

8. 混合连接

在实际施工中，出现了胶接+螺栓、胶接+铆钉等混合连接方式，混合连接是采用螺栓或铆钉与胶粘剂配合使用以提高接头承载力的连接方式，结合了机械连接的负载优势与胶接的轻质高强特点，通过合理的结构设计使各种连接优势互补，能保证接口连接的质量，具有高强度、耐冲击、抗拉与抗剪能力强、安全可靠以及抗恶劣环境等优点。

6.3 SI住宅各类接口系统

在完成SI住宅主体结构现浇后进行内装部品的安装，部品的安装顺序一般为建筑部品安装→装修部品安装→设备部品安装→小部品安装，在进行部品间连接时应注意接口各部位的安装方法。建筑部品如非承重预制墙体等与主体结构间的接口属于围护部品接口系统，模块化部品、装修部品与主体结构间的接口属于内装模块接口系统与内装集成接口系统，设备部品、管线与主体结构间的接口属于设备管线接口系统，细部的小部品与主体结构间的接口则按实体构件分类归入相应的接口子系统中。

6.3.1 围护部品接口系统

本章所讨论的围护部品是指起围护作用的非承重结构，围护部品与主体结构的连接应满足建筑的整体稳定性，即保证围护部品与主体结构连接后能构成稳定、耐久、可靠的整体，保证建筑能正常使用，因此围护部品接口应达到更高的抗震、防火、防水、隔音等要求，同时也需满足整体的美观性。围护部品接口系统主要包括墙体部品接口子系统，墙体部品则有非承重外墙（预制外墙）与分户墙等，均在工厂预制后再在现场装配。

6.3.1.1 墙体部品——预制外墙接口

1. 从预制外墙的两种施工工法“先安装法”（香港工法）与“后安装法”（日本工法）来看接口

（1）先安装法（图6–8）是在进行建筑主体施工时，把预制混凝土墙板（后称PC墙板）先安装就位，在PC墙板与主体结构的接口部位留出连接钢筋，并做出键槽或自然粗糙面，用现浇的混凝土将PC墙板与主体结构连接为整体，其主体结构构件一般为现浇混凝土或预制叠合混凝土结构。先安装法既可用于非承重外墙，也可用于承重墙或抗震剪力墙，既可参与结构受力，也可与结构弱连接，不影响主体结构施工进度，在新加坡及中国香港比较盛行，在我国超高层装配式建筑的“内浇外挂”建造技术中也有应用。

先安装法的特点是在施工过程中用现浇混凝土来填充PC构件之间的空隙会形成“无缝连接”的结构，现浇连接施工能消除误差，从而大大降低构件生产和现场施工的难度；构件之间“无缝连接”的构造也具备一定的自防水性能，一般不需额外处理与后期维护。

图6–8
墙板先安装法施工

图6–9
墙板后安装法施工

图片来源：
《PC住宅中预制墙体不同安装方法的探讨》

同时采用先安装法可在PC墙板中预留预埋暗管或暗线，在现场通过混凝土浇筑连接成为系统。但采用先安装法需要PC构件留出连接钢筋，模具制作和装、拆模具相对复杂导致构件的生产成本上升。

（2）后安装法（图6–9）是待建筑的主体结构施工完成后，将预制完成的PC墙板作为非承重结构，在其与主体结构接口部位预埋螺栓或预埋金属件，通过螺栓连接或焊接等方式固定墙板在主体结构上，PC墙板被当成“荷载”依附在主体结构上而不会约束主体结构的变形，受力特征类似于幕墙，但PC墙板的安装通常会滞后于主体结构施工，其中主体结构可以是钢结构、现浇混凝土结构、预制混凝土结构。此做法在日本发展的最为成熟。

后安装法的特点是：以干式作业为主；安装过程会产生误差积累，因此要求主体建筑应具有非常高的施工精度和PC构件的制作精度，所需的施工安装费用很高；PC构件边缘不伸出钢筋，构件之间一般采用螺栓、金属预埋件等连接方式，构件之间会明显出现“缝隙”，为了不影响建筑的美观通常需要将接缝设计成明缝，并进行填缝处理或打胶密封，填缝的维护周期约5～20年，不细致的施工会产生防水、隔音等方面的问题。同时采用后安装法一般只能在PC墙板上走明线或明管，但与SI住宅管线与主体结构相分离的理念相匹配。

（3）对预制混凝土外墙的安装工法研究，不应简单地聚焦于“先装”还是“后装”，而应从前期的结构设计到运营维护环节统一考虑哪种工法更为适用。先安装法提倡预制与现浇相结合，比较适合装配整体式结构的发展，后安装法则以干式作业为主，其结构体系更趋向于装配式结构。国内装配式住宅的发展方向是装配整体式结构，国内众多企业如万科集团、黑龙江宇辉、中南建设、山东万斯达等在预制混凝土外墙技术方面也都采用了“先立墙、后浇筑”的施工方法，走的是装配整体式结构的道路，这些用先安装工法建造的住宅，其性能与传统工艺建造的住宅基本没有区别。

2. 对预制混凝土外挂墙板与主体结构间接口的一般规定

（1）预制混凝土外挂墙板与主体结构的连接节点应符合规定：连接节点宜选用柔性连接的点支承节点，也可采用一边固定的线支承节点；连接节点的预埋件、吊装用预埋件、以及用于临时支撑的预埋件均宜分别设置，不宜兼用。

（2）预制混凝土外挂墙板与主体结构的连接节点应具有足够的承载力和适应主体结构变形的能力，连接节点有点支承与线支承等连接方式。

点支承是指预制混凝土外挂墙板与主体结构之间，通过连接件传递荷载及适应变形能力的支承方式。外挂墙板与主体结构间采用点支承连接时：连接点数量和位置应根据外挂墙板形状、尺寸确定，连接点不应少于4个，承重连接点不应多于2个；在外力作用下，外挂墙板相对主体结构在墙板平面内应能水平滑动或转动；连接件的滑动孔尺寸，应根据穿孔螺栓的直径、层间位移值和施工误差等因素确定。

线支承是指预制混凝土外挂墙板顶边与主体结构之间通过现浇段连接的支撑方式（图6-10（a））。外挂墙板与主体结构采用线支承连接时：外挂墙板顶部与梁连接，且固定连接区段应避开梁端1.5倍梁高长度范围；外挂墙板与梁的结合面应采用粗糙面并设置键槽，接缝处应设置连接钢筋，连接钢筋数量应经过计算确定且钢筋直径不宜小于10mm，间距不宜大于200mm，连接钢筋在外挂墙板和楼面梁后浇混凝土中的锚固应符合现行国家标准的有关规定；外挂墙板的底端应设置不少于2个仅对墙板有平面外约束的连接节点；外挂墙板的侧边不应与主体结构连接。

（3）内浇外挂体系中预制混凝土外挂墙板的安装：首先，应吊装外挂墙板至指定位置，墙板上预留钢筋插入现浇梁内（图6-10（b）），再将外挂墙板与混凝土结构通过斜支撑进行螺栓连接，精确调整墙板的位置、标高与垂直度后临时固定墙板。墙板与楼板间采用预埋件与螺栓连接，以套筒作为楼板上的预埋件，板上钢筋绑扎完毕后按设计要求将锚固钢筋穿入套筒尾部孔内，与构件钢筋骨架焊牢。然后，待该层梁上钢筋绑扎固定完毕，以紧固件作为梁上预埋件并采用焊接与螺栓连接进行固定，与墙板上预留套筒连接。对于与外挂墙板连接的边梁及柱单侧模板的加固，则在外挂墙板与边梁、柱的对应埋置预留套筒，等边梁及柱模板支模后将加工好的钢筋螺杆拧入预留套筒内，钢筋螺杆出墙板以外部分长度根据梁、柱截面尺寸确定，保证模板加固需要。

（4）对于预制混凝土外挂墙板与主体结构变形缝以及墙板间板缝的要求：预制混凝土

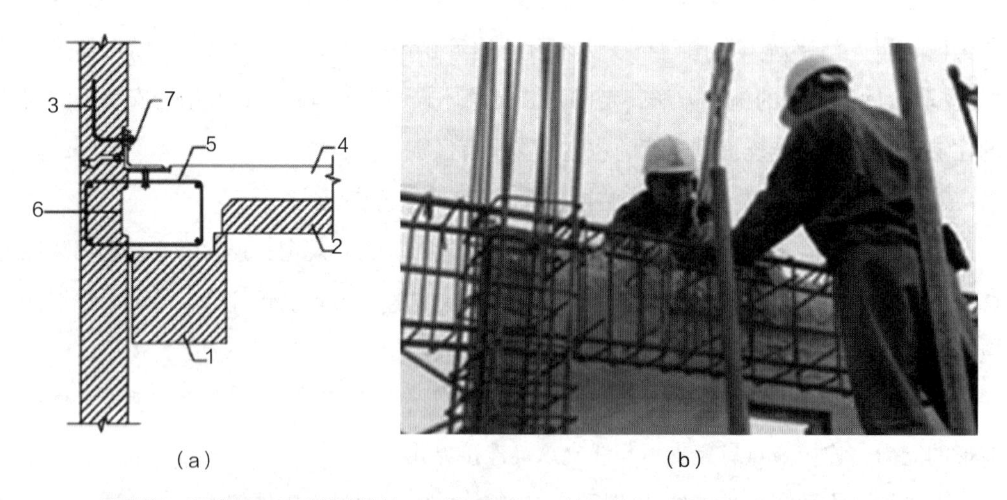

（a）　（b）

1.预制梁，2.顶制板，3.预制外挂墙板，4.后浇混凝土，5.连接钢筋，6.剪力键槽，7.面外限位连接件

图6-10 外挂墙板线支承连接示意

图片来源：
（a）—《装配式混凝土建筑技术标准》GB/T 51231-2016；
（b）—《内浇外挂式外墙PC板施工工法》

外挂墙板不应跨越主体结构的变形缝，同时位于主体结构变形缝两侧的外挂墙板的构造缝应具有适应主体结构变形的能力，宜采用柔性连接设计或滑动性连接设计。外挂墙板间的接缝，接缝宽度应满足主体结构的层间位移、施工误差与温差引起变形的要求，接缝处以及与主体结构的连接处应设置防止形成热桥的措施。接缝处密封材料与密封胶应满足防水、防火、耐久、伸缩变形的性能要求，其中密封胶应选用耐候性密封胶，密封胶应与混凝土具有相容性，以及规定的抗剪切和伸缩变形能力。

6.3.1.2 墙体部品——分户墙接口

对于分户墙与主体结构间的接口，采用在分户墙位置做混凝土小结构体并预埋金属件的方式进行牢固的连接（图6–11）。

分户墙有多种不同的材料与构造类型，对于不同类型的分户墙，其与主体结构的连接也会不同。下面以轻质条板分户隔墙为例分析接口。轻质条板分户隔墙在条板对接部位应加连接件与定位钢卡以进行加固、防裂处理；在抗震设防地区，条板隔墙与顶板、结构梁、主体墙和柱间应采用钢板卡件连接，控制好不同接缝部位钢板卡件的间距，最后使用胀管螺丝与射钉固定；水电管线可作明线或暗线设计，但不可在隔墙两侧同一部位开槽、开洞，不可穿透隔墙安装管线。

图6–11
分户墙与主体结构的连接

图片来源：
《SI住宅设计——打造百年住宅》

6.3.2 内装集成接口系统

架空空间的使用是集成部品接口的重点。内装集成接口系统包括架空地板、轻质隔墙、架空墙体、架空吊顶以及故障检修接口子系统，其中故障检修接口一般依附于其他集成部品。

1. 架空地板接口

架空地板也称架空地面，其施工流程为：施工准备→墙边龙骨安置→螺栓支撑脚临时高度调整→表层装修材料施工→铺设地→安装衬板。地板敷设方式有先立墙式和先铺地式两种（图6-12）。架空地板与主体结构的连接是通过胶粘剂与墙根四周的龙骨实现的，地板与楼地面间是通过螺栓支撑脚（或称支撑柱）实现连接的。地板采用点式支撑，由螺栓支撑脚和承压板组合而成，地板衬板与支撑脚间通过螺钉固定。螺栓支撑脚则由台板、支撑螺母、支撑螺栓以及橡胶脚组成，橡胶脚起到隔音、减震的作用，支撑螺栓与螺母结合可起到调整支撑高度的作用。在安置龙骨时粗略确认地板高度，地板铺设完成之后进行精准调平，由于每个支撑脚均独立可调，架空地板的施工可不受施工场所地面平整度的影响，水平调整方便。

架空地板下的架空空间可为管线的灵活敷设提供便利，管线可不受主体结构制约，便于内装部分的更新改造。同时，架空的空气层可防止基板受潮变形，无需保养。

2. 轻质隔墙接口

这里的轻质隔墙接口主要指采用轻钢龙骨体系的轻质隔墙与主体结构间的接口。轻钢龙骨隔墙的固定安装不需要通过特殊的结构，而是采用干法施工方式（图6-13（a）），轻钢龙骨隔墙一般有横龙骨（包括沿顶龙骨、沿地龙骨等）与竖龙骨，龙骨之间采用扣合连接方式，龙骨采用射钉或膨胀螺栓的方式与其他墙体连接，横龙骨采用射钉或膨胀螺栓等固定于地板或楼板上。竖龙骨的安装从墙的一端开始排列，竖龙骨开口处宜安装支撑卡以

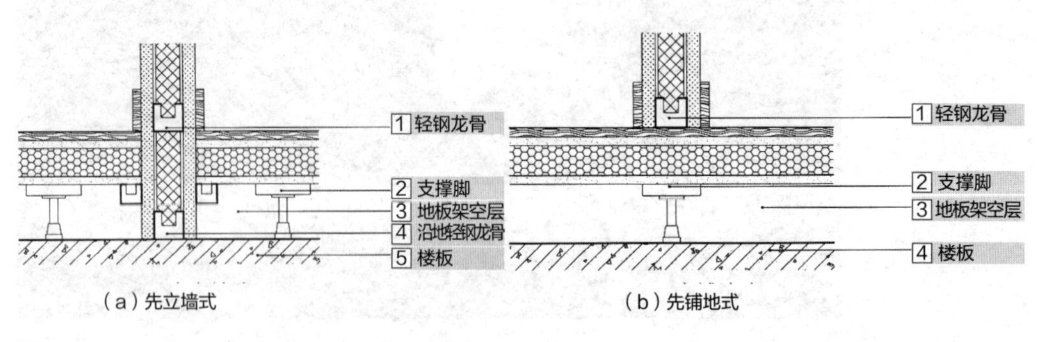

图6-12
架空地板敷设示意图

图片来源：
《SI住宅与住房建设模式体系・技术・图解》

（a）轻钢龙骨隔墙施工

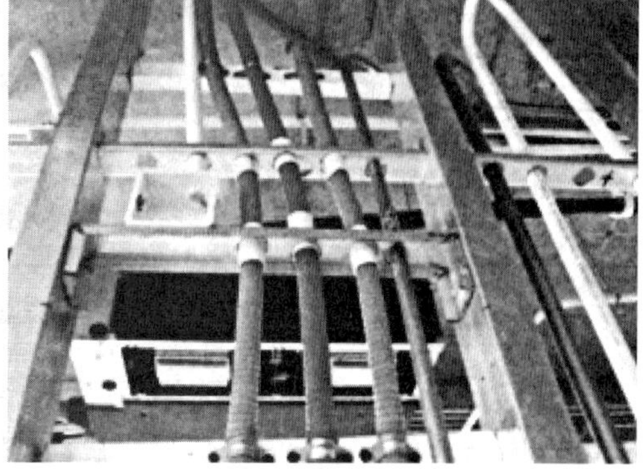

（b）轻钢龙骨隔墙管线敷设

图6-13
轻钢龙骨隔墙施工与管线敷设

图片来源：
《SI住宅与住房建设模式体系·技术·图解》，所示项目：北京雅世合金公寓

增加龙骨的刚性并有利于墙板安装，横（竖）龙骨与基层连接处需铺设密封材料。

管线在轻钢龙骨隔墙架空层中的敷设方式有平行与垂直两种，管线穿行需要固定龙骨与连接件的帮助，电气管线采用与轻钢龙骨隔墙平行敷设的方式（图6-13（b）），给水管线、通风管道则采取垂直穿行于轻钢龙骨隔墙的敷设方式。

隔墙墙板采用石膏板（图6-14（a）），石膏板的安装一般从墙体的一端或门窗的位置开始顺序安装，龙骨两侧的石膏板必须竖向错缝安装，石膏板宜采用自攻螺钉与龙骨固定（图6-14（b））。石膏板在安装时与墙、柱、顶板间要预留缝隙，以便进行防开裂密封处理（图6-14（c））。

3. 架空墙体接口

架空墙体在结构墙体表层粘贴树脂螺栓或安装轻钢龙骨等架空材料（图6-15），外贴石膏板。采用轻钢龙骨的架空墙体接口与轻质隔墙接口在一定程度上相似，选择合适的轻钢龙骨能控制墙面厚度。特别地，当外墙采用内保温工艺时，采用导热系数低的树脂螺旋栓作为架空层支撑更为合适。

（a）轻钢龙骨隔墙石膏板墙板

（b）石膏板固定

（c）隔墙与干式地暖间预留缝隙

图6-14
轻钢龙骨隔墙安装

图片来源：
济南鲁能领秀城·公园世家

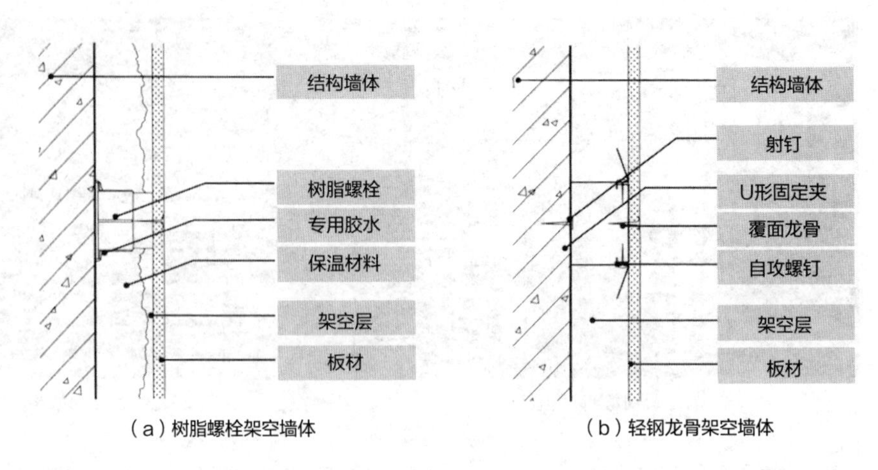

图6-15
架空墙体示意图

图片来源：
《SI住宅与住房建设模式体系·技术·图解》

下面以树脂螺栓架空墙体为例分析接口。树脂螺栓作为墙体与墙板间的独立连接，一侧采用专用胶粘剂按压固定在墙体上，螺栓粘好后需等待24h后才可达到胶粘设计强度。树脂螺栓应按一定间距布置，在墙板（如石膏板）四周应加密布置树脂螺栓；遇顶棚吊顶龙骨，需在龙骨位置加密布置以保证龙骨牢固性；遇洞口位置，应在洞口周边加密布置；遇有挂件的墙时，应在挂件背面用龙骨固定，在龙骨周围加密布置树脂螺栓。敷设管线时，线盒采用锚钉固定位置，管道采用螺钉紧定式连接方式，管与盒采用专用丝扣连接，管线排列整齐并固定牢固，间隔一定距离设置管卡或固定支架。最后，在完成内保温材料喷涂后，调节平面内树脂螺栓的高度以调整平面的平整度及垂直度，在树脂螺栓的另一侧用螺钉与墙壁底材面板固定。

4. 架空吊顶接口

轻钢龙骨吊顶是以密度较小硬度较大的轻钢作为龙骨的材料，吊顶通过吊杆与吊件与上层楼板相接（图6-16）。架空吊顶施工流程为：弹线→吊顶安装→安装主龙骨→安装次龙骨→石膏板安装→细部处理→成品保护。吊顶边龙骨通过射钉或膨胀螺栓固定在周边墙体上；吊杆与吊件作为吊顶与楼板间的独立式连接应安装牢固，吊杆一端通过吊钩或膨胀螺栓固定在楼板内，另一端与吊件连接，吊件则通过卡扣与吊顶龙骨固定。主龙骨（即承载龙骨）依据实际采用卡扣式连接或螺栓连接与吊件相连安装；次龙骨应紧贴主龙骨垂直安装，采用专用挂件连接；最后采用自攻螺丝和

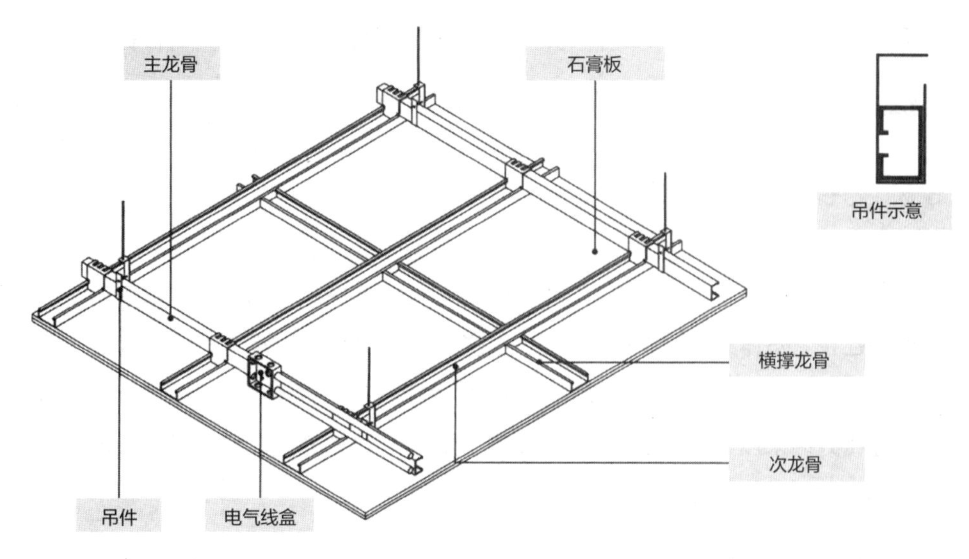

图6-16
架空吊顶构成
图片来源：
《SI住宅与住房建设模式体系·技术·图解》

专用工具安装石膏板。

5. 故障检修接口

故障检修接口设置在住宅容易出现问题的部位，可存在于内装集成部品的架空地板、架空墙体、架空吊顶系统中，也可存在于整体厨房、整体卫浴系统中，如图6-17所示，作用是方便管道线路的检修与更新。

以树脂螺栓架空墙体上的检修口为例，检修口的铝合金金属边框通过

图6-17
整体卫浴吊顶检修口
图片来源：
济南鲁能领秀城·公园世家

螺丝或螺钉固定在架空墙体的龙骨上，检修门则采用与架空墙体相同的板材。此外，检修口一般不能跨越四周树脂螺栓圈定的范围。

6.3.3 内装模块接口系统

内装模块接口系统包括整体厨房和整体卫浴与主体结构间的连接以及与墙体部品、地面之间的连接。整体厨房和整体卫浴使用内拼式安装方法，与地面的连接是通过部件下部的螺栓支撑脚，完成与地面的连接之后再连接管线设备；整体厨房及整体卫浴与内隔墙及外墙的连接处多采用龙骨固定，中心部分使用螺栓连接的方式，可使模块化部品与结构之间存在架空空间以供管线穿行。

1. 整体厨房接口

整体厨房的施工流程为：设置地面支撑螺栓→地砖面周边支撑龙骨安装→安装螺栓支撑脚→铺设面层→墙面放线→铺设龙骨或树脂螺栓→水电管线铺设→填充隔音棉→铺设面板→顶棚楼板→铺设保温层→弹线确定吊顶位置→安装吊杆→轻钢龙骨安装→铺设石膏板。

整体厨房内部多种能源类设备及各种管道线路都需要和橱柜结合，接口种类众多，有设备与能源管线的接口、设备与橱柜的接口、橱柜与管线的接口、橱柜与厨房的安装接口等，内部接口设计应符合标准及图集的要求。

在整体厨房中，橱柜采用支撑脚连接，支撑脚应不存在外观及材料方面的缺陷；吊柜根据工程实际情况可采用在墙内预埋木砖、预埋螺栓或用膨胀螺栓与墙体连接固定；燃气热水器、吸油烟机采用钢制膨胀螺栓与墙体连接固定；燃气热水器排气管道与墙体间的接口处采用阻燃材料填实缝隙后再填密封胶的方法；整体厨房有水平排气道换气口的，换气口与墙体间的接口处采用膨胀螺栓+密封胶接的方法。整体厨房内部部品采用的铰链、滑轨等连接件应连接牢固，并无明显摩擦声或出现卡滞现象。

对于整体厨房中管线的布设，需要先预留主要厨电设备位置，统一设置管线位置，管线与结构分离，将管线铺设在架空层内，以C型龙骨作为管线封装区，避免因水电改造对墙体和地面造成的破坏；同时，在施工图中应明确标注接口定位尺寸，其施工精度误差不应大于5mm，管线封装区与墙体间的连接按不同的墙体构造采用摩擦和机械锁定锚栓、膨胀螺栓等连接方式。

2. 整体卫浴接口

整体卫浴系统包括整体卫生间与整体浴室。若住宅采用整体卫浴系统，在住宅设计阶段就需要建设方和设计方先选定整体卫浴的部品提供商，由整体卫浴提供商对内部空间进行优化，精细化设计施工图。整体卫浴应采用干湿分区方式，一般配置有顶板、壁板、防水盘、门以及卫生洁具等构配件，整体卫浴内部接口设计应符合标准及图集的要求。

以整体卫生间为例，其施工流程为：施工准备→地漏安装→地面螺栓安装→调节水平→组装壁板→安装吊顶→内部配件安装。与传统卫生间的施工流程不同之处在于只需将预制工厂生产出的部品进行现场拼装，而无须进行铺装墙砖地砖等用时较长的湿作业施工。整体浴室则采用楼板降板并预留上、下水管道配合整体浴室的安装，户内排水采用同层排水。排水装置采用漏斗式结构，一个安装在浴缸底座上，一个安装在地板上，中间用软管连接，保证排水密封性。浴缸与底板一次模压成型而成为一体，无拼接缝隙，卫生间基层无须另做防水。管线处理则采用架空技术，如图6–18所示，通过地板与楼板之间、壁板墙体与内隔墙之间的空隙，为管线的铺设提供条件。

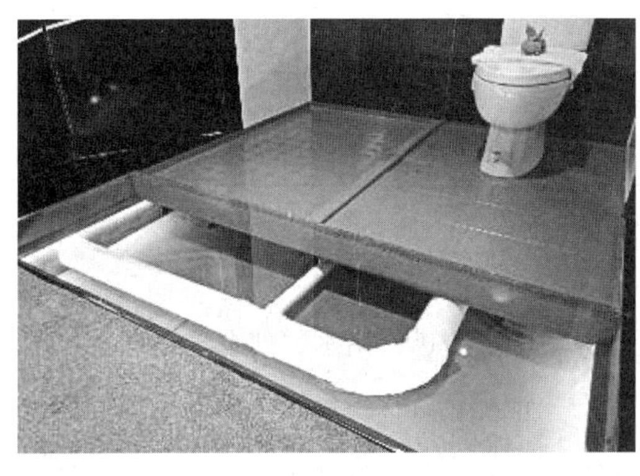

图6–18
整体卫浴的管线处理

图片来源：
济南鲁能领秀城·公园世家

整体浴室拼装时，浴室地板与底座铁架、地板架、排水底座组件间多采用螺栓连接、螺钉锁附与胶粘剂连接，底部采用螺栓支撑脚或大螺栓的支撑尺寸不大于200mm。顶棚铁架通过螺钉锁附于墙，安装有排气扇的顶棚则通过螺钉锁附于顶棚铁架，各顶棚连接处还需打上玻璃胶。整体浴室内部各组件则通过螺钉、胶粘剂配合安装，壁板、顶板的平整度和垂直度公差应符合图样及技术文件的规定，壁板与壁板、壁板与顶板、壁板与防水盘连接部位应密封良好，避免产生漏水与渗漏。

6.3.4 设备管线接口系统

在SI住宅中，水电暖等管线是穿插在主体结构与内装部品之间的，与其相关的建筑布局、墙体位置、结构形式及管线走向都对其产生较大影响。若管线在结构梁及墙体中穿行，应依照施工图严格的预留孔洞，其中钢筋不得断开而应绕过预埋管以保证洞口位置的准确性和结构的安全性，避免后期开凿洞口对墙体和结构的破坏。

水电暖等设备管线还应采用标准化接口进行连接，在各类不同管道的外壁应标识不同颜色以示区分，接口颜色与管道颜色一致并做好标记，依据《CSI住宅建设技术导则（试行）》整理如表6-3所示。

管线（或套管）外壁颜色标识　　表6-3

不同管线（套管）外壁	颜色标识
给水管	蓝色
热水管	红色
中水管	浅绿色
排水管	黑色
燃气管	黄色
强电管线套管	白色
弱电管线套管	橙色

1. 给水排水系统接口

SI住宅采用分水器分支管给水方式，设置分（集）水器进行给水，如图6-19所示，水管采用可弯曲的双层套管，从分水器到用水点一对一地配管，保持各用水点的压力均衡，避免分叉或接口处的漏水，也便于维修更换。分水器及管道与管件连接时采用一次性承插卡箍式连接，并用螺栓紧固，在管道接近分水器的位置设置固定卡。

图6-19
给水分水器

图片来源：
济南鲁能领秀城·公园世家

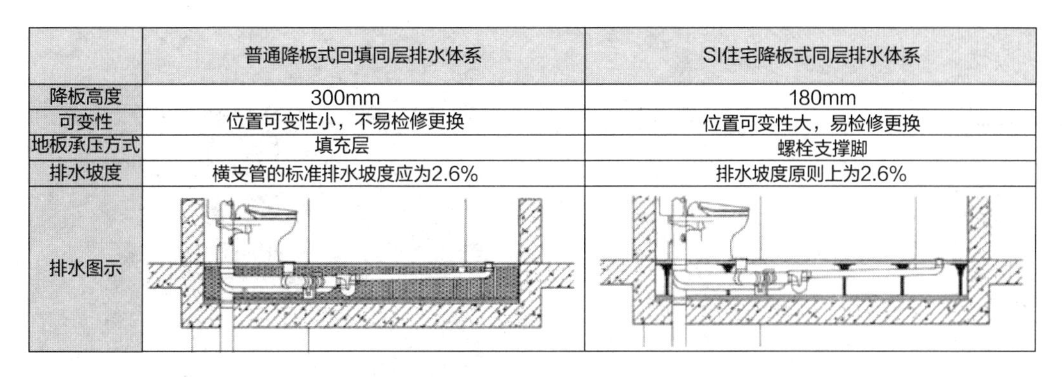

	普通降板式回填同层排水体系	SI住宅降板式同层排水体系
降板高度	300mm	180mm
可变性	位置可变性小，不易检修更换	位置可变性大，易检修更换
地板承压方式	填充层	螺栓支撑脚
排水坡度	横支管的标准排水坡度应为2.6%	排水坡度原则上为2.6%
排水图示		

图6-20
普通降板式回填同层排水体系与SI住宅降板式同层排水体系比较

图片来源：
《SI住宅与住房建设模式体系·技术·图解》

在卫生间和厨房内，为保证管线系统的独立性，常采用结构降板与管道井结合的排水系统，以实现同层排水及多通道排水。SI住宅降板式同层排水体系与普通降板式回填同层排水体系不同，采用将卫生间楼板下沉的方式（图6-20），创造管道敷设的架空空间，使管道与卫生器具同层敷设并接入公共管道井的排水立管，排水管无须穿过结构楼板，这样能减少由于管道穿越楼板而产生渗漏的风险，避免了由于管道渗漏造成的污染；能增加管道维修的方便性，无须入户维修；也能减少管线产生的噪声对住户的影响。户内卫生间一般采用螺栓支撑脚来支撑地面，使卫生器具可以灵活布置或进行后期调整。

2. 电气系统接口

电气管线的敷设主要采用架空层配线的方式，即主体结构施工时，为需穿过楼板和结构梁的管线预留孔洞，主体施工结束后，将室内管线设备设置于架空地板、墙体或吊顶的架空层内，管线沿架空层敷设时不可直接敷设，应穿管或线槽保护。具体而言，由公共电气管井引至户内配电箱的电气管线敷设于结构楼板内，其余户内电气水平管线均采用吊顶或地板内敷设。此施工方式保证了在不破坏主体结构的情况下，将户内管线灵活布置，有利于日后的更新维护。

另外还有采用带状电线直接粘贴于结构楼板下的方式，可节省吊顶部分空间高度。

3. 暖通系统接口

暖通系统接口包括干式地暖、供暖管线及设备与主体结构间的接口，这里主要介绍干式地暖。干式地暖常有两种模式即预制轻薄型地板采暖面板和现场铺装干式地暖。

现场铺装干式地暖由聚苯乙烯泡沫板、导热板及加热管、顶层承压组成。

适合架空地板的干式地暖可铺装于衬板上，采用螺栓支撑脚调节高度；而适合普通水泥地面的干式地暖（图6-21）则可直接铺装于结构楼板上，采用螺钉固定。适于普通水泥地面的干式地暖的施工流程为：聚苯板铺设→导热板、加热管铺设→分（集）水器安装→

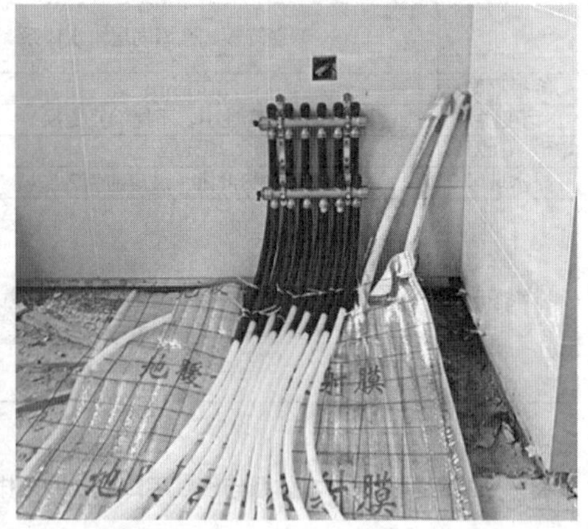

图6-21
适合普通水泥地面的干式地暖（未铺设地板）

图6-22
地暖热水分水器

图片来源：
济南鲁能领秀城·公园世家

管道试压→承压板安装→竣工验收。地暖热水分水器（如图6-22）处接口为卡箍式自锁紧连接件。承压板为受力均匀应错缝铺设，应控制承压板之间以及承压板与墙面的距离在2～5mm，固定时应开孔、打眼、插入尼龙胀塞，最后用沉头螺丝固定。

6.4 SI住宅接口的维护管理

住宅的后期维护管理十分重要，应制定后期的检修维护计划。SI住宅明确划分了住宅的共有部分与私有部分。针对结构及设备管线部品等共有部分应按计划进行强制性定期检修，定期更换耐久性较短的共有部品。

对于户内私有部分的维护管理则由所有者负责，依据不同部品的使用寿命，定期点检、维护、更新部品，同时必须注意接口的维护。如定期清扫分水器的周围并紧固水管与分水器的连接，检查吊顶的吊杆与吊件是否出现脏污、变形等情况，以及定期清扫架空地板下的架空层等。对接口的维护管理不仅关系到部品的使用寿命，也影响了部品的安全性，在住宅维护管理中应当予以重视。

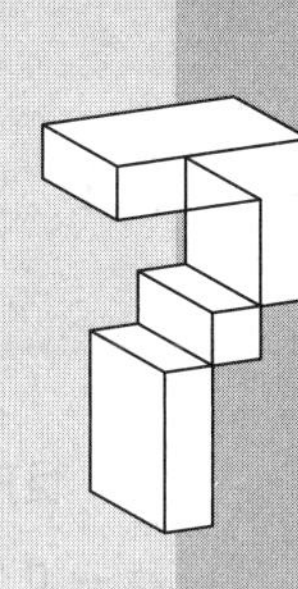

SI住宅工业化建造的实施路径

7.1 结构的施工方式

目前国际上普遍采用的SI住宅结构，按结构材料分，主要有钢筋混凝土结构、钢与混凝土组合结构、钢结构、木结构等，在中国的具体国情下，钢筋混凝土结构最为常用。针对钢筋混凝土结构的SI住宅的支撑体，国际上通用的施工方式可以总结为以下三种：

1. 全装配式

全部构件在工厂或现场预制，通过可靠的连接方式进行装配。其优点是效率高、质量好、不受季节影响、施工速度快，但缺点是需要保证各种材料、构件的生产基地，一次投资较大，构件、部品定型后灵活性小，且结构的整体稳定性较差。

2. 半装配式

全部或部分构件在工厂或现场预制，然后通过可靠的方式进行连接，并与现场后浇混凝土、水泥基灌浆料形成整体，也称半装配式。其优点是适应性大、效率高、受季节影响小，且结构的整体稳定性较强，但缺点是现场用工量比较大，所用模板比较多，且受季节时令的影响。

3. 全现浇式

即所有构件均采用现场支模板，现场浇筑混凝土，现场养护的施工方式。其优点是整体性好，刚度大，抗震抗冲击性好，防水性好，对不规则平面的适应性强，开洞容易。缺点是需要大量的模板，现场的作业量大，工期也较长。

日本的预制装配式模式对构件没有太多的限制，包括梁、柱、楼板、阳台、楼梯、门窗、外墙板等均可预制，预制率可以达到80%以上，甚至100%（图7–1）。中国香港地区的预制装配模式则采用内浇外挂模式，对构件的预制主要集中于阳台、楼梯、门窗、外墙板及空调板五部分，梁、柱、楼板多采用现浇（图7–2）。

预制装配式住宅将是今后工业化建造发展的重要产品形式，也是改变传统住宅建造方式的关键技术和有效途径。由于受限于PC技术水平以及缺乏相应的计算软件、验算方法、规范标准等，在我国无法照搬纯日本的预制混凝土结构体系。我们建议结合预制装配和传统现浇各自的优点，在SI住宅中采用预制与现浇相结合的装配整体式施工方法。我们要明白什么可以装配，什么不能装配；不提倡尽可能装配，提倡适合装配的装配，不适合装配的不要装配。我们需要探讨哪些构件适合预制装配、哪些构件适合现浇，发挥各自的优势，实现二者的有机结合。这个问题在业界已有一些共识，如垂直结构采用现浇工法可以达到很好的效果；一些水平结构如楼梯以及零星构件等可以采用预制的方式，不影响质量的同时又能加快进度；另外对于设备管线、内装修等基本已经达成共识，绝大部分都可

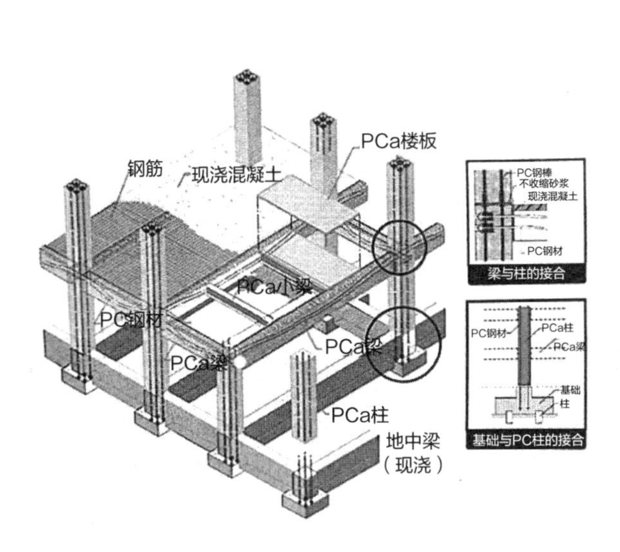

图7-1
日本预制装配模式示意图

图7-2
香港预制装配模式现场照片

图片来源：
《SI住宅设计 打造百年住宅》

以采用预制的方式。但究竟哪些构件更适合预制、哪些构件更适合现浇，还需要运用科学的方法和手段进行全面地分析论证。

7.2　两种混凝土结构的对比分析

SI住宅是一种工业化住宅产品，有别于传统的手工建造方式，采用的是自动化和现代化的生产管理模式以及设计标准化、产品定型化、构件预制工厂化、现场装配化的生产方式，从而达到高效率、高质量，并节省资源、降低环境负荷。预制装配式的施工方法被广泛用于SI住宅的建造。装配式混凝土建筑近年来在我国快速发展，并成为行业的热点。但我国在进行SI住宅建造时，限于目前装配式技术的发展水平，不应只侧重装配式混凝土结构，现浇混凝土结构也有很多工业化技术。在推进工业化建造的过程中，不能把装配式混凝土建筑看作实现建筑工业化的唯一途径、普及绿色建筑的捷径；应该充分认识到当今机械化现浇混凝土的先进适用性，而不再简单直接地将其看作是传统的甚至是落后的施工方式。

混凝土是一种在常温条件下就能从液态向固态转化并产生高强度的独特材料，因此就形成了预制和现浇两种施工方式。预制是先在工厂里制作成混凝土构件，然后运送到施工现场进行装配连接，形成装配式混凝土结构；现浇是在施工现场将混凝土直接浇注入模成型，形成整体混凝土结构。不同的混凝土施工方式对应了两种各具特点的混凝土结构。

7.2.1 现浇混凝土结构的优缺点

现浇混凝土结构（Cast-in-situ Concrete Structure）指在现场原位支模并整体浇筑而成的混凝土结构（图7-3）。与之对应的是预制装配式混凝土结构。现有混凝土结构多为现浇混凝土结构。现浇混凝土结构在今天得到了广泛的应用。主要优缺点如下：

1. 现浇混凝土结构的优点

（1）整体性和安全性较好

混凝土从液态向固态的转化是不可逆的，坚固的混凝土不能像钢材那样在高温下可熔化成液态，预制混凝土构件也不能像钢构件那样可以通过焊接熔合成一体。就确保混凝土建筑结构的整体性和安全性而言，混凝土在施工现场浇筑成型才能真正发挥其独特优势，这是其他材料无可比拟的。而预制混凝土构件通过技术措施连接后形成的装配式混凝土结构，无论在理论上还是实际上，其整体性和安全性都不如现浇混凝土结构；预制构件之间的连接通常采用现浇混凝土（或采用钢筋套筒灌浆），也就是将伸出两个构件的钢筋（俗称：胡子筋）共同锚固在现浇混凝土中来实现的，现浇混凝土与预制混凝土构件只是粘接而已，没有也不可能连结成整体，因此，构件连接部位是装配式混凝土结构的薄弱环节，处理不当就会形成安全隐患，还可能发生渗漏和结露，解决构件的连接及防水、保温问题并确保其可靠性、耐久性，历来是国内外研究的技术关键，而现浇混凝土则不存在这些问题，这也是近30年现浇混凝土取得迅速发展和广泛应用的根本原因。

（2）刚度及可塑性较好

现浇钢筋混凝土结构的整体性能好、刚度大，又具有一定的延展性，适用于抗震设防及整体性要求较高的建筑。建造有管道穿过楼板的房间（如厨房、卫生间等）、形状不规则或房间尺度不符合模数要求的房间也宜使用现浇混凝土结构。现浇混凝土结构在今天得到了广泛的应用，尤其大体积、整体性要求高的工程，往往采用现浇混凝土结构。

2. 现浇混凝土结构的缺点

缺点主要有必须在现场施工、工序繁多、需要养护、施工工期长，大量使用模板等。现浇混凝土还有一个显著缺点就是易开裂，尤其在混凝土体积大、养护情况不佳的情况下，易导致大面积开裂。

7.2.2 预制混凝土结构的优缺点

预制混凝土结构（Prefabricated Concrete Structure）是以预制构件为主要受力构件经装

图7-3
现浇混凝土结构工程

图7-4
预制混凝土结构工程

配连接而成的混凝土结构（图7-4）。预制装配式钢筋混凝土结构是我国建筑结构发展的重要方向之一，它有利于我国建筑工业化的发展，提高生产效率，节约能源，发展绿色环保建筑，并且有利于提高和保证建筑工程质量。主要优缺点如下：

1. 预制混凝土结构的优点

预制混凝土有很多优点，它的优点都是相对于现浇混凝土而言的，主要有以下几个方面：

（1）质量保证

相对于现浇混凝土构件由工人在工地现场绑扎钢筋、现场浇筑混凝土来说，预制构件都是在专业性的预制构件工厂生产，工人分工明确，人员相对稳定，工人技术熟练、具有一定的专业知识和较丰富的经验，施工地点集中，施工过程也易于监控，由于不受场地限制，成型、振捣都比较容易。因此，比较容易保证混凝土的质量。

混凝土的养护对混凝土的质量来说是一个十分重要的环节。在施工现场，由于受到条件的限制，一般只是采取自然养护，因而受环境影响较大。相对于现浇混凝土构件来说，预制混凝土构件是集中在工厂里养护，可以采取较灵活的养护方式，如室内养护、蒸汽养护等。其温度、湿度等环境因素也比较容易控制，有利于提高混凝土构件的质量。

便于预应力钢筋或钢丝的张拉。在楼板、桁条等建筑构件中，常常配有预应力钢筋，这些钢筋不同于普通钢筋，它们在浇筑混凝土前预加一个外力，将其张拉。钢筋的张拉应力值对所制备构件的力学性能有着相当大的影响，必须严格加以控制。在现场张拉钢筋常常受到施工条件的限制，即便可以张拉，也可能由于锚固不好，或者模板的松动等原因，使张拉应力松弛而达不到设计的要求。而在预制构件厂中，由于有专门的场地，专门的模具和锚固件，以及专用的钢筋张拉设备，因而能比较好地控制钢筋的张拉应力。

国外专家曾对工厂生产的混凝土与现浇混凝土进行过对比研究。得出结论：工厂预制混凝土的强度变异系数要小于施工现场的现浇混凝土的变异系数，即在工厂生产的混凝土构件的强度、耐久性、防水性能均好于施工现场生产的混凝土构件；在工厂生产时可以使用复杂、造型多变的模板，可以生产出造型多变的预制混凝土构件，而且工厂生产的预制混凝土构件表面质量好，可以不经过粉刷就可以作为清水混凝土构件使用。

（2）生产效率提高

预制混凝土构件是在工厂采用机械化、自动化的方式生产的，与施工现场浇筑混凝土的生产方式相比，生产效率要高很多，构件运送到施工现场后，进行现场装配也是采用机械化的施工方式，现场湿作业很少或者基本没有，可以减少施工现场混凝土养护时间，而且受天气和季节的影响小，施工较快捷方便。利用清水混凝土构件或提前做好建筑装饰的预制混凝土构件安装后直接投入使用，可以节省建筑装修的时间。使用预制混凝土技术，可以明显地缩短工期，从而可以带来明显的综合经济效益。

（3）节约资源和费用

现浇混凝土时需要木工现场支模板，浇筑混凝土、养护，之后再拆除模板，因为混凝土构件尺寸不统一且模板均是一次性的，模板用过之后还需处理掉，下次浇筑时还需木工重新支模板，这不仅浪费资源还耗时耗力，而预制混凝土构件工厂的模具和生产设备可以反复利用，可以降低模板消耗，还有利于环保，省时省力，可大大节约资源和费用。

（4）有利于环境保护

预制构件大部分是在工厂里完成的，从而现场湿作业大大减少，有利于改善施工现场的环境，减少施工现场大量建筑垃圾的堆放，还可以有效降低环境污染。在施工现场进行预制构件装配连接可以减少施工对周边环境的影响，噪声污染也可以得到有效控制，有利于环境保护，有利于节能降耗。

（5）工人劳动强度降低

在工厂预制构件，采用流水施工，且机械化程度高，工人的劳动环境得到改善且劳动强度也大大降低。采用预制混凝土可大大缩短施工周期，减少劳动资源的投入。

2. 预制混凝土结构的缺点

预制混凝土之所以在我国发展较缓慢，其原因是预制混凝土有一些还没克服的缺点。与现浇混凝土相比较。预制混凝土有以下缺点：

（1）整体性较差

预制混凝土结构是预制构件在施工现场进行拼装完成的，在没有精心设计拼装节点且施工质量不能保证的情况下，就很容易出现结构的整体性差的情况。在过去的一些地震中发现部分预制混凝土结构破坏比较严重，造成损失较大，如在美国Northridge地震、Marmara地震和国内的唐山大地震中，预制结构破坏严重，造成严重的人员伤亡及财产损失，因此预制混凝土结构抗震性能备受质疑，这使得预制混凝土结构在地震区的推广应用受到严重的制约。

由于混凝土从液态向固态转化是不可逆的，因此混凝土构件与构件之间不可能连接成一体，主要靠钢筋的套筒灌浆连接和浆锚搭接，对材料、机具和专业操作人员的要求较高，万一质量出问题，就是安全隐患。因此，盲目追求预制率或装配化率，构件的连接处理就会增多，混凝土结构的整体性和安全性就会下降。

（2）设计难度比较大

由于预制混凝土技术还不够成熟，预制混凝土节点构造比较复杂，设计难度比较大。结构设计人员仅熟悉现浇混凝土结构的设计方法，对预制混凝土结构的设计方法和特点比较陌生，且行业内缺乏与预制混凝土结构相关的设计规范及标准。因此缺乏熟悉预制混凝土结构的设计人员及施工人员也是制约预制混凝土结构发展的重要原因。

（3）运输安装存在问题

预制构件一般在工厂预制，预制完成后需要从工厂运送到施工现场进行组装拼接，运送和安装时均需要大型的设备，而且这会增加成本。为了避免长途运输，预制构件需要在工地附近的预制工厂生产。建筑结构一般都在市区建造，在运输预制构件时难免要走市区，而市区内对车辆的载重和大小均有严格的限制，因此预制构件的大小也受到了限制。较大的预制构件虽然可以在工地现场进行预制，但是在工地的环境下预制构件的质量无法保证。

（4）初期设备投资大，推广应用受到制约

虽然预制混凝土结构的综合效益较高，但发展预制混凝土的前期需要投资建设预制混凝土构件的生产工厂，还需要购买在生产过程中需要用到的大型的机械设备，以及运输和安装设备，投资较大。预制混凝土的设计、施工和安装技术发展的不成熟也是制约预制混凝土推广应用的因素。

综合以上混凝土预制和现浇的优缺点来看，我们不能盲目推广预制装配式混凝土建筑。选择预制还是现浇，或是预制和现浇相结合，不能刻意强求，不要搞行政命令，也无先进落后之分，都应该从实际出发，根据工程条件和市场需要来确定。我国人多地少、建筑抗震要求高，对于量大面广的高层混凝土结构建筑，还应坚持以机械化现浇混凝土为主，完善提高现场工业化水平，以确保混凝土结构的整体性和抗震安全性。

7.3 支撑体各构件的施工方式选择

7.3.1 钢筋混凝土柱

钢筋混凝土柱是用钢筋混凝土材料制成的柱。是房屋、桥梁、水利等各种工程结构中最基本的承重构件，常用作楼盖的柱、桥墩、基础柱、塔架和桁架的压杆。按照制造和施工方法分为现浇柱和预制柱（图7-5、图7-6）。现浇钢筋混凝土柱整体性好，但支模工作量大。预制钢筋混凝土柱施工比较方便，但要保证节点连接质量。

钢筋混凝土柱作为主体结构在工程实践中多采用现浇方式，垂直结构采用现浇工法可以达到很好的效果，一般不采用预制的施工方式。在我国装配式建筑发展过程中，柱子先是预制，1976年唐山地震后多为现浇。由于现浇混凝土技术的发展和出于抗震安全的考虑，柱子多采用现浇混凝土施工，以提高结构的整体性和安全性。此外，从预制柱和现浇柱的造价看，预制柱造价高于现浇柱，而且由于柱基础及柱顶部屋架或大梁与柱的固定端变为铰接端，使得施工更为复杂，结合点的可靠性也差，防震更加困难，其综合经济效果未必优于现浇柱。这也是预制柱越来越少的原因。

图7-5
钢筋混凝土现浇柱（日本）

图7-6
钢筋混凝土预制柱

7.3.2 钢筋混凝土梁

钢筋混凝土梁是用钢筋混凝土材料制成的梁。钢筋混凝土梁既可做成独立梁，也可与钢筋混凝土板组成整体的梁-板式楼盖，或与钢筋混凝土柱组成整体的单层或多层框架。钢筋混凝土梁形式多种多样，是房屋建筑、桥梁建筑等工程结构中最基本的承重构件，应用范围极广。按其施工方法，可分为现浇梁、预制梁和预制现浇叠合梁（图7–7、图7–8、图7–9）。

现浇梁和预制梁各自的优缺点是：现浇梁与结构件的连接相对可靠、结构整体性能较好，但因外部和自身工艺的限制不能随时施工交付使用；预制梁与结构件的连接和整体稳定性能相对较差，但因其可以提前进行制作，随时满足安装的要求，所以不影响工序的进度。

这两种梁的各自适用情况为：现浇梁适合梁截面尺寸跨度较大的部位，采用预制梁进行预制、运输或安装非常不便的部位，或对结构受力影响较大的采用预制梁不能满足设计要求的部位等；预制梁适宜制作尺寸跨度相对较小，对结构整体性能影响不大、设计无特殊要求的部位等。

钢筋混凝土叠合梁是在预制梁上绑扎钢筋后再现浇一层混凝土而形成的，其中预制梁在预制场内制作而成，后浇层在施工现场浇筑。现浇混凝土层前，先将预制板搁置于预制梁上，如此，浇捣完现浇层后楼板和梁连成整体。按叠合梁受力性能的不同，可分为：一阶段受力叠合梁、二阶段受力叠合梁。两者的区别取决于施工阶段在预制梁下是否设有可靠支撑，即施工阶段的荷载是否由预制梁承担。

采用叠合式构件，可以减轻装配构件的重量更便于吊装，同时由于有后浇混凝土的存在，其结构的整体性也相对较好。其薄弱环节主要在预制构件与后浇混凝土两者之间的结合面上。因此为保证该部位的牢固结合，施工时要求该叠合面采用凹凸不小于6mm的自然粗糙面，且必须冲洗干净以后方可浇筑后续混凝土。同时还将预制梁及隔板的箍筋全部伸入叠合层中。通过这些构造措施，保证了叠合梁结构整体的稳定与安全。

图7–7
钢筋混凝土现浇梁

图7–8
钢筋混凝土预制梁

图7–9
钢筋混凝土叠合梁

7.3.3 钢筋混凝土楼板

钢筋混凝土楼板采用混凝土与钢筋共同制作。按施工方法可以分为现浇楼板、预制楼板和预制现浇叠合楼板三大类。现浇楼板一般为实心板，现浇楼板还经常与现浇梁一起浇筑，形成现浇梁板；现浇梁板常见的类型有肋形楼板、井字梁楼板和无梁楼板等。预制楼板，除极少数为实心板以外，绝大部分采用圆孔板和槽形板（分为正槽形与反槽形两种）；预制楼板一般在板端都伸有钢筋，现场拼装后用混凝土灌缝，以加强整体性。叠合楼板是由预制板和现浇钢筋混凝土层叠合而成的装配整体式楼板。

现浇钢筋混凝土楼板是指在现场依照设计位置，进行支模、绑扎钢筋、浇筑混凝土，经养护、拆模板而制作的楼板（图7-10）。主要优势有：①现浇楼板是完全的刚性连接，并且能形成连续板，能显著增强房屋的整体性和抗震性，具有较大的承载力以及刚度大、强度高、坚固耐久的特点；②现浇楼板在隔热、隔音、防水、防火等方面也具有一定的优势；③尺寸灵活，空间规划布置更加自由合理，能适应各种形状的建筑平面，设备留洞或设置预埋件都较方便；④现浇楼板紧密平整，能尽量避免在预制楼板中常见的温度缝、开裂等质量通病的产生；⑤现浇楼板具有与其他结构构件连接良好的优点，操作技术要求较低，安全性高。主要劣势有：①浇筑时需要大量的现场支模，模板消耗量大，而且模板占用时间长，二次利用率不高；②施工工艺相对复杂、工序多、难度大，速度慢，施工工期长；③劳动强度大，需占用许多人力、器械；④现场湿作业多，占用施工现场的时间和场地较多，施工受季节、天气影响较大，施工时也容易对周边环境造成破坏；⑤钢筋用量较大、自重大。

预制钢筋混凝土楼板是指在构件预制加工厂或施工现场外预先制作，然后运到工地现场进行安装的钢筋混凝土楼板（图7-11）。预制板有空心预制板和实心预制板两种。主要优势有：①楼板的生产以工厂预制为核心，工厂可以满足建筑构件批量生产的要求，生产效率提高，改善制作时

图7-10
现浇钢筋混凝土楼板

图7-11
空心预制板

的劳动条件，楼板是用模具生产的，降低了制作构件的条件，减少了制作过程中人为力量对构件制作产生的误差，从而提高了构件的质量水平；②预制楼板在生产制作过程中受季节、温度、湿度的影响不是很大，因此不受季节的制约；③现场的施工主要是对构件组合装配，节省模板，减少了人员需求量，工艺简单，施工速度快，周期短，占用施工现场的时间和场地少；④容易对结构的模数化、标准化、规模化生产的实现；⑤钢筋用量少、荷载自重轻，造价低，经济实惠。主要劣势有：①整体刚性差，抗震性能差；②板块之间存在大量接缝，施工处理不当则在建筑沉降时容易造成楼板开裂、漏水；③不宜在楼板上按住户要求随意砌筑隔墙，否则因各板块间受力不均匀可能造成楼板塌陷；④尺寸统一，空间规划布置不够灵活；⑤需要一定的起重安装设备。预制板的使用在过去是比较普遍的，但是随着对施工质量以及住房要求的提高，预制板已逐渐被现浇板淘汰。出于对房屋安全以及房屋的整体性而言，现浇板没有板块缝隙，并且整体受力均匀，虽造价稍高，施工工艺更复杂一些，大家又重新审视现浇结构。

叠合楼板是由预制板和现浇钢筋混凝土层叠合而成的装配整体式楼板（图7-12）。预制板既是楼板结构的组成部分之一，又是现浇钢筋混凝土叠合层的永久性模板，现浇叠合层内可敷设水平设备管线。叠合楼板整体性好，刚度大，可节省模板，而且板的上下表面平整，便于饰面层装修，适用于对整体刚度要求较高的高层建筑和大开间建筑。

主要优势有：①叠合楼板具有良好的整体性和连续性，有利于增强建筑物的抗震性能；②在高层建筑中叠合板和剪力墙或框架梁间的连接牢固，构造简单，远远优于目前常用的空心板；③随着民用建筑的发展，对建筑设计多样化提出了更高的要求，叠合板的平面尺寸灵活，便于在板上开洞，能适应建筑开间、进深多变和开洞等要求，建筑功能好；④可将楼板跨度加大到720～900cm，为多层建筑扩大柱网创造了条件；⑤采用大柱网，可减少沿薄软土地基建造桩基的费用；⑥叠合板全高度小于空心楼板全高度，因而可减少高层建筑的总高度，或增加其层数；⑦节约模板；⑧薄板底面平整，建筑物天花板不必进行抹灰处理，减少室内湿作业，加速施工进度；⑨薄板本身制作简便，基本上可利用现有生产空心板等的预应力长线台座上进行生产，所采用的模板也很简单，便于推广（对薄板底面平整度要求较高者，则需在台座上增加钢板覆面）；⑩单个构件重量轻，弹性好，便于运输安装，可利用现有的施工机械和设备。总之，预应力叠合楼板兼有预制和现浇楼板的优点，因此既是用于高层和抗震建筑的一种较好的楼板，又是便于在我国广大预制构件厂力量较弱，吊装、运输设备能力较差的中、小城市进行工业化生产的一种楼板。

主要劣势有：①若采用叠合楼板，节点水平缝的整体性能不如现浇楼板，且湿作业仍然较大，而且受楼板整体厚度制约，往往现场浇筑时仍需对预制楼板加支撑；②一些预制厂技术设备不够先进，生产工艺不规范、工人操作不熟练，质量管理体系不完善，试验检

图7-12
叠合楼板

测技术老旧，导致制作质量不高；③板堆放、养护须有专门人员操作，养护费用较大；④板的吊装需要一些特殊的吊具，增加造价；⑤板与板之间接缝边界主要传递剪力，弯矩的分配、传递效果一般，有时需要其他构造筋；⑥这种叠合结构也存在着节点构造比较复杂，结构的力学性能难以分析，施工工序过多等诸多问题。⑦叠合楼板的厚度会比现浇楼板增加约2cm，提高综合成本；⑧楼板结构需要二次浇筑，第二次浇筑的混凝土与第一次浇筑的混凝土能不能在同一构件中协调工作并同时发挥作用，这也决定了这种结构中能不能体现出它的优越性。

国内外的专家学者进行了大量的试验研究表明：预制构件的混凝土与叠合层后浇混凝土共同受力工作，可以由相应的构造措施来实现。我们应该尽量发挥这种叠合构件在实际工程中的优点，将它的优越性发挥到最大，降低它的不完善性。我们有理由相信这种构件施工方式将会最具优势。

7.3.4 剪力墙

剪力墙又称抗风墙、抗震墙或结构墙（图7–13）。房屋或构筑物中主要承受风荷载或地震作用引起的水平荷载和竖向荷载（重力）的墙体，防止结构剪切（受剪）破坏。剪力墙按结构材料可以分为钢板剪力墙、钢筋混凝土剪力墙和配筋砌块剪力墙。其中以钢筋混凝土剪力墙最为常用。

它分平面剪力墙和筒体剪力墙。平面剪力墙用于钢筋混凝土框架结构、板结构、无梁楼盖体系中；为增加结构的刚度、强度及抗倒塌能力，在某些部位可现浇或预制装配式钢筋混凝土剪力墙；现浇剪力墙与周边梁、柱同时浇筑，整体性好。筒体剪力墙用于高层建筑、高耸结构和悬吊结构中，由电梯间、楼梯间、设备及辅助用房的间隔墙围成，筒壁均为现浇钢筋混凝土墙体，其刚度和强度较平面剪力墙可承受较大的水平荷载。

预制实心剪力墙、预制叠合剪力墙等预制墙体可提高建筑性能和品质，从建筑全生命周期来看，可节省使用期间的维护费用，同时减少了门窗洞口渗漏风险，降低了外墙保温材料的火灾危险性，延长了保温及装饰寿命，可以取消外墙脚手架、提高施工速度，有利于现场施工安全管理，具有良好的间接效益。

较高的高层建筑和一些超高层建筑一般均设计核心筒作剪力墙来承受地震力，这类核心筒的施工方法已有十分成熟的经验，可采用液压爬模的现浇工艺，不仅效率高、用工省，且有利于保证工程质量和安全施工，工期快，可达3～4d/层。由于此工艺每次安装时间较长，设备较复杂，因此开始安装时费劲，并且投资较大，适用于较高的高层建筑的核心筒施工，一般可适用于高度超过100m的工程。对于百米以下的工程，由于爬模向上爬升的高度尚不足，使用时间不长就要拆除，因此其每次安装、拆除费用较大还要占工期，但只使用很短时间，得不偿失。所以对于在百米以下的高层建筑，其剪力墙（含核心筒）采用大模板施工工艺为宜。

混凝土浇筑后1～2d即可拆模，模板周转快，用工少、效率高，也可将模板根据工程

图7-13
夹心板式混凝土剪力墙结构

图片来源：
《装配式建筑系列标准应用实施指南（装配式混凝土结构建筑）》

情况组成工具式筒模或采用“简易爬模”的工艺来解决剪力墙（核心筒）的施工工艺，“简易爬模”工艺即不采取较复杂的液压系统或电动爬模，而是仍利用塔式起重机提升爬模平台，其他工艺与液压爬模相似，这种工艺组装、拆除均非常简单，适用在高度百米以下高层的建筑工程中推广应用。

7.3.5 非承重外墙

外墙采用“三合一”（即结构、保温、装饰三合一）预制外墙板，外墙板与内剪力墙板截然不同，功能也完全不一样（图7-14）。外墙板有保温隔热功能，还有外饰面装饰功能，如采用现浇混凝土外墙板，外侧还有两道复杂工序，一道是保温层，另一道是装饰层，都要在结构层完成后再搭脚手架进行这两层作业，不仅工期长、工艺复杂、高空操作难度大，还有安全风险，必须支设脚手架和进行材料运输等作业。如果将结构层、保温层和装饰层全部在构件厂内完成，制作成三合一的外墙预制板，运到现场一次吊装，十几分钟就可完成这三大工序，外门窗都可以在构件厂内与外墙板制作同时安装。

这整套工艺在二十多年前已在北京大面积推广应用，如京城大厦52层钢结构外墙就采用这样的施工工艺，长富宫饭店、中信大厦以及北京上百万平方米的高层住宅都采取了这种工艺，效果非常好。不仅高层钢结构可采用这种工艺，高层钢筋混凝土框架结构、钢筋混凝土剪力墙结构等公共建筑和住宅都可以推广应用。这些带饰面的外墙板有的是马赛克，有的是面砖，都是在一般小型构件厂反打一次成型，迄今未见饰面层有剥落现象，效果十分理想。这项技术是20世纪80年代从日本引进，因为京城大厦和长富宫饭店两个大工程都由日本设计，当时日本几乎大部分高层钢结构建筑外墙都采用这种工艺，形成了固定的工法，在日本各地大量推广应用，并且这类墙板大部分都是在现场预制加工，一般利用地下车库作预制场地。

外墙采用“三合一预制外墙板”大大简化了施工工艺，减少多道工序，可以加快施工速度，降低安全隐患和风险。采用“三合一预制外墙板”还具有保温层与结构层同寿命的优点。另外，外墙板采取现浇工艺难度较大，首先是现浇外墙板需支设模板，必须有牢靠的结构脚手架，耗费大量钢材、人工和费用，加上绑扎钢筋，需要大量的塔式起重机吊次和人工，加大了工程成本。另外，在钢筋混凝土框架结构或钢结构施工时，如外墙采用预制装配，还可以进行立体交叉作业，在结构达到一定高度时，下面即可安装外墙板进行封闭，室内也可及早插入二次结构、机电安装和各项室内装饰工程，可以大大加快整体施工进度。

碧桂园最新的SSGF新建造技术成套工法也值得参考。SSGF通过铝模及结构拉缝技

图7-14
预制内保温混凝土幕墙

术，实现全混凝土现浇外墙体系，主体结构一次浇筑成型，让建造房屋也像3D打印一样，免除外墙二次结构和内外抹灰，实现结构自防水，减少外墙、窗边渗漏等质量隐患。SSGF是以主体结构混凝土现浇为基础的工法，内部局部采用预制构件，并且采用一系列技术。现浇外墙保证结构安全，保持施工质量，在非结构体系部位采用一些工业化的产品，提高效率。采用这些措施同样可以实现保证质量安全、提高效率和节能环保的目标，而且成本也没有增加。碧桂园的这个SSGF新建造工法体系，是传统现浇技术基础上的改进，但明显要优于传统建造技术。

7.3.6 楼梯

预制混凝土楼梯是在别处浇筑完成后，再运到施工现场来组装。现浇混凝土楼梯是在施工现场支模浇筑的混凝土。预制混凝土楼梯优势：①可进行标准化作业和检验，降低不符合设计强度要求的混凝土应用在建筑物上，养护条件优于施工现场，使得质量、尺寸和性能更稳定；②现场用工明显减少，施工速度快；③综合制作安装成本与现浇相比基本持平甚至低于现浇。与现浇混凝土相比劣势：①对工程管理的要求略高；②尺寸控制

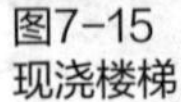

图7-15
现浇楼梯

图7-16
预制楼梯

较难与现场充分吻合。目前楼梯大都采用不抹灰的清水混凝土预制混凝土构件，这方面经验丰富，不再赘述。

除上述各主体构件之外，一些小型构件如阳台板、飘窗、空调板、女儿墙等均采用清水混凝土预制构件，安装后不再抹灰。

7.3.7 实际项目各构件施工方式统计分析

2014年5月至2015年11月期间，我课题组由于参与住房和城乡建设部的研究项目，有机会对国内24个产业化项目的工业化建造情况进行了调研。调研地区涉及北京、合肥、成都、长沙、济南、沈阳、厦门、深圳、绍兴、上海、福建、苏州。各产业化项目所采用的PC构件各不相同。课题组对各项目所采用的PC构件的预制部位进行统计。结果如下：其中，有22个项目采用了预制外墙板，21个项目采用了预制楼梯，19个项目采用了叠合板，13个项目采用了预制阳台板，11个项目采用了预制梁，仅5个项目采用了预制柱，9个项目采用了预制空调板，3个项目采用了预制飘窗，2个项目采用了预制女儿墙。由此得到的数据结果如图7–17所示。

以上数据不能百分之百说明问题，但可以给出个大致的取向：就是哪些构件适合预制，哪些构件适合现浇。为此我们将预制构件数据分三大组：比例70%以上、40%～70%、40%以下。70%以上者适合预制，40%以下者适合现浇，40%～70%之间者预制和现浇均可，或者适合叠合。由此可以得出一个初步的结论：

（1）剪力墙在实际工程中一般不采用预制装配的施工方式，柱子在实际工程中采用预制装配的比例也仅有20.8%，说明这两者更适合现浇的施工方式；

（2）采用预制梁的项目所占比例为45.8%，说明在实际项目中，采用预制梁的比例少

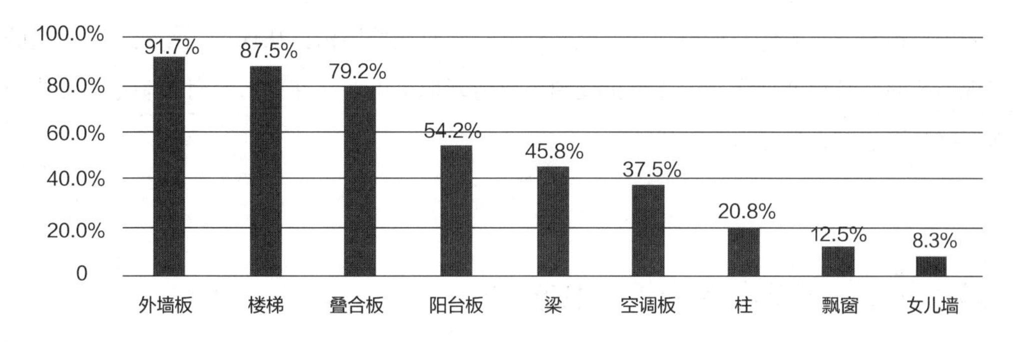

图7-17
工业化住宅项目预制构件采用百分比分类统计

于现浇梁或叠合梁的比例，说明梁更适合现浇或叠合的施工方式；

（3）预制阳台板所占比例为54.2%，超过半数的项目选择预制装配的方式进行阳台板的施工建造，说明阳台板更适合预制的施工方式；

（4）实际项目中，叠合板采用百分比为79.2%，说明楼板适合采用叠合的建造方式；

（5）楼梯和外墙采用预制构件的比例很高，分别达到87.5%和91.7%，说明这两者更适合采用预制装配的施工方式；

（6）由于如女儿墙、飘窗等构件不是每个项目都有，因此图中数据不能说明问题。而空调板则视具体项目而定。

根据以上数据，还可以大致画出支撑体各构件施工方式图（图7-18）。纵坐标的正向

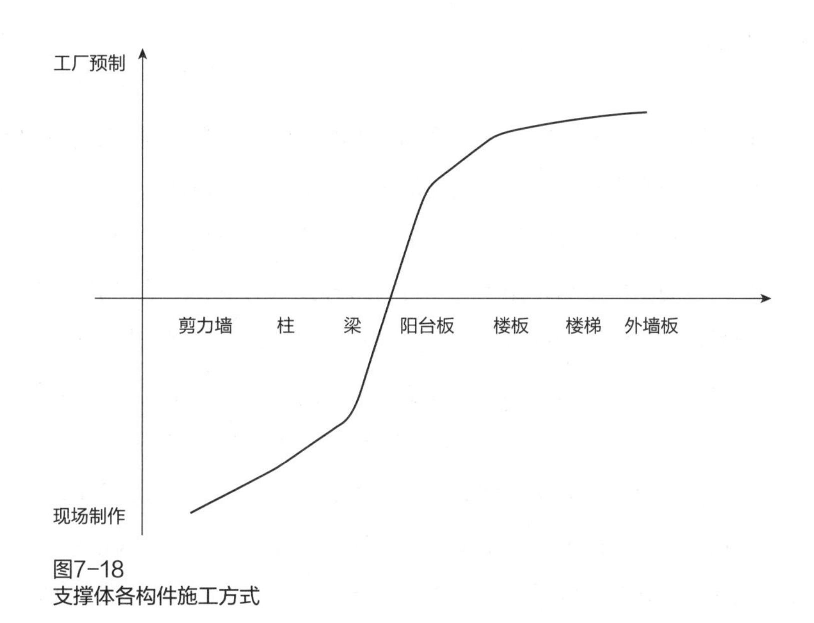

图7-18
支撑体各构件施工方式

代表工厂预制、负向代表现场制作，横坐标从左到右是按照构件从现场制作到工厂预制的实现方式的难易程度排序，通过该折线图可以清晰地得出，从左到右，对预制施工方式的适应度是逐渐增强的。

7.4 填充体各部品的施工安装方式

对于SI体系的工业化住宅，支撑体使得建筑实体的框架形成并具有建筑结构安全性的保障，填充体用以实现住宅的空间和使用功能。填充体包含内装部品和设备及管线两大部分，其中内装部品包含整体卫浴、整体厨房、系统收纳等模块化部品和架空吊顶、架空地板、架空墙体、轻质隔墙等集成化部品，设备及管线则包含暖通和空调系统、给水排水系统、消防系统、燃气设备系统、电气与照明系统、电梯系统、新能源系统、智能化系统。

SI住宅的填充体的生产施工方式同样可以总结为两种，即内装工业化和传统内装。内装工业化是将室内装修的大部分装修部件在工厂内通过大型机械高效率、高标准流水线化生产，然后到现场进行组装。原材料规范化，标准化批量采购、模块化设计、工业化生产、整体化安装，实现装修的规范化、标准化和高效节能。传统内装即采用传统方式，将装修部件运到施工现场进行加工的方式。相比于传统内装，内装工业化优点是设计更加灵活，运作上更加工业化，成本上更加节约，材料上更加环保。

7.4.1 整体卫浴

SI住宅的卫生间选型宜采用标准化的整体卫浴内装部品，安装应采用干式工法的施工方式。整体卫浴是以防水底盘、墙板、顶盖构成整体框架，结构独立，配上各种功能洁具形成的独立单元，具有洗浴、洗漱、如厕三项基本功能或其功能的任意组合。

整体卫浴是典型的工厂产品，是系统配套与组合技术的集成。整体卫浴在工厂预制，采用模具将复合材料一次性压制成型，现场直接整体安装，适应建筑长寿化的需求，可方便重组、维修、更换。另外，与采用传统做法现场施工的卫生间相比，整体卫浴的工厂生产条件较好、质量管理措施完善，有效提高了建筑质量，提高了施工效率，降低了建造成本，同时也实现了成品化，将质量责任划清，便于工程质量管理以及保险制度的实施。整体卫浴设计宜采用干湿分离的方式，给水排水、通风和电气等管道管线连接应在设计预留的空间内安装完成，并在各专业设备系统预留的接口处设置检修口；整体卫浴的地面不宜

图7-19
整体卫生间安装

图片来源：
《面向大规模定制的住宅装修产业化实现体系》

高于套内地面完成地板面的高度。

整体设计整体卫浴由人体工学、建筑、工业、模具、材料等各学科资深专家共同研发，合理布局浴室空间，精心从事款型、颜色设计，将卫生间的实用性、功能性、美观性发挥至极致。整体卫浴的所有部件都是在工厂预制完成，使用大型压机及钢模实现工业化、标准化生产，速度快，品质稳定可靠。浴室主体通过高温高压一次性模压成型，密度大、强度高、重量轻但坚固耐用。整体底盘，无需做防水，绝不渗漏。“一揽子”提供卫生间的地面、墙面、天花、门及坐便器、龙头、五金件、照明、电器、通风、给水排水管系统等所有内部件，省心又省力。整体卫浴用简易快捷的装配方式，替代了传统的泥瓦匠现场铺贴方式，无噪声、无施工垃圾；安装迅速，两个工人几小时即可装配完成一套整体浴室，大大缩短了工期，节约了劳动力成本。安装过程如图7-19所示。

7.4.2 整体厨房

SI住宅室内装修中设置的厨房宜采用整体厨房的形式，整体厨房选型应采用标准化内装部品，安装应采用干式工法的施工方式。整体厨房是建筑中工业化程度比较高的内装部品，采用了工业化生产现场组装的形式。整体厨房采用标准化、模块化的设计方式设计制造标准单元，通过标准单元的不同组合，适应不同空间大小，达到标准化、系列化、通用化的目标。整体厨房是将橱柜、抽油烟机、燃气灶具、消毒柜、洗碗机、冰箱、微波炉、

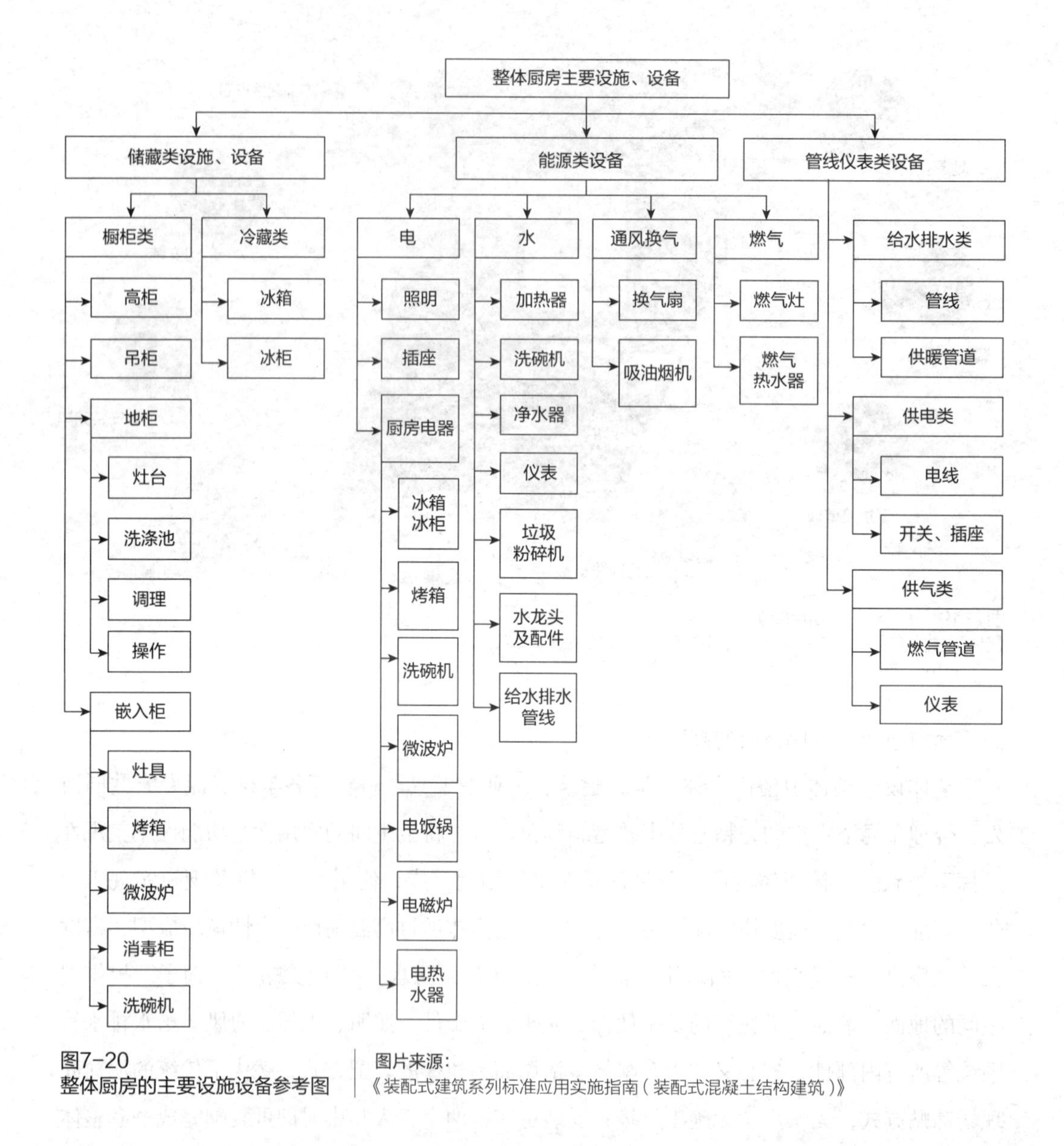

图7-20
整体厨房的主要设施设备参考图

图片来源：
《装配式建筑系列标准应用实施指南（装配式混凝土结构建筑）》

电烤箱、水盆、各式抽屉拉篮、垃圾粉碎器等厨房用具和厨房电器进行系统搭配而成的一种新型厨房形式（图7-20）。

“整体”的涵义是指整体配置、整体设计、整体施工装修。“系统搭配”是指将橱柜、厨具和各种厨用家电按其形状、尺寸及使用要求进行合理布局，实现厨房用具一体化。依照家庭成员的身高、色彩偏好、文化修养、烹饪习惯及厨房空间结构、照明结合人体工程学、人体工效学、工程材料学和装饰艺术的原理进行设计，使科学和艺术的和谐统一在厨房中体现得淋漓尽致。整体厨房的板件、连接件及厨房电器采用工厂标准化生产，现场进行装配式施工。博洛尼整体厨房的施工过程如图7-21所示。

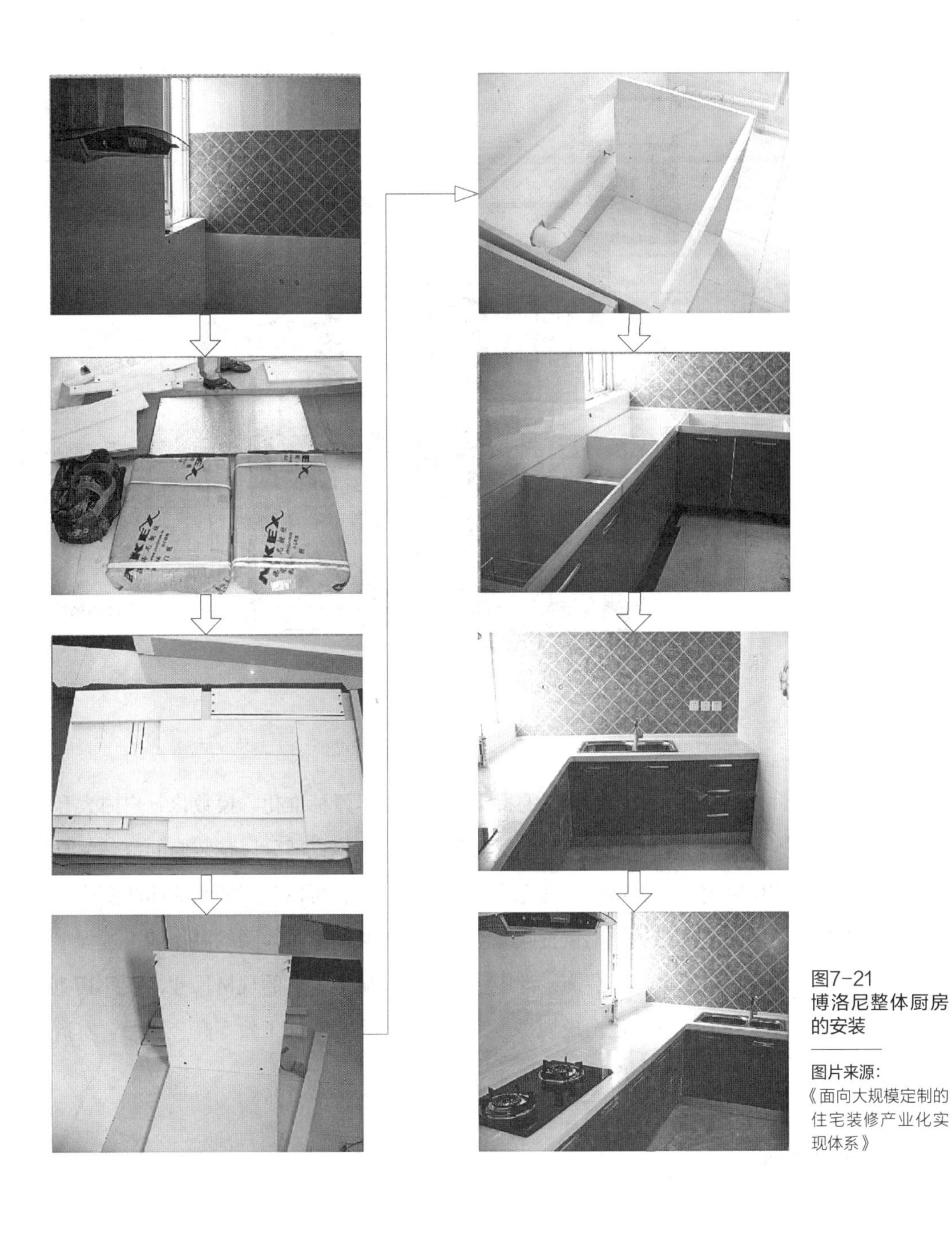

图7-21
博洛尼整体厨房的安装

图片来源：《面向大规模定制的住宅装修产业化实现体系》

7.4.3 系统收纳

SI住宅室内装修中设置的收纳部品宜采用整体收纳的形式，整体收纳选型应采用标准化内装部品，安装应采用干式工法的施工方式。收纳系统的设计，应充分考虑人体工程与室内设计相关的尺寸、收取物品的习惯、视线等各方面因素，使收纳系统的设计具有更好

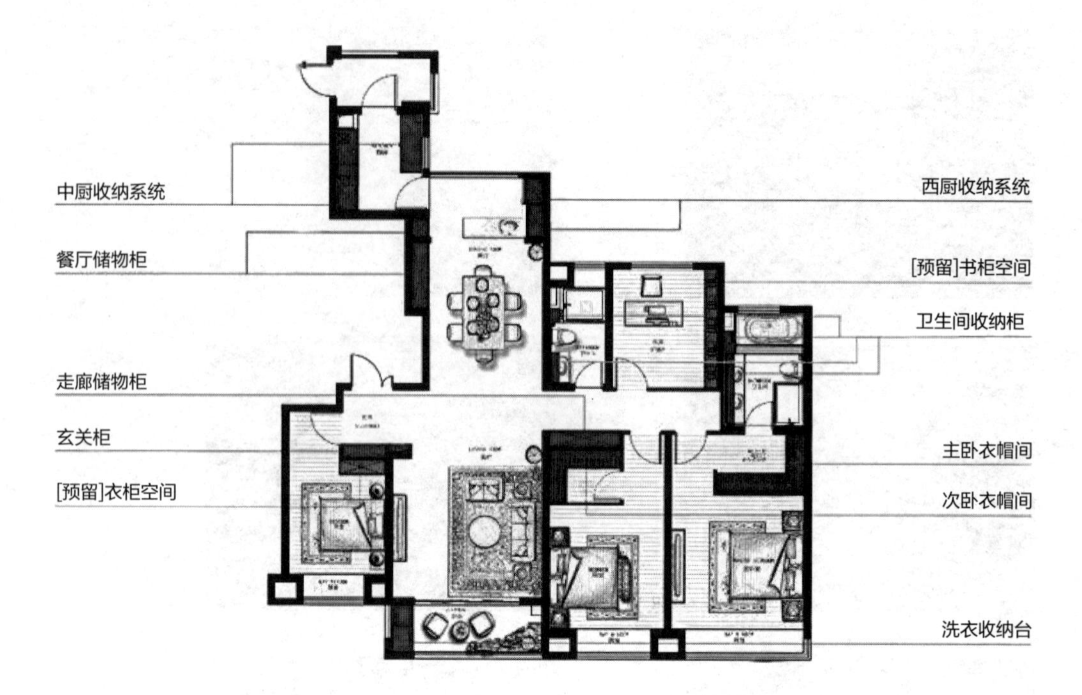

图7-22
全屋收纳系统

的舒适性、便捷性和高效性。SI住宅体系的特点是结构体尽量标准化、模数化，户内大开间、大纵深。SI体系中，住宅结构体只考虑受力部分，而内填充部分属精装修的范畴，收纳体系空间的摆放位置完全由装饰设计师完成。装饰设计中，可以利用隔墙的凹凸变化，在保证其他功能空间完整性的基础上设置收藏空间。整体收纳家具体系的制作加工过程全部实现工厂化，家具厂家根据户内装饰设计中预留的空间确定家具的规格尺寸，设计其功能分格，在工厂加工完成后打包运至现场拼装完成。该体系具有加工效率高、环保、质量易控制等优点。全屋收纳系统如图7-22所示。

7.4.4 集成吊顶

吊顶具有功能空间划分和装饰作用，宜采用集成吊顶，如图7-23所示。吊顶内宜设置可敷设管线的吊顶空间，吊顶宜设有检修口。吊杆、机电设备和管线等连接件、预埋件应在结构板预制时事先埋设，不宜在楼板上射钉、打眼、钻孔。内部空间留作铺设电气管线、安装灯具及更换管线以及设备等使用，吊顶架空层内主要设备和管线有风机、空调管道、消防管道、电缆桥架，给水管也可设置在吊顶内。吊顶龙骨可采用轻钢龙骨、铝合金龙骨、木龙骨等，吊顶面板宜采用石膏板、矿棉板、木质人造板、纤维增强硅酸钙板、纤

图7-23 集成吊顶

图片来源：《装配式建筑系列标准应用实施指南（装配式混凝土结构建筑）》

维增强水泥板等符合环保、消防要求的板材。设置集成吊顶是为了保证装修质量和效果的前提下，便于维修，从而减少剔凿，保证建筑主体结构在全寿命期内安全可靠。将各种设备管线铺设于龙骨吊顶内的集成技术，可使管线完全脱离住宅结构主体部分，并实现现场施工干作业，提高施工效率和精度，同时利于后期维护改造。

7.4.5 架空地板

SI住宅的地面宜采用集成化部品，宜采用可敷设管线的架空地板系统的集成化部品。架空地板系统，在地板下面采用树脂或金属地脚螺栓支撑，架空空间内铺设给水排水管线，实现了管线与主体的分离，架空地板的高度主要是根据弯头尺寸、排水管线长度和坡度来计算，一般为250～300mm；如果房间地面内不敷设排水管线，房间内也可以采用局部架空地板构造做法，以降低工程成本，局部架空沿房间周边设置，空腔内敷设给水、采暖、电力管线等。

地脚螺栓是指架空地板与结构楼板连接的承托。衬板是指铺设在支撑脚上的板材，在使用过程中承担地热系统、装饰面板的重量和使用活荷载。蓄热板是指铺设在采暖系统上的板材。板材一般采用经过阻燃处理的刨花板，厚度一般为25mm，且不宜小于20mm，间距可根据使用荷载的情况进行设计。蓄热板可采用硅酸钙板、纤维水泥板或者其他板材。

通常在安装分水器的地板处设置地面检修口，以方便管道检查和修理使用。架空地板有一定弹性，可对容易跌倒的老人和孩子起到一定的保护作用。在地板和墙体的交界处留出3mm左右缝隙，保证地板下空气流动，以达到预期的隔音效果。如图7-24所示。

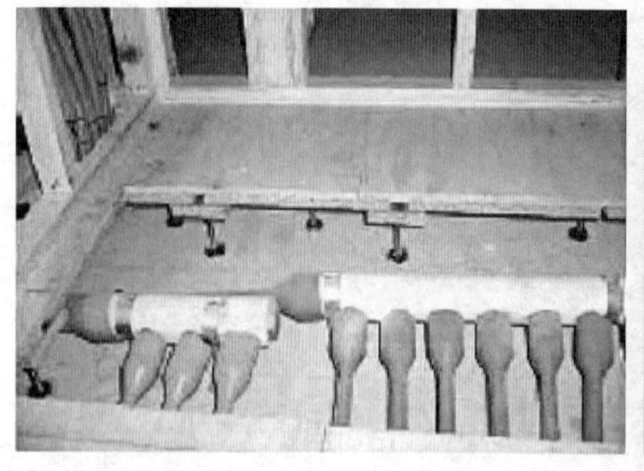

图7-24
架空地板

图片来源：
《装配式建筑系列标准应用实施指南（装配式混凝土结构建筑）》

7.4.6 架空墙体

在SI住宅干式内装系统墙体、管线分离施工技术中，墙体、管线分离采用树脂螺栓、轻钢龙骨等架空材料形成结构面层与装修面层双层贴面墙，极大方便了今后管线设备维修以及未来的内装翻新，有效缓解墙体不平带来的问题。通过调节树脂螺栓高度或选择合适轻钢龙骨，对墙面厚度进行控制，外贴石膏板，实现管线与结构墙体分离。架空空间用来安装铺设电气管线、开关、插座。当外墙采用内保温工艺时，采用导热系数低的树脂螺栓作为架空层支撑，且可作为保温喷涂厚度的依据，充分利用贴面墙架空空间。与砖墙的水泥找平做法相比，石膏板材的裂痕率较低，粘贴壁纸方便快捷，墙体温度也相对较高，冬季室内更加舒适。如图7–25所示为根据鲁能领秀城·公园世家项目所采用的架空墙体做法所绘制的轻钢龙骨架空墙体。

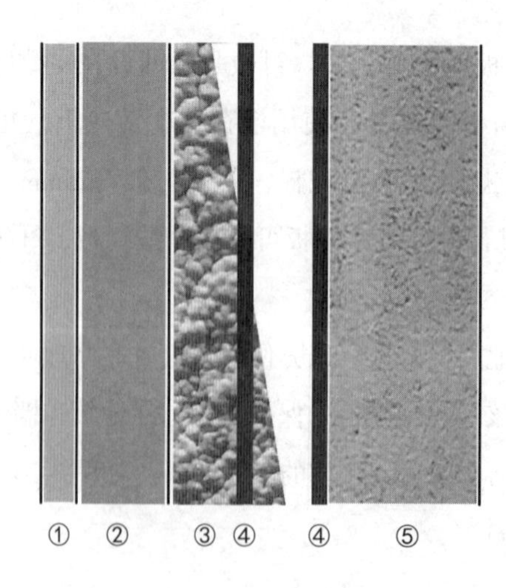

①白色乳胶漆饰面
②防潮石膏板
③发泡聚酯内保温层
④轻钢龙骨墙面架空
⑤ALC板墙体

图7-25
架空墙体做法

7.4.7 轻质隔墙

SI住宅的平面布局宜采用大开间大进深的形式，宜采用轻质内隔墙进行空间的分隔，目前采用的隔墙有：轻质条板类、轻钢龙骨类、木骨架组合墙体类等。采用轻质内隔墙是建筑内装工业化的基本措施之一，隔墙集成程度（隔墙骨架与饰面层的集成）、施工便捷、提高效率是内装工业化水平的主要标志。根据房间性质不同龙骨两侧粘贴不同厚度、不同性能的石膏板。需要隔音的居室，墙体内填充高密度岩棉；隔墙厚度可调，因而可以尽量降低隔墙对室内面积的占有率。此类隔墙，墙体厚精度高，能够保证电气走线以及其他设备的安装尺寸。同时，隔墙在拆卸时方便快捷，又可以分类回收，大大减少废弃垃圾量。缺点是相对来说成本较高。如图7–26、7–27所示。

以上是对填充体部分的七大部品体系，即整体卫浴、整体厨房、系统收纳、集成吊顶、架空地板、架空墙体和轻质隔墙，以及标准化管线及设备体系等进行的分析。根据我国现阶段实际情况可知：整体卫浴和整体厨房的模块化程度最高，从工厂预制好后可以运输到现场直接进行安装无需再加工，故这两部分是填充体中最容易实现预制装配的部分。其次依次是系统收纳、集成吊顶、架空地板、架空墙体、轻质隔墙，这些集成部品的工业化程度还有待提高。

图7–26
轻质ALC条板隔墙

图片来源：
《装配式建筑系列标准应用实施指南（装配式混凝土结构建筑）》

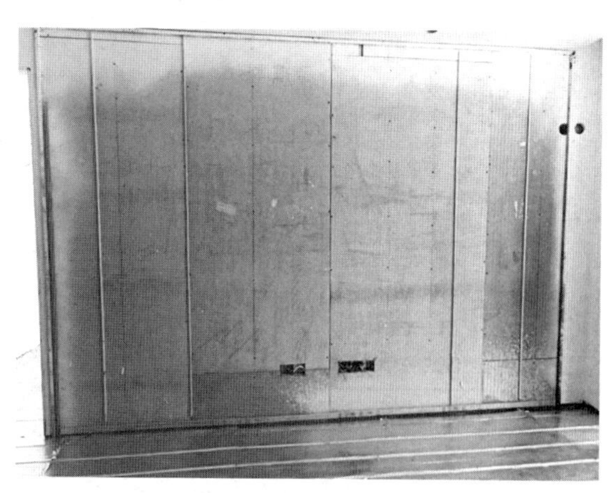

图7–27
轻钢龙骨隔墙

7.5 SI住宅工业化建造的实施路径分析

由于支撑体S和填充体I是相对分离的两部分，暂不考虑两者的关联性，对这两部分的施工方式分别进行分析。如图7-28所示，支撑体S采用纯现浇的生产方式对应图中白圈A，采用纯预制的生产方式对应图中黑圈Z，圈A到圈Z逐渐由白变黑代表预制率从0到100%。同样地，填充体I采用传统内装的生产方式对应图中白框1，采用工业化内装的生产方式对应图中黑框9，框1到框9逐渐由白变黑代表工业化程度从0到100%。需要说明的是，这里A-Z和1-9标度并不是绝对刚性的，只是一个相对程度的划分。将支撑体S和填充体I的生产方式进行两两组合，形成的路径用点划线箭线表示，易知A、Z和1、9会产生2×2即四种极端情况的施工路径。

1. A-1，支撑体和填充体均采用传统方式

这是传统现浇建筑的做法。该生产方式施工作业周期长，生产效率低，对水资源、电力资源、土地资源破坏严重，产生过多的噪声及粉尘污染，操作人员多为农民工导致技术水平及工人素质低，而且施工质量的提高有很大难度等，这一系列的问题都制约着我国住宅建设水平的提高。

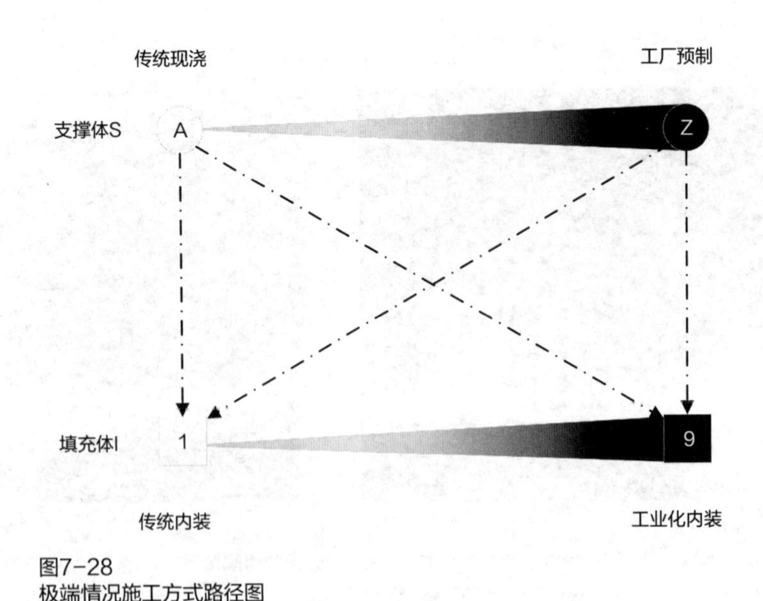

图7-28
极端情况施工方式路径图

建筑业高能耗、低效率的粗放型发展模式已成为人均资源十分匮乏的人口大国不能承受之重。传统现浇的施工方式已不适应我国新型建筑工业化的发展道路，我国建筑工业化建造的发展必须走跨越式发展的道路，不能按部就班走传统发展的老路。

2. Z-1，支撑体采用全预制而填充体采用传统方式

这是过去的失败道路。在我国目前建筑工业化技术水平不高的现状下，采用支撑体全预制的建造方式，还不足以满足住宅的结构安全性能，对于支撑体百年的安全这个基本的耐久性条件还无法保障，而且造价很高。满足安全性是进行生产施工方式选择的基本前提，任何工程都是以安全性为第一原则的，而经济性又是能够大面积长期推广应用的基本条件。所以说支撑体全预制这种方式还不适应我国建筑业现阶段发展的实际情况。

3. Z-9，支撑体和填充体都采用完全工业化方式

这是冒险冒进的做法。这种支撑体和填充体全预制工业化的生产方式是我国SI体系保障性住房产业化发展的理想状态和最终目标。采用全预制工业化方式，对于降低能耗、提高效率、节省资源、保障质量等方面都有积极作用。但基于我国现阶段的具体情况而言，预制装配化建造建筑与工程结构的水平、质量还不够高，该类体系的技术发展和工程实践在国内、即使是经济发达地区也还不够充分，不足以支撑该方式的大力推广。

4. A-9，支撑体全现浇而填充体全预制工业化方式

这是相对稳妥的做法。SI体系要实现的是“百年住宅”，这就强调支撑体部分的功能耐久性，而填充体部分功能可变性和适应性。基于我国现阶段的工业化发展水平还不够高的现实状况，考虑到良好的结构安全性能是一切生产活动需遵循的最基本原则，SI体系住宅的支撑体的设计采用钢筋混凝土结构体系，并在当前建筑业水平下采用现浇模式建造；内装填充体的设计建立住宅部品体系，采用工业化的生产方式，使用工厂预制、现场装配的建造方式。支撑体采用全现浇而填充体完全工业化相对来说是现阶段较适合发展SI体系住宅的一种方式，但仅仅是产业化发展过程的中一个阶段。

结合我国现阶段建筑工业化的发展水平，综合考虑以上四种极端情况，可以对其发展SI体系住宅的适宜程度进行大致排序，A-9是现阶段相对适宜我国国情的方式，其次是Z-9、Z-1、A-1。

但是这四种极端方式一定都不是适宜我国未来住宅工业化建造发展的最佳方式。从传统的全现浇方式A-1到理想的全预制方式Z-9，我们旨在寻求一种最适宜中国国情的生产方式，走一条中国式SI住宅工业化建造的发展道路，因此需要对支撑体S和填充体I的工业化程度进行分级。分级后如图7-29所示。

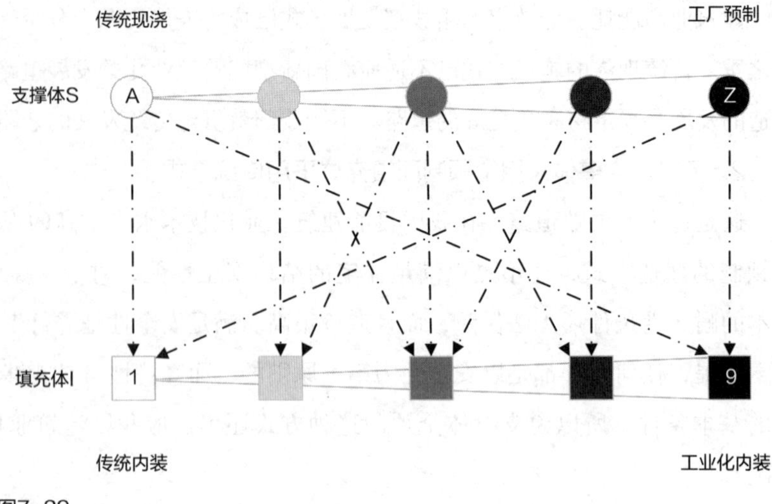

图7-29
SI住宅施工方式路径图

这里仅提供一种分级思路，具体应该分多少级还需今后进行更加细致的分析。

将支撑体S和填充体I的施工方式两两组合，若支撑体的预制程度分为m级，填充体的工业化程度分为n级，则共有m×n种施工方式，到底哪种方式最适合我国的具体国情，是我们今后需要研究的课题。按我国现有发展水平，我们预计：支撑体偏现浇（传统方式），填充体偏预制（工业化方式）应该是最好的路径。

这方面还要继续深入的研究。

本书前面各章节介绍了SI体系住宅的体系划分、结构体建造方法、填充体建造方法、接口方法和从结构体系到填充体的实施路径，本章将通过一个虚拟的住宅案例，将前述的研究方法应用于该项目，模拟该住宅从设计、建造到竣工交付全过程的组织、计划、运作过程。

8.1 工程项目概况

本项目位于大连市某小区，是由YDK开发公司开发的一栋18层钢筋混凝土建筑，建筑面积11060m^2，另有地下室600m^2，使用性质为住宅、小公建和车库，包含两个单元。建筑工程等级二级，结构形式为框架及剪力墙结构，防震设防烈度7度，耐火等级二级，屋面防水等级II级。建筑立面图如图8-1所示，建筑平面图如图8-2所示。

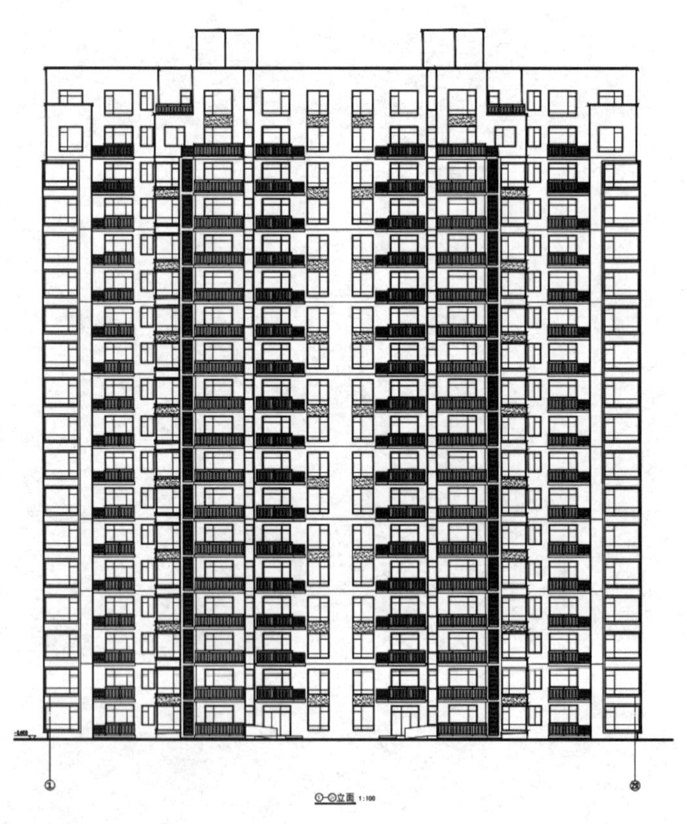

图8-1
建筑南立面图

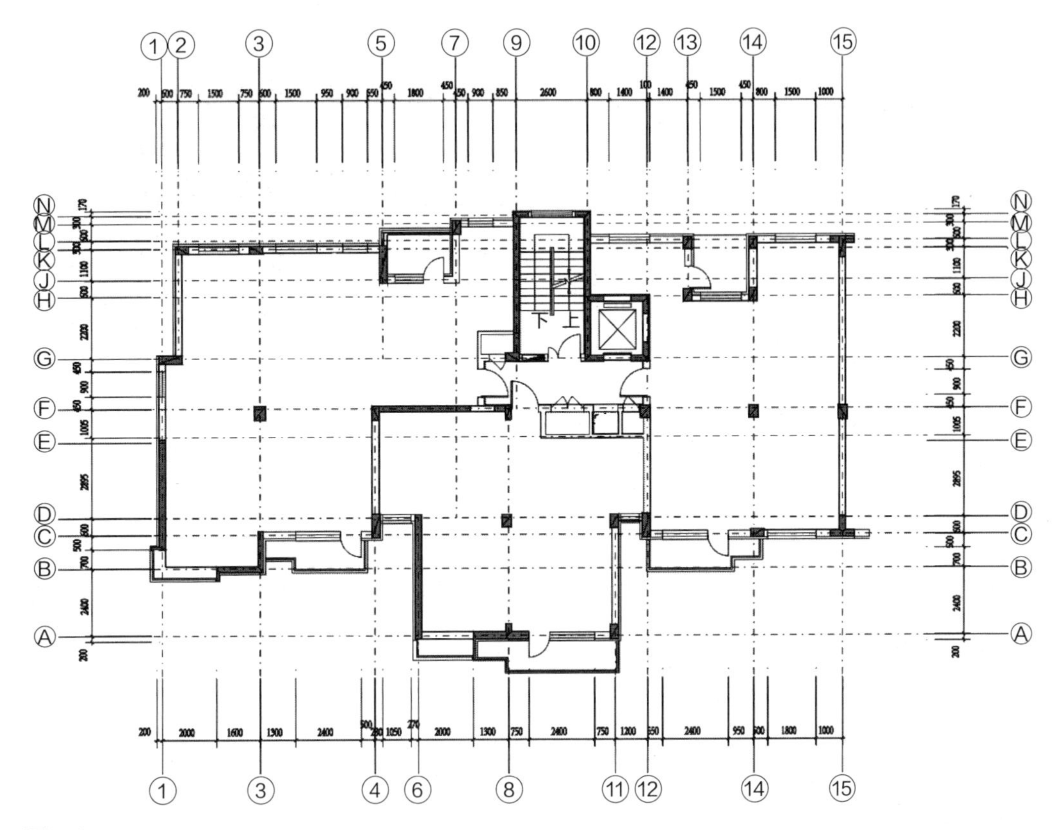

图8-2
建筑平面图（一个单元）

本项目的规划图由开发公司委托A设计事务所完成，而后期的详细设计由开发公司委托B设计事务所和C施工企业共同完成。开发公司在其中做主要指导和协调工作。

8.2 SI体系百年住宅的设计

8.2.1 用户参与的二阶段设计概述

在SI体系百年住宅中，支撑体与填充体的建造过程是分离的。为了在保证支撑体结构耐久性、安全性要求的同时，还能最大化地实现用户对填充体可变性和内装个性化的要求，SI体系百年住宅应采用二阶段设计方法，按用户是否直接参与设计过程将住宅设计分为两个阶段，其整个过程如图8-3所示。

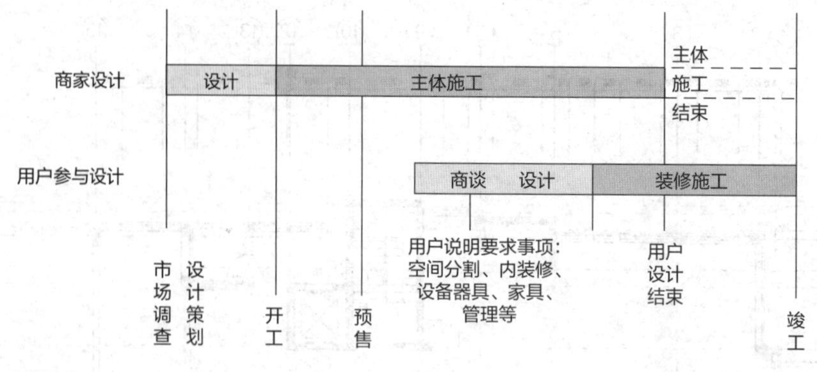

图8-3
二阶段设计过程

按照在设计阶段用户参与设计的不同程度，二阶段设计如表8-1所示的五种形式，依据项目概况及用户较低的定制要求，本案例项目拟采用菜单式设计形式，由住宅开发企业完成主体结构设计，用户直接参与内部装修设计。

二阶段设计的不同形式　　表8-1

二阶段设计形式	内容
完全商品式设计	住宅开发企业通过市场需求调查（Voice of Customer，VOC）或已有资料确定项目的市场定位，预先考虑用户要求，以此为依据进行全部设计，用户未参与到设计过程中
框架式设计	在SI体系百年住宅的基础、主体结构等部分的设计完成后，内隔墙、内装修、设备等由用户自由设计
菜单式设计	住宅开发企业事先准备了包含一些内隔墙、装修和建筑设备的“菜单”供用户选择，用户在购得住宅产权后，从菜单中选择部分内隔墙、装修和建筑设备等
任选式设计	事先设定一些建筑、结构和装修的标准式样，然后让用户在通用化、可互换的构件和部品中进行选择，用户参与到了建筑与结构的设计当中
完全定制式设计	建筑设计者完全按照用户的定制要求来进行住宅的完整设计

8.2.2 第一阶段设计——商家设计

第一阶段设计的内容主要是设计住宅的公共性、安全性要求较高的基础、主体和共用部分。该阶段设计是住宅开发企业在市场需求调研的基础上，通过设定典型代表的家庭及其生活方式确定该项目的目标定位，进行住宅项目的框架性设计。本案例的第一阶段框架性设计的项目及要点如表8-2所示。

第一阶段框架性设计的项目及要点 **表8-2**

设计项目	内容和要点
住宅区设计	住宅楼栋的布置，住宅区内道路、绿化、停车场等复合设施的设计
住栋平面设计	住户面积，住户布置，柱网或承重墙的布置，共有部分与专有部分的划分等
住栋立面设计	住栋的外观造型与风格，对高度、采光、通风等的设计
公共设施设计	合理布置住栋的出入口、大堂、休息室等公共活动空间
结构设计	主体结构种类和形式，基础形式和埋深，结构计算和安全性确认，建筑物耐久性的提高措施
住栋设备管线设计	给水排水、供电、供气、信息等设备的种类和形式，主要管线的位置范围，垂直运输设计
防灾安全设计	安全通道设计，防火防盗系统，抗震性能和隔音防水性能的提高措施
环保节能设计	对排水处理、垃圾处理、住宅保温等的合理设计

第一阶段设计要求满足整体结构的安全、可靠与耐久，符合有关法律规范的规定，能够保障用户长期安定的生活，同时为用户多样化与个性化的功能需求提供坚实的平台。本章8.1节的图8-2即是本案例项目中住宅开发企业设计的某单元标准层平面图，从平面图拆分出如图8-4所示的三种户型的结构平面图，并分别记为户型Ⅰ、Ⅱ、Ⅲ。

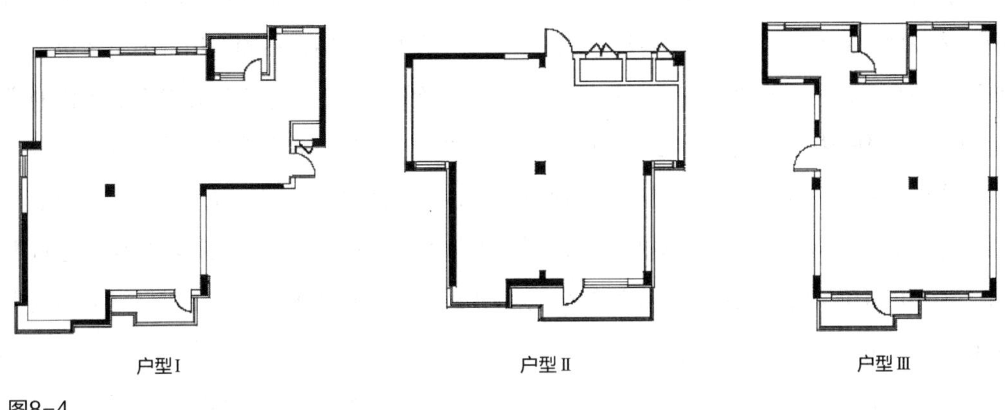

图8-4
本案例三种户型的结构平面图

8.2.3 第二阶段设计——用户设计

第二阶段设计是用户直接参与的设计，是在第一阶段设计的基础上通过用户与设计人员之间的商谈来实施的。在房屋预售（或集资）确定入住的用户后，设计人员通过面对面交谈、问卷调查或会议交流等形式，全面了解用户对住宅空间分隔、内装修、设备、价格等事项的要求，然后按照用户要求进行住宅的细部设计，在设计人员与用户不断的信息交互中完善住宅的内部设计，以最大限度地满足用户多样化与个性化要求。第二阶段设计将用户对住宅内装的要求前置在了设计阶段，避免了二次装修所造成的建筑破坏与资源浪费。第二阶段设计的内容如表8-3所示。

第二阶段设计的项目及要点 **表8-3**

设计项目	内容和要点
户型设计	实现户型可变，合理布置住宅的各功能空间，户内交通组织流畅
内装设计	按耐用年限划分并布置内装和设备，使用不燃、环保、健康的材料
开口部位设计	确保入户门的防盗性能及门的隔音、保温性能；确保窗的采光、隔音、保温与防盗性能
住户设备设计	设计供电、照明、给水排水、供气、信息、室内新风换气以及智能系统，选择合适的部品设备，设计大型家电设备的管线与安置空间，考虑设备安装接口与更换
检修与安全设计	设计部品的检修口；按需要安装报警器与自动灭火装置

1. 第二阶段设计流程

第二阶段设计是设计人员与用户的信息交互进而完善设计的过程。本案例项目采用菜单式设计，住宅开发企业委托设计单位或装修公司在装修之前将内装各部位分项（如门窗、内隔墙、地面、墙面等）的设计方案、样式、做法、所用材料和费用等列出清单，用户可按照自身需求，在结构安全允许和管线布设合理的前提下，直接从开发企业提供的成套户型设计中选择属意的设计方案，或修改已有的设计方案，或提出新的装修方案。

在BIM 技术的支持下，住宅开发企业将住宅各功能模块（卧室、客厅、餐厅、卫浴、厨房等）的设计效果以三维模型的方式进行展示，用户可选择自己喜欢的功能模块进行组合，借助BIM模型的直观效果，在反复交流修改后最终敲定设计方案，生成最终的内装平面设计图，并将其整理成为内装订单。

在用户直接参与设计的过程中，用户与设计人员都应遵循一定的原则。首先，在第二阶段设计的过程中，设计人员应积极主动地收集用户的需求信息，与用户就住宅功能需求等方面进行交流，把专业化的服务与顾客的个性化要求相结合，在双方的交互中完善室内设计，而不是被动地等待用户提供设计方案。其次，设计人员应在不违背有关法律规范与标准的情况下，同时在企业能承受的范围内尽量满足用户的合理需求，但不能以牺牲公共安全和环境为代价迎合个别用户的不合理的个性需求。

2. 获取用户需求信息

获取用户需求信息并使用户参与设计的方法主要有投入使用后评价（Post Occupancy

➢ 空间功能需求

☑ 起居室 ☑ 卧室 ☑ 餐厅 ☑ 厨房（☑ 西厨/☑ 中厨） ☑ 卫生间 ☐储藏室 ☑ 衣帽间 ☑ 游戏室 ☐健身房 ☐婴儿房 ☑ 书房 ☐茶室 ☐客房 ☐其他______

➢ 空间数量需求

卧室数量__2__ 卫生间数量__2__ 其他__1__

➢ 空间位置需求

☑ 主卧室南向优先 ☑ 客厅南向优先 ☐次卧室南向优先 ☐其他______

➢ 空间大小需求

主卧使用空间与次卧使用空间大小相近均在 20 ㎡左右

➢ ……

……

图8-5
获取用户需求信息

Evaluation，POE）、问题搜寻法（Problem Seeking，PS）、质量功能配置（Quality Function Deployment，QFD）等。本案例采用问卷搜寻用户需求偏好信息，并与用户持续进行需求信息交互。现有三户用户家庭A、B、C分别购买了对应图8-4的三种户型住宅，用户家庭A的需求问卷填写形式如图8-5所示。

案例问卷中三户家庭的需求信息如表8-4所示。

三户家庭的需求信息　　表8-4

用户家庭	住宅户型	人员构成	家庭类型	需求内容
A	Ⅰ	四口之家 夫妻+两个孩子同屋居住	双子女培养型家庭	四口之家，重视儿童活动空间与主卧空间的生活品质。公共卫生间干湿分区，使用整体卫浴。整体厨房开放。希望拥有较为丰富的居住体验
B	Ⅱ	两口之家 夫妻	年轻奋斗型家庭	两口之家，需要南向卧室与南向客厅，卧室内包含读书空间。卫生间使用干湿分区的整体卫浴。整体厨房开放。丈夫需要健身空间，妻子需要独立的茶室或Bar
C	Ⅲ	三口之家 夫妻+一个孩子	单子女成长型家庭	三口之家，南侧主卧与客厅，北侧孩子卧室，两个卧室分别包括工作及学习空间，需要一定储物空间。整体厨房封闭。卫生间使用整体卫浴

3. 部品前置设计与部品管理信息系统

菜单式设计要求住宅开发企业事先准备包含部品和装修等信息的菜单，住宅开发企业不可随意更改部品的规格，这实际上是将部品前置于设计阶段。部品前置设计的主要工作是调整部品与部品、部品与建筑的关系，提供部品的施工安装说明，保证部品在后期能正常安装与使用，解决了传统设计流程导致的部品实际规格与最初内装设计相矛盾的问题，

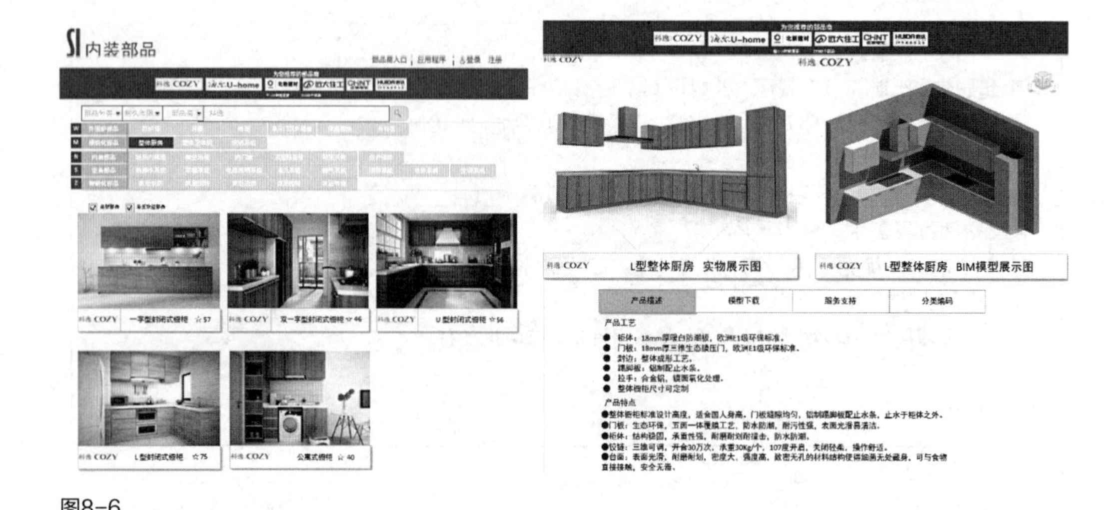

图8-6
基于BIM的部品管理信息系统的菜单形式

也有利于节省部品生产时间、缩短工期。

菜单的形式除载有部品与装修信息的清单图册外，还可以采用基于BIM的部品管理信息系统（图8-6）。本案例采用部品管理信息系统规范化部品的信息管理，实现了部品的可视化、信息共享与施工安装的模拟，并结合VR技术提供给用户实际设计效果的沉浸式体验，提高用户参与设计的效率，也有助于后期住宅的维护更新。

4. 用户内装设计结果

经过二阶段设计，本案例三户家庭内装平面设计图的最终结果如图8-7所示。

以双子女培养型家庭A为例，用户家庭A重视儿童活动空间与主卧空间的生活品质，经过用户与设计人员的交流，最终在主卧内布置衣帽间、独立卫浴及梳妆、书房，私密性较强；北侧设置孩子卧室、阅读空间、游戏活动空间及乐器储置间；起居室家具摆放便

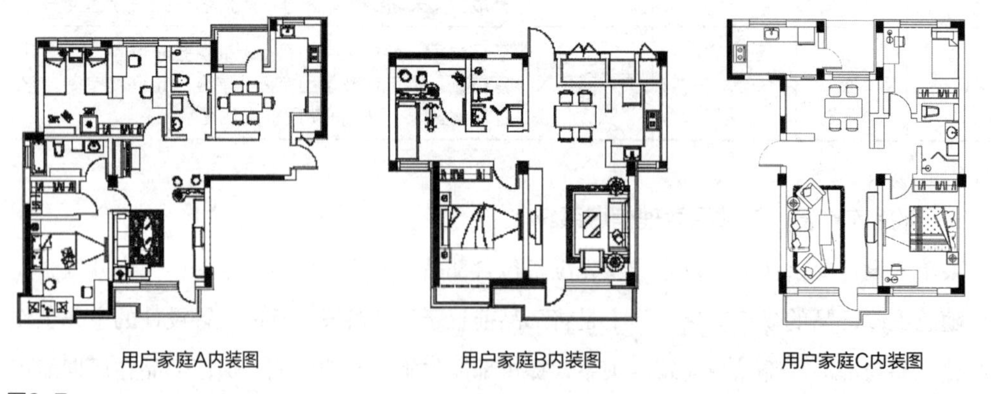

图8-7
案例三户家庭的内装平面设计图

利，厨房的橱柜台面较长，户内功能空间面积较大。整体厨房开放并与餐厅相结合，次卧与公共卫浴相近，户内空间关系紧密。公共卫浴采用干湿分区，能避免儿童滑倒。南向房间的面积比例占50%以上，主卧和起居室的采光与通风良好，同时卫生间门并不会对户门造成视线干扰，内装设计的舒适性高，用户家庭A居住体验较为丰富。

8.3 SI体系百年住宅主体结构施工

SI体系百年住宅中支撑体结构应满足安全性、耐久性、适应性、经济性和可持续性要求。从保证本项目支撑体结构的安全性和耐久性来看，主体结构的施工应保证结构体系具有良好的整体稳定性、抗震性和防潮性。为了提高本项目支撑体的适应性，主体结构的施工必须满足建造精度的要求，方便填充体与支撑体的接口的安装。另外，本项目主体结构的施工还应符合可持续住宅的理念，具体表现在施工过程的节能低碳、绿色环保上。本工程主体混凝土结构的施工采用技术改进后的现浇方式，并在整个施工过程中进行精细化管理，确保技术规范的实施和制度的落实，使住宅主体结构能够达到百年住宅要求的质量和精度要求。

SI体系住宅主体结构的施工基本与一般住宅主体结构的施工相似，本节主要对SI体系住宅主体结构施工中与一般住宅主体结构施工有区别的地方进行细述，而淡化对相似部分的描述。

8.3.1 主体结构现浇

根据本书第四章对支撑体混凝土施工方式的评价结果可知，现阶段我国SI体系住宅支撑体混凝土结构的实现方式还应以传统现浇方式为主。故本工程采用现浇方式进行基础及主体结构的施工，现浇部分包括除楼梯外的承重结构的梁、板、柱、剪力墙、屋顶，另外，为保证结构的整体性，非承重结构中阳台板、非承重分户墙也采用现浇施工方式。

1. 模板工程

由于基础和地下室模板的周转次数少，模板选型变化多，出于对经济性的考虑，本项目基础、地下室及首层使用钢木组合模板。标准层施工则使用铝模，一是由于铝合金模板具有稳定性好、承载力高、通用性强且重复使用次数多等优点，而且铝合金模板施工现场施工环境安全、干净整洁，材料均为可再生材料，符合SI体系住宅对节能环保、低碳减

图8-8
铝合金模板

排的要求；二是由于使用铝合金模板拆模后混凝土表面平整，无需再次抹灰，从而可以大幅减少木模、砂浆的使用，实现零空鼓、零开裂，降低装修过程中的成品保护难度，如图8-8所示。

2. 钢筋工程

在钢筋混凝土主体结构中，钢筋及其加工质量对结构质量有着决定性的作用，SI体系住宅钢筋工程的施工工艺和注意事项与一般工程类似，只是由于SI体系住宅对结构的安全性和耐久性要求更高，所以对钢筋材料以及施工质量的要求更高，应根据实际情况，增加配筋厚度和配筋形式。

由于钢筋工程属于隐蔽工程，钢筋的质量难以检查，所以本项目在钢筋施工过程中应加强钢筋进场到验收的过程控制、加强钢筋的堆放管理、强化对钢筋加工以及现场连接的质量监督，确保钢筋工程满足设计和规范要求。

3. 混凝土工程

SI体系百年住宅主体结构施工所用混凝土除了对强度的要求，还要保证混凝土具有足够的耐久性。高性能混凝土的高性能体现在：一是新拌混凝土具有高工作性；二是硬化混凝土具有高强度的同时具有高耐久性。故应该结合项目所处环境条件选择适用的高性能混凝土，使住宅即便是在恶劣的条件下也能有足够的使用寿命。

本工程位于大连，空气湿度大。为提高结构的防潮性，需要对混凝土做防锈处理：增加混凝土保护层厚度。我国建筑施工手册对混凝土保护层最小厚度的规定适用于设计使用年限为50年的混凝土结构。另外，为增强

SI住宅主体结构的耐久性，本项目混凝土的保护层最小厚度为50年结构的1.4倍（即按照100年的使用年限来进行设计），梁、板、柱、承重墙的保护层分别增加约6～14mm；严格控制混凝土中最大氯离子的含量，不应超过50%；使用非碱活性骨料。从抗震角度说，由于钢筋混凝土刚性较大、弹性不足，因此易受地震产生的脆性破坏，根据混凝土耐久性的基本要求，主要做法是：提高混凝土的强度等级并控制混凝土水灰比。

为了更好地和内部填充体匹配、使模块化设计更好地实现，SI体系住宅支撑体混凝土结构需要达到规定的建筑精度要求。所以，在混凝土工程施工过程中，要注意保证结构误差在允许范围内，提高结构的精度。本项目在混凝土浇筑阶段，引进高精度地面工艺，使楼面平整度、水平度误差值控制在3mm以内，最终达到可以直接在混凝土表面铺贴木地板的要求，从而加快装修度、缩短总建造周期、免除地面铺贴及木板安装前二次砂浆找平。

8.3.2 楼梯安装

鉴于预制装配式楼梯具有工序简单、节省工期、质量高、成本低等特点，故本项目使用预制装配式钢筋混凝土楼梯，如图8-9所示。预制楼梯应用定型工具式模具，达到一次成型，有特殊需要的部位可加入装饰面，

图8-9
预制装配式楼梯

避免了工地的二次加工。其中预制楼梯平台与预制楼梯梁搭接，而且最终与楼梯踏步整体进行现浇，楼梯平台四边的钢筋要留一定的锚固长度。

预制装配式楼梯的施工工艺流程：楼梯加工厂生产制作→构件运输→构件进场验收→现场安装准备→楼梯上下口铺砂浆找平层→弹出控制线→校对、复核→楼梯起吊→楼梯就位→校正→与楼梯梁预埋件焊接→孔缝隙灌浆→检查复核→验收。

预制装配式楼梯现场安装的注意事项：

（1）构件安装前组织详细的技术交底，使施工管理和操作人员充分明确安装质量要求和技术操作要点，构件起吊前检查吊索具，同时必须进行试吊。吊运过程应平稳，不应有大幅度摆动，且不应长时间悬停。

（2）安装前应对构件安装的位置准确放样，并标出安装中心线、安装标高、搁置点位置等，安装误差应控制在规范允许范围内，确保构件安装质量。

（3）预制楼梯起吊、运输、码放和翻身必须注意平衡，轻起吊轻放置，防止碰撞，保护好楼梯阴阳角。

（4）预制楼梯要求隔层进行吊装，吊装楼梯平台支座混凝土构件需达到设计强度的70%。

（5）预制楼梯与支承构件之间宜采用简支连接。采用简支连接时，预制楼梯宜一端设置固定铰，另一端设置滑动铰，其转动及滑动变形能力应满足结构层间位移的要求，且预制楼梯端部在支承构件上的最小搁置长度应符合规定要求。

8.4 内装修施工

8.4.1 部品的采购及运输

1. 部品的采购

由于在本书讨论范围内，SI住宅支撑体部分采用混凝土现浇的施工方式，并且在本书第三章对SI住宅体系的划分中，主体结构和外围护部品均属于S支撑体部分，因此本节所讨论的内装修部品是指前述划分中I填充体部分的部品内容，并按照具体的位置和内容，将其划分为装修部品、设备部品和小部品三种类别，并整理成部品采购汇总表如表8-5所示。

填充体部品采购汇总表 **表8-5**

<table>
<tr><th>类别</th><th colspan="2">部位</th><th>内容</th></tr>
<tr><td rowspan="9">装修部品</td><td rowspan="5">模块式部品</td><td>厨房</td><td>整体厨房、抽油烟机、水槽、作业台、储藏柜、烤箱、洗碗机、燃气灶</td></tr>
<tr><td>盥洗室</td><td>洗面台、三面收纳梳妆镜、洗手盆、洗衣机位等</td></tr>
<tr><td>卫生间</td><td>整体卫生间、坐便器、厕所盒、洗手盆等</td></tr>
<tr><td>浴室</td><td>整体浴室、浴槽、地漏、淋浴器、格栅、毛巾架等</td></tr>
<tr><td>收纳</td><td>整体收纳家具、入口门厅柜、储物柜、卧室柜、衣帽间、电视柜、书架等</td></tr>
<tr><td rowspan="4">集成式部品</td><td>地面</td><td>地板材、双层地板龙骨、支撑件、表面材料等</td></tr>
<tr><td>墙体</td><td>户内隔墙、双层墙板龙骨、连接件、表面材料等</td></tr>
<tr><td>顶棚</td><td>吊顶材、双层顶棚龙骨、连接件、表面材料等</td></tr>
<tr><td>户内开口部</td><td>入户门、户内门、窗等</td></tr>
<tr><td rowspan="7">设备部品</td><td rowspan="7">以入户接口为界区分公共和自用设备</td><td>暖通和空调系统</td><td>通风管、换气扇、地暖设备、热交换器、热水器等以及太阳热利用系统、太阳能发电系统、家庭用燃气热电系统等</td></tr>
<tr><td>给水排水系统</td><td>给水管、水泵、减压阀、给热水设备、排污水管、排废水管、中水管、雨水沟、雨水管等</td></tr>
<tr><td>电器与照明系统</td><td>电线、变电器、照明器具、灯具、电力冷热空调设备、电力冷热空调设备、电力热水器等</td></tr>
<tr><td>安全防范系统</td><td>消防设备、防水灾设备、防燃气泄漏设备、监控设备、防盗设备、报警设备等</td></tr>
<tr><td>电梯系统</td><td>普通客梯、担货梯、货梯等</td></tr>
<tr><td>新能源系统</td><td>被动式太阳能采暖系统等</td></tr>
<tr><td>智能化系统</td><td>家庭智能终端等</td></tr>
<tr><td rowspan="5">小部品</td><td>门</td><td colspan="2">门把手、门栓、门铰链、猫眼、门阻等</td></tr>
<tr><td>窗</td><td colspan="2">窗插销、开启固定栓、纱窗等</td></tr>
<tr><td>固定收纳</td><td colspan="2">把手、滑到、螺栓等</td></tr>
<tr><td>居住空间</td><td colspan="2">开关、插座、固定器等</td></tr>
<tr><td>用水空间</td><td colspan="2">过滤器、沥水篮、水龙头、水栓、淋浴喷头、把手、厕纸盒、接头、螺栓等</td></tr>
</table>

本项目采用两阶段设计，即第二阶段设计前置，客户参与设计，并根据自身需求确定上述汇总表中每种内装部品最终的组合方案，部品采购依照客户选定方案进行。

2. 部品的运输

我国住宅部品的供应链是一种典型的以开发商为核心、按订单制造的供应链，开发商将物流和库存的责任都划分为由部品制造商来承担，部品制造商为了满足开发商对于供货的要求，在厂里设有仓库用来存放其选定的商品，并集中外包给第三方物流公司进行运输。

8.4.2 现场施工的要点及流程

1. 现场施工的原则

按照客户要求出具设计方案，并准备好标准化、系列化的配套部品，下一步就是进行现场施工了，工业化内装的施工就是将相应的部品组装成组件及装修成品的过程，这个组装过程也称为装配式施工。SI体系住宅工业化内装的思想主要是将内装修和管线系统从结构体中独立出来，因此其内装修施工大致可以归纳为以下几个原则：

（1）户内采用便于更新维修的配管形式，将管线系统与主体结构分离；

（2）户外设置专用的管道间，户内不设立管；

（3）采用可移动可拆卸的轻质隔墙，户内不设承重墙；

（4）按照优先滞后原则确定内装修的顺序，达到填充部品与主体结构分离。

2. 现场施工各部位性能要求及措施

住宅的舒适性、方便性以及安全性等性能要求在内装修施工中至关重要。本项目中各主要部位的性能要求及采取的措施如表8-6所示。

各部位性能要求及措施　　表8-6

部位	性能要求				
	舒适性方便性	隔音保温	安全性	可变性更换性	维护管理
地板	木地板 地毯	双层架空地板 橡胶支脚 隔音、保温夹层	材料健康环保 硬度舒适	双层结构	—
隔墙	墙纸	双层内墙 隔音、保温夹层	材料健康不燃 硬度舒适	可移动隔墙 不移动隔墙 非承重墙	24小时换气预留空调管道
顶棚	装饰顶棚板	吊顶 隔音、保温材料	材料健康不燃	双层结构	—
给水排水系统燃气系统	给水分水器	双层保温水管 排水管隔音	一对一配管 燃气泄漏 警报器	户外竖管 双层套管 内配管双层装修与结构体分离	冒头接管检查口
电器与照明系统	多插座	—	多系统管理 一对一配线	内配线双层装修与结构体分离	一对一配线
智能化系统	各房间接头	—	一对一配线	预留空管	一对一配线

舒适性和方便性是住宅中最为重要的性能。本项目中墙和顶棚大多在夹层外面贴PVC墙纸，美观清洁；管线系统有多处插头及出口，避免生活中需要延长、接驳和分叉，便于使用。

隔音性能是保证每户住户独立性的关键。本项目主要采用双层架空地板、橡胶支脚、地毯等措施防止噪声向下层传递，另外采用同层排水技术减轻排水噪声对下层的影响。

保温性能是为了保证室内的舒适度，提高暖通空调设备的效率。本项目在户内四周和上下都设有保温层，保温材料主要设在装修的夹层里。

安全性能主要考虑防火、健康、环保。本项目隔墙和吊顶的装修使用不燃材料，并配备报警装置；使用健康环保的材料，避免装修材料中的化学物质成分对健康带来的不良影响；此外对于管线采用简单明了的配置系统，避免交接和过多分叉，提高管线系统的安全性。

可变性和更换性是SI住宅中最突出的性能。通过内部与主体结构分离、可移动可拆卸轻质隔墙、预留检修口等措施实现内部空间的灵活多变和内装部品的易于维护更新。

3. 现场施工的流程

SI住宅内部空间的现场施工重点在于各部品的安装顺序和各部位的安装方法，支撑体与填充体分离、室内布局的灵活性和可变性等特点决定了其现场施工流程与传统住宅施工有所不同。本节将该项目现场施工的基本流程绘制如图8-10所示，各部位的安装方法将在下节详述。

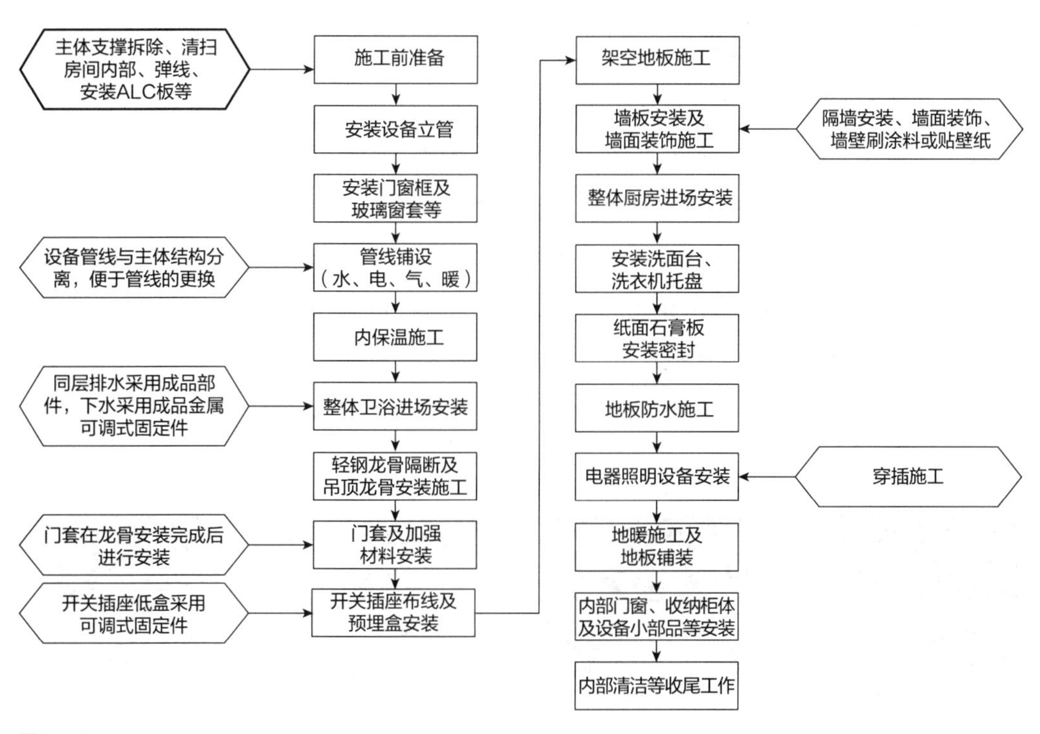

图8-10
SI住宅现场施工流程

8.4.3 现场施工各阶段细部做法

1. 开工准备

现场交底是施工开始的第一步。本SI住宅项目内装修施工的现场交底由开发商、设计师、工程监理、施工负责人四方参与，在现场由设计师向施工负责人详细讲解预算项目、图纸、特殊工艺，协调办理相关手续。

（1）图纸准备

交底时必须有的图纸包括原始结构图、平面家具布置图、地面布局图、天花板布局图、强弱电电路图、水位图、大样图、立面图以及相对应的节点图。

（2）技术准备

施工管理人员应熟悉施工图纸，熟悉具体的施工工艺，建立相应的质量检查制度。

（3）材料准备

根据设计汇总材料的品牌、规格、数量及材质，选择材料商供货；根据实际情况安排材料进场、验收及堆放；对材料进行使用追踪、清验。

（4）现场准备

内装修施工开始前的现场准备包括：拆除主体支架、修补主体结构、清扫房间内部、初步构造施工、安装ALC板、内部定位放线、安装设备立管。待主体模板拆除后立即进入配管、配线阶段，所有电线均为工厂加工，安装快捷；设备立管设置在户外专用的管道间，不在室内配置竖向管。此工序的关键点在于楼层预留洞口的封堵以及楼面水的临时排放问题。如图8-11所示。

2. 水电施工

项目中水电管线系统的施工采用与墙体分离的技术，既提高了内装的

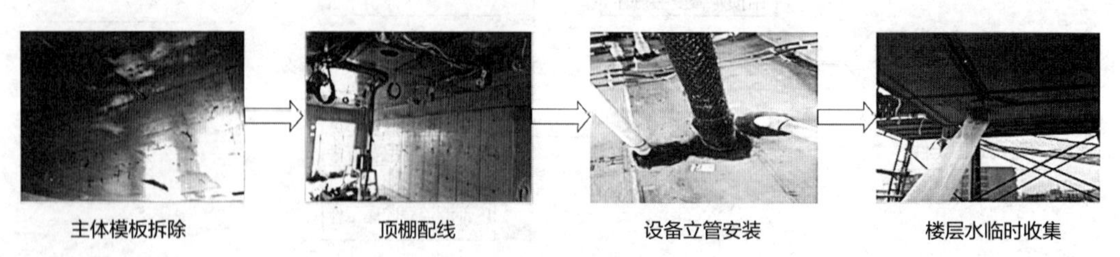

图8-11
现场准备施工要点

施工性，也坚固了日后设备管线的日常维护性，具体包括：外墙预设供空调使用的预留孔；在楼板下配置消防用中水管以及燃气、电路和各种信息网络等，并沿着隔墙导入各房间；地面上的供水管、供热水管以及地热和浴室用的循环加热水管全部只配置在结构体的外面，不埋进里面；另外使用的都是双层套管，将来老化后需要更换时，只需将里面的管抽出更换新的即可。

（1）给水系统

户内给水通过给水分水器进行，在套型内的合理位置设置分水器，生活给水系统干管通过分水器后，由一对一的双层给水支管分别接至住宅的各个功能部位，如厨房水池、浴室、洗手池、洗衣机、坐便器等处，如图8–12所示为双层管集中接头系统。给水管线敷设在架空地板与楼板结构面之间的10cm空间内，便于维修更换。另外，集中接头的管线检修孔洞设置在架空地板上，并明确标明每个接头和配管的去向，如图8–13所示。

（2）排水系统

为了使维修能够方便进行，排水系统采用同层排水方式。同层排水在住户内不配竖管只配水平管，把水平排水管全引到户外通过集中接头与竖管连接，竖管配置在公共走廊的边上，如图8–14所示。为了避免在分叉和连接处漏水，排水管同样采用一对一配管，所有配管集中接头，设检修口。由于不在中间设分叉和接头，排水不会产生回流，只需要很小的坡度就能保证流畅。

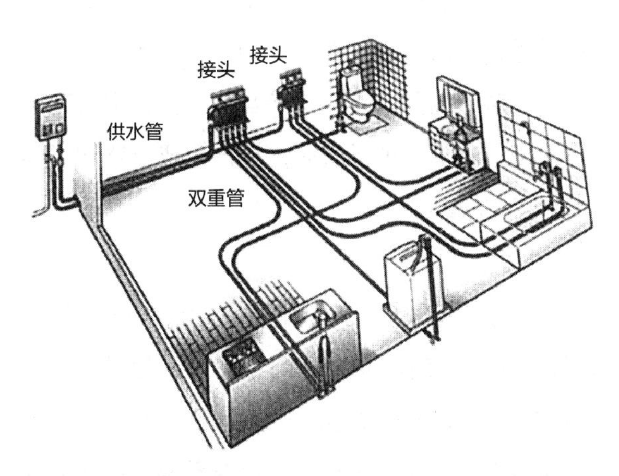

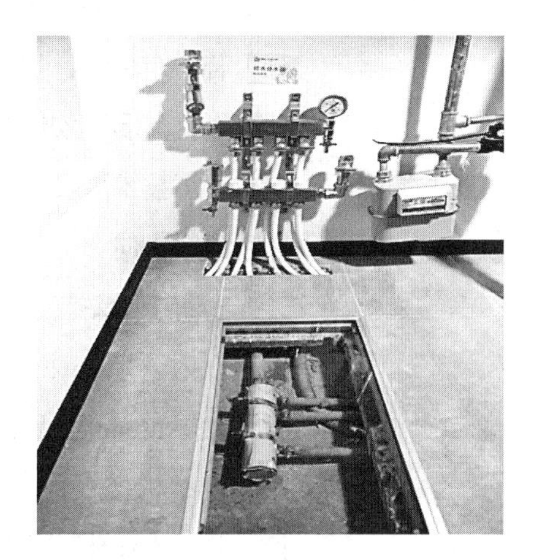

图8–12
供水系统图

图8–13
将检修孔洞设置在架空地板上

图片来源：
日本社团法人舒适生活协会

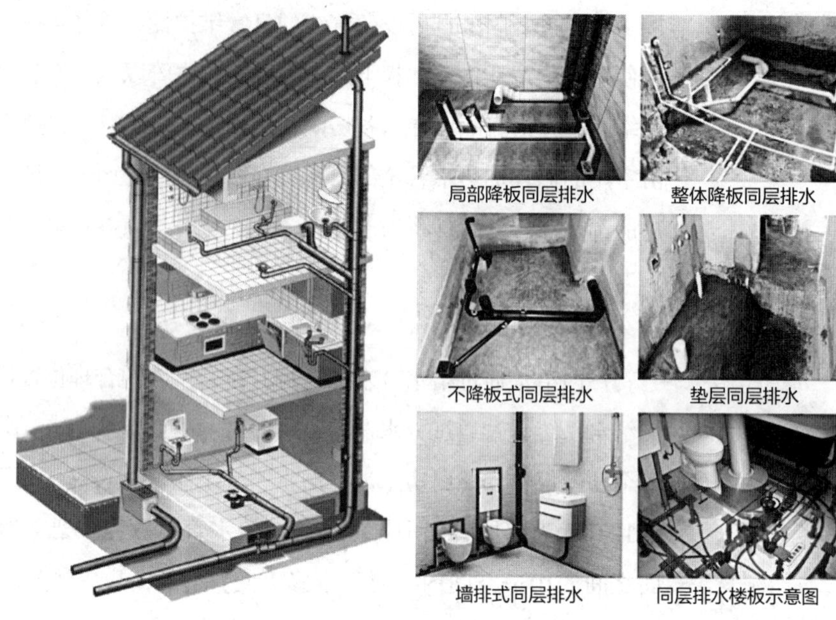

图8-14
同层排水示意图

图8-15
同层排水施工工艺

同层排水系统的施工目前主要有局部降板式同层排水、整体降板式同层排水、不降板式同层排水、垫层同层排水和墙排同层排水，如图8-15所示。每种施工方法都有其局限性和优势，适用范围也各不相同，使用时需要根据室内卫生间的尺寸、设计等合理选择。

（3）供电系统

供电工程的技术性强，既能简化工作，又能保证不出错是提高施工效率的关键。本项目采用单元式集成电路，如图8-16所示，它将供电系统分为若干个单元，每一个单元进行集成设计，在工厂加工成半成品，现场的工作就只剩下安装和连接。安装不需要电工，连接数量也少，很大程度上减少了技术人员的需求。实现这种施工的关键是能生产集成电路和明确标明配线去向。

3. 内隔墙施工

户内隔墙都采用双层结构的轻钢龙骨隔墙体系。采用50mm轻钢龙骨、双层12mm厚纸面石膏板，龙骨中间填充岩棉隔音系统，封板高度均以建筑结构楼板面起算，表面为3mm错缝拼钉，分层缝隙均用嵌缝带连接，并与工业化部品整合，对机电末端进行定位，同时对需要悬挂物品的部位进行必要的加固。图8-17为正在施工中的轻钢龙骨隔墙。

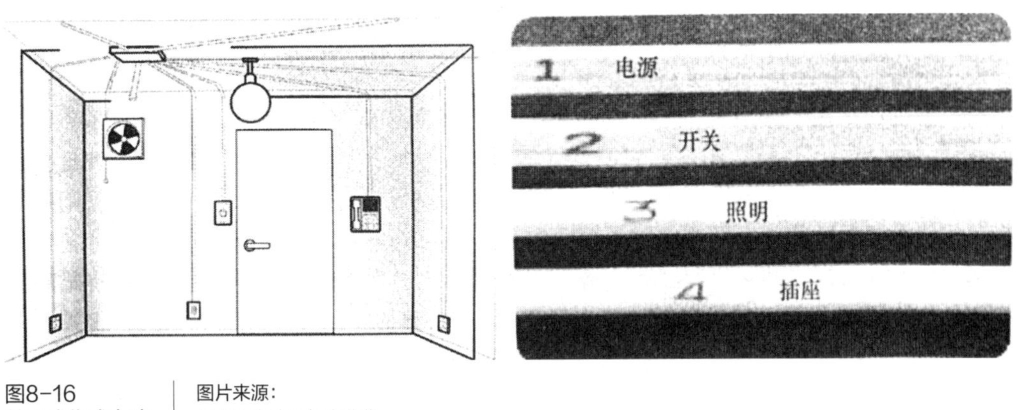

图8-16
单元式集成电路

图片来源：
日本住宅建设与产业化

图8-17
正在施工中的轻钢龙骨隔墙

图8-18
正在施工中的双层架空地板

4. 架空地板施工

双层架空地板由树脂或者金属地脚螺栓支撑和木板夹构成，下面配置各种管道和保温材料，上面首先是不同波长隔音性能的夹层，然后在其上面再铺夹板、地热板，最后是人们生活所接触的木地板，如图8-18所示。从混凝土面到木地板面的夹层厚度为200～300mm，地板与墙体交界处留出3mm左右缝隙，以防止夹层中的空气产生鼓胀效应。

5. 部品安装施工

（1）整体卫浴

整体卫浴在管线铺设完毕、内墙内保温施工完成之后，龙骨隔墙安装施工前进场安装，采用工厂标准化生产，搭积木式结构化组装。苏州科逸的整体卫浴安装从零起点到入住使用只需要4小时，其施工过程如图8-19所示。

（2）整体厨房

整体厨房作为住宅中使用频率最高的部品，其目前的工业化程度较高，市场普及率也较好。整体厨房的板件、连接件及厨房电器采用工厂标准化生产，现场进行装配式施工，在架空地板和墙面安装之后，纸面石膏板密封施工之前进场安装。博洛尼整体厨房的施工过程如图8-20所示。

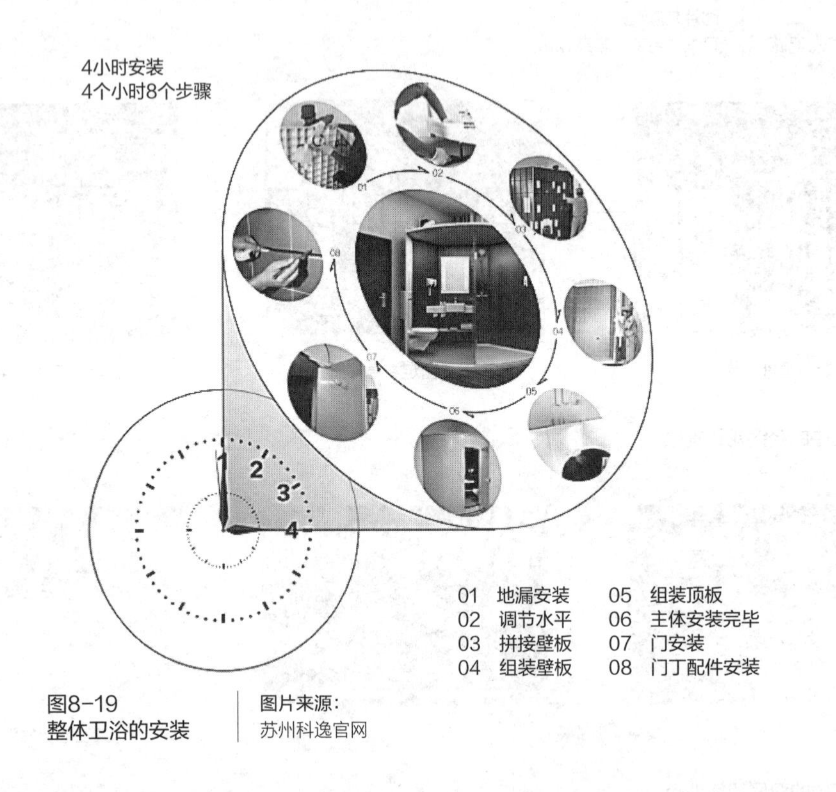

图8-19 整体卫浴的安装

图片来源：苏州科逸官网

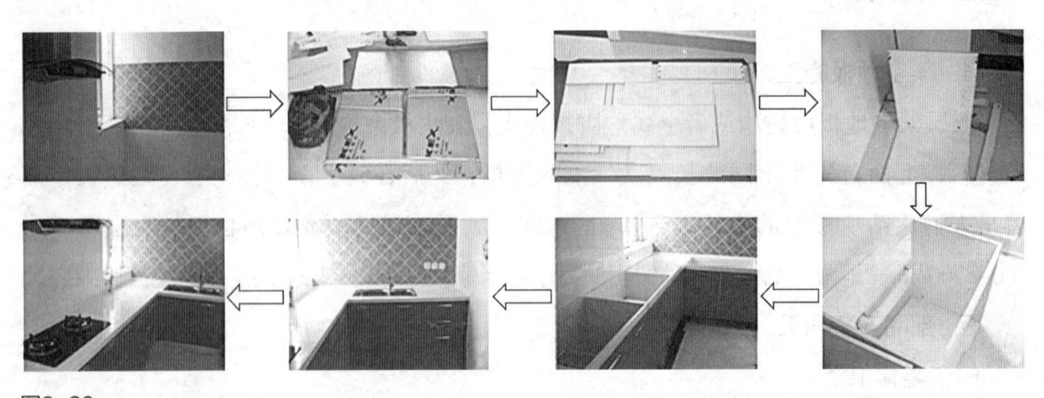

图8-20 整体厨房的安装

地板、踢脚线、墙纸收头

窗帘盒、空调安装

开关排列收头

照明设备安装

图8-21
设备部品安装及收头

（3）收纳及设备部品

整体收纳体系是应住宅产品精装化而产生的，其制作加工过程全部实现工厂化，家具厂家根据户内装饰设计中预留的空间确定家具的规格尺寸，设计其功能分格，在工厂加工完成后打包运至现场拼装完成，与SI体系住宅标准化、模数化，户内大开间、大纵深等特点相适应，包括门厅柜、卧室柜、储物柜等。所有柜体的水电终端的位置应在装饰设计时确定，以保证墙体水电预留位置与柜体安装条件相对应。装饰施工时，柜体厂家还应到现场对水电终端位置进行核查，不满足安装条件时应及时通知现场或加工厂家进行调整。

其他各设备部品的安装应保证住宅的美观度、舒适度和健康度等，如踢脚线、开关盒、门边套等不同材料交界处收头细致，施工精度高，如图8-21所示。

8.5 竣工交付

竣工交付指的是在建筑产品竣工验收合格后交付给用户的一个过程。竣工交付包括竣工验收和交付用户，SI体系住宅中的所有结构、部品都必须要通过竣工验收。由于用户参与SI体系住宅的设计，拥有选择内装部品的权利，因此，对于用户来说，其可以参与内装部品和部分私用设备的验收，如整体卫浴、整体厨房、轻质隔墙等。SI体系住宅产品除了通过开发商组织的竣工验收外，还应该通过用户的验收，验收合格后应该连同《住宅质量保证书》《住宅产品说明书》等一系列文件交付给用户。

8.5.1 竣工验收

在SI体系住宅中，竣工验收是指在SI体系住宅竣工后，建设单位会同设计、施工、设备供应单位以及工程质量监督等部门，对该项目是否符合规划设计要求以及建筑施工和设备安装质量进行全面检验后，取得竣工合格资料、数据和凭证的过程。

在住宅建筑的建设过程中以及竣工后，需要对其工程质量、建筑性能等进行多次验收，达到结构安全、可靠，设备齐全、便利以及内装合理、舒适。对于采用两阶段设计的SI住宅体系，其竣工验收可分为两个部分：用户参与的竣工验收和非用户参与的竣工验收。根据前述SI体系住宅的划分结果，可绘制出SI住宅体系下的竣工验收图，如图8-22所示。

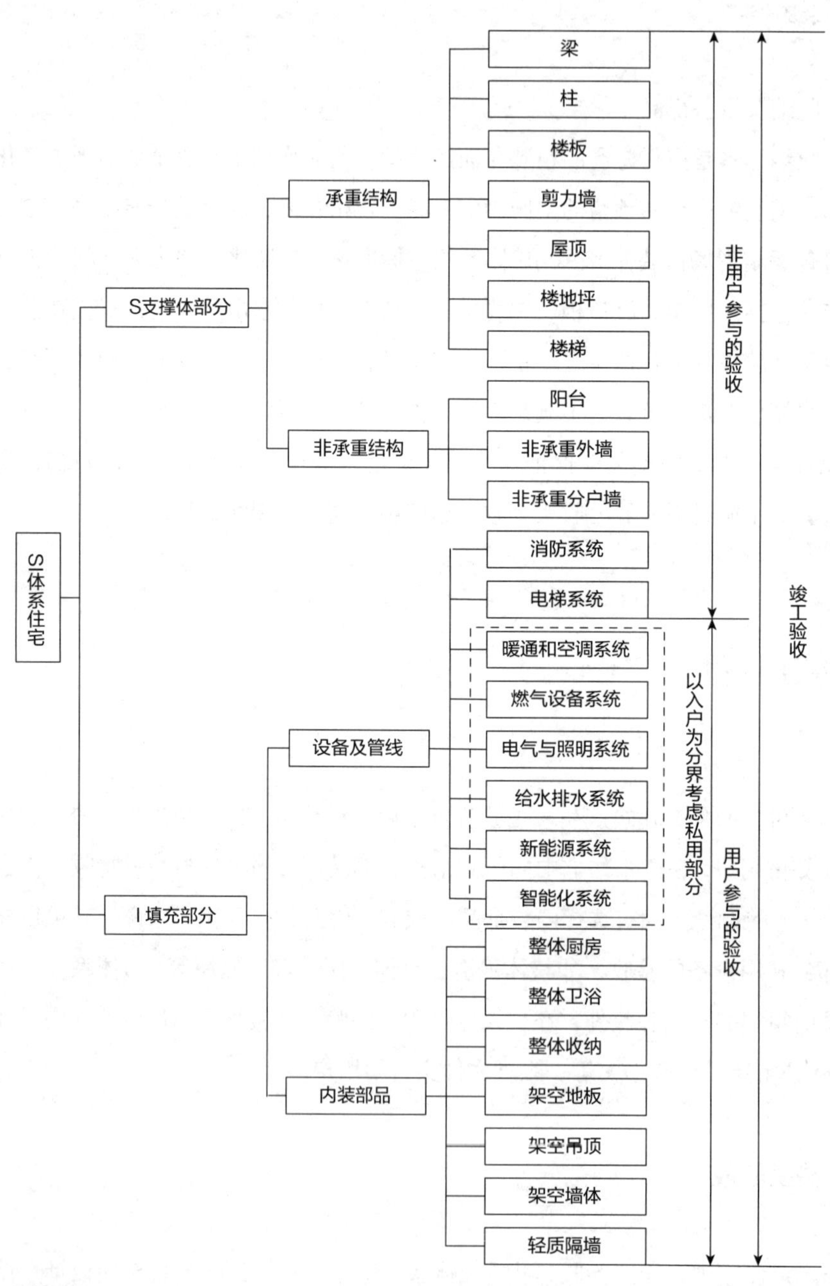

图8-22
SI住宅体系下的竣工验收

1. 非用户参与的验收

非用户参与的竣工验收主要包括支撑体部分的验收和公用设备系统的验收。支撑体部分的验收主要是为了确保其结构的完整性、稳定性、安全性。比如需要检验主体结构的耐久性和抗震性。在定期维护管理下，应该保证结构躯体经过数代时间仍能继续使用；在遭遇大规模地震时，确保主体结构没有致命损伤并能防止一般性损伤。公用设备系统主要是消防系统、电梯系统，验收时需要确保系统的稳定性、安全性。检验内容应该包括安全管理措施的到位情况、安全规章制度的健全情况、事故应急救援预案的建立情况等。

验收主要内容包括工程质量验收、住宅性能的验收、设计图纸审查以及安全性检验。通常来说，工程的质量验收可划分为检验批验收、分项工程验收、分部工程验收和单位工程验收，需要基于检验批验收资料，通过逐级汇集和抽查等，进行质量的复核，保证最终的工程质量，工程质量验收的操作程序如图8-23所示。住宅性能的验收主要是检验设备的运行性能以及住宅整体的各项性能比如声、光、热等性能。设计图纸审查主要包括方案设计、施工图设计等不同阶段的设计审查。安全性主要涉及的是结构安全、建筑部品安全、抗震安全、消防安全、用电安全、燃气安全、防盗安全等，这也是验收当中重要的一环。

2. 用户参与的验收

用户参与的验收主要包括内装部品的验收和私用设备的验收。SI体系住宅中用户拥有选择内装部品的自主权，如可以选择电器、卫浴装置的品牌。此外，用户参与设计的SI体系住宅中，用户可以自主选择户型，因此用户需要参与与其个性化需求相关的验收。内装部品的验收主要包括用以划分空间布局的轻质隔墙，用户自己选择的整体卫浴、整体厨房、整体壁柜等。对于架空地板、架空墙体等系统，用户可以对其使用、观感进行验收。

对于内装部品的验收主要包括检验其完整性、合理性，如部品安装后的牢固性、其连接是否紧密、是否与用户的需求一致、是否满足国家相关规范的要求等。SI体系住宅一个最重要的特点就是可变性，I的可变赋予了SI体系住宅灵活性，对于内装部品，由于其使用年限有限，必须要考虑更新维护，因此，验收时还需要考虑是否方便维修更换，检修口的位置是否合理等一系列问题。

除了内装部品的验收以外，用户参与的验收还包括私用设备的验收，如电气设备、暖通空调设备等。在SI体系住宅中，用户可以选择家用电器设备的品牌，因此在验收是应该检验其是否符合自己的需求、是否能够正常工作，其观感、性能是否与预期相符等。

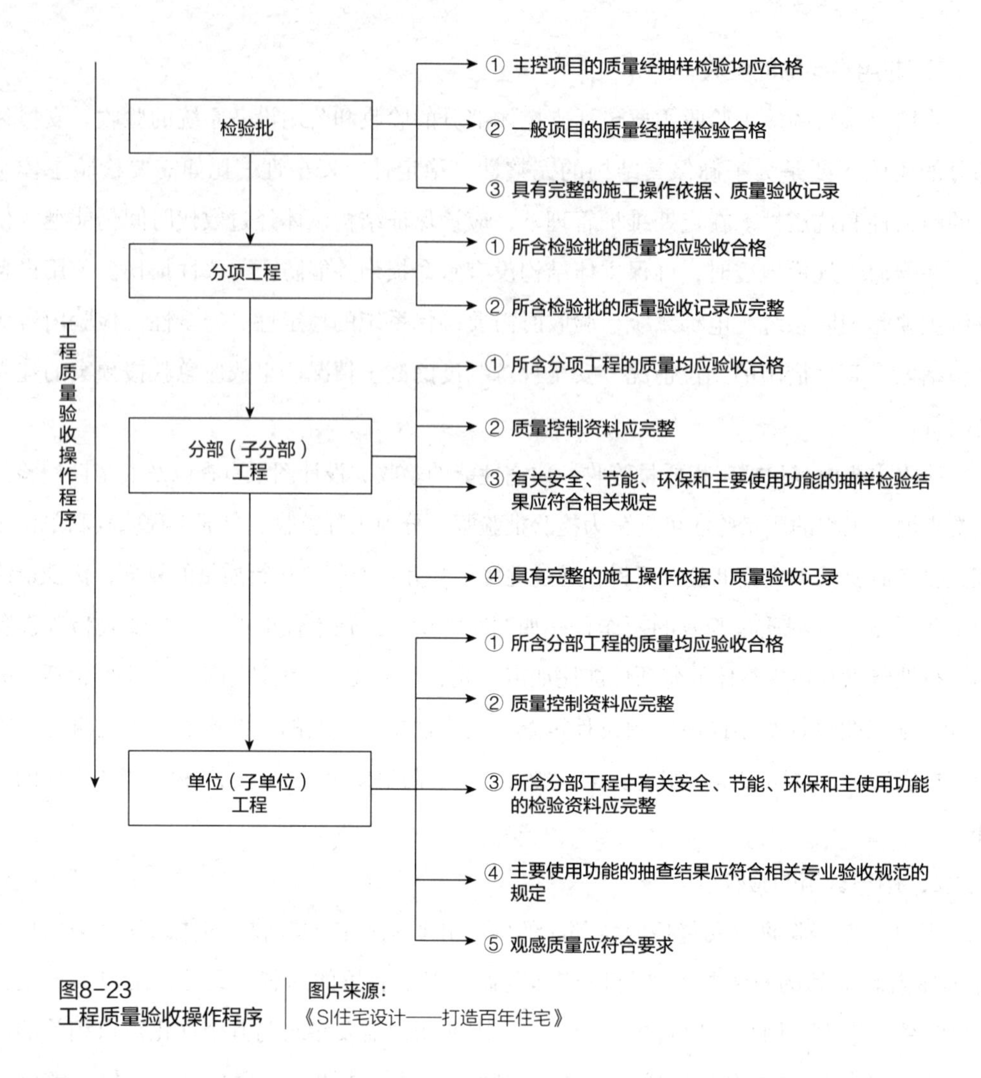

图8-23
工程质量验收操作程序

图片来源：
《SI住宅设计——打造百年住宅》

8.5.2 交付用户

交付用户指的是将竣工验收合格的SI体系住宅连同《住宅质量保证书》《住宅产品说明书》等一系列文件交付给用户的过程。用户的需求是可变的，随着时间的变化，用户可能由两口之家变为三口之家甚至多口之家，其对空间的要求也会发生变化，可能会对住宅进行重新装修。因此，对于可变的SI体系住宅，开发商应该交付给用户的除了验收合格的SI体系住宅、《住宅质量保证书》之外还应该附有一份详细的《住宅产品说明书》，如图8-24所示。

1.《住宅质量保证书》

《住宅质量保证书》是房地产开发商将新建成的房屋出售给购买人时，针对房屋质量向购买者做出承诺保证的书面文件，具有法律效力，开发商应依据《住宅质量保证书》上约定

图8-24
住宅质量保证书和住宅使用说明书

图片来源：
互联网

的房屋质量标准承担维修、补修的责任。《住宅质量保证书》主要包括相关责任主体验收确定的质量等级、地基基础和主体结构在合理使用寿命年限内承担保修、正常使用情况下各部位、各部件的保修内容和保修年限等内容。

一般来说，SI体系住宅的质量保证书与传统住宅的质量保证书没有太大的差别，其差别主要体现在各种内装部品的保修内容及保修年限上。传统住宅一般是开发商先建好住宅的主体结构及公共部分，然后出售给用户，即所谓的毛坯房，用户自己进行内装及设备的施工；或者开发商建好住宅的整体结构和内装后再卖给用户，即所谓的精装房。毛坯房的内装保修开发商不具有责任，精装房的内装保修由内装供应商负责。SI体系住宅采用了从专门的供应商处采购的整体卫浴、整体厨房、整体壁柜等内装部品，其保修内容及保修期限由供应商决定。

2.《住宅使用说明书》

《住宅使用说明书》是指对住宅的结构、性能和各部位（部件）的类型、性能、标准等做出说明，并提出使用注意事项的文件。传统的产品说明书包括房屋设施简况及主体结构、装修装饰、墙体、给水排水设施的基本情况等。SI体系住宅明确划分了共用和私用部分，其产品说明书与传统住宅产品说明书存在着很大的不同。一般来说，SI体系住宅的产品说明书应该包括：

（1）房屋建造单位（建设单位、设计单位、监理单位、质量监督单位、施工单位）、房屋结构类型（框架结构、剪力墙结构、砖混结构）、房屋设施简况如使用年限、净高、层高、耐火等级、抗震等级等；

（2）承重墙、非承重墙的位置及材质，并着重说明哪些墙是可以拆除的哪些墙是不能拆除的，是否可以进行轻微改装，改装的位置在哪里，是否可以在墙上开洞安装门窗等等，确保用户后期自身进行装修的安全性；

（3）承重柱的位置，并着重说明不得在承重柱上进行打孔穿管；

（4）给水排水：给水排水系统采用的水表型号、供水方式、计费方式，卫生间、厨房供水排水采用的管线型号及材质，热水供应是采用燃气热水器、电热水器还是太阳能热水器；

（5）供暖：供暖类型，如采用干式地暖应附有使用说明书并按规定提供保修；

（6）电气：室内主要电气设备如照明、空调等的功率、厂家、说明书及检修口位置，配电箱位置及其负荷；

（7）内装部品：采用整体卫浴、整体厨房应该提供厨房、卫浴设备的厂家、说明书及检修口位置；

（8）管线：室内水电的引源、走向和线路，方便用户后期重新装修时不会损害线路；

（9）装修：装修的主要材料及其厂家、环保指标，如卫生间墙面、地面所用瓷砖的规格；

（10）门窗：门窗的尺寸参数、型号及厂家；

（11）网络：网络接口、网线材质及电话插座位置；

（12）电视：有线入户、卫星电视入户、附使用说明书；

（13）消防：消防栓位置，是否设置喷淋灭火系统、自动报警系统；

（14）安全：紧急逃生通道和避难所的位置；

（15）设备部品的安装拆卸方式及耐用年限。

3. 结构及设备的后期检修计划

SI住宅产品本身及其所附的《住宅质量保证书》与《住宅产品说明书》是在交房时需要交付给用户的内容，但实际由于住宅产品的特殊性，其在后期的物业管理上往往会出现各种问题，因此后期的定期检修和维护管理也是非常重要的。所以，SI体系住宅的交付还应该加上其结构及设备的后期检修计划。

对于结构及设备等公共部分，应该制定强制性的检修计划。住宅交付后应该定期进行强制性的检修，并定期更换耐久性较短的公共设备，以确保SI体系住宅的耐久性和稳定性。由专业的物业管理部门负责维护检修，检修及更换的费用从物业费当中支取。对于内装及户内的私用部分，如整体厨房、整体卫浴、系统收纳等，由用户进行维护，开发商可以结合各功能空间不同部品的使用寿命以及用户的意愿进行不定期的检修。在交房时可以提供给住户一份关于内装部品检修时长的清单，到了规定年限之后，用户可以选择是否检修，如需检修可与物业管理部门联系，并支付一定的费用。

参考文献

[1] 刘志峰．转变发展方式 建造百年住宅（建筑）[J]．城市住宅．2010（7）.

[2] 刘东卫．SI住宅与住房建设模式.体系·技术·图解[M]．北京：中国建筑工业出版社，2016.

[3] 刘东卫．SI住宅与住房建设模式.理论·方法·案例[M]．北京：中国建筑工业出版社，2016.

[4] 王笑梦，马涛．SI住宅设计——打造百年住宅[M]．北京：中国建筑工业出版社，2016.

[5] 李忠富．住宅产业化论[M]．北京：中国建筑工业出版社，2018.2.

[6] 李忠富，孙丽梅．住宅产业化发展中的SI体系研究[J]．工程管理学报，2014（3）：47-51.

[7] 秦国栋．SI住宅体系的技术与应用研究[D]．山东大学，2012.

[8] 井关和朗，李逸定．KSI住宅可长久性居住的技术与研发[J]．建筑学报，2012（4）：33-36.

[9] 许丕财．CSI住宅的可变性研究[D]．山东建筑大学，2012.

[10] 鞠瑞红．住宅产业化进程中的SI住宅体系设计研究[D]．山东建筑大学，2011.

[11] 刘东卫，李景峰．CSI住宅——长寿化住宅引领住宅发展的未来[J]．住宅产业，2010（11）：59-60.

[12] 欧阳建涛．中国城市住宅寿命周期研究[D]．西安建筑科技大学，2007.

[13] 兰显荣，魏宏杨．基于“开放建筑”理论的住宅工业化途径探讨[J]．建筑与文化，2015（7）：192-193.

[14] 董斯静．本土化视野下集合住宅设计研究[D]．昆明理工大学，2014.

[15] 龚梦雅．我国集合住宅套型适应性设计研究[D]．清华大学，2014.

[16] 刘雨夏．集合住宅范式解析[D]．西安建筑科技大学，2010.

[17] 江璐．集合住宅公共部位设计研究[D]．同济大学，2008.

[18] 刘东卫，蒋洪彪，于磊．中国住宅工业化发展及其技术演进

[J]. 建筑学报，2012（4）：10-18.
[19] Renee Chow. 从开放建筑到开放的城市肌理组织[J]. 建筑技艺，2013（1）：90-91.
[20] 陈小波，刘禹. 基于BIM技术的SI住宅项目管理体系研究[J]. 建筑经济，2014（7）：28-31.
[21] 李忠富，韩叙. SI住宅体系接口类型及方法研究[J]. 工程管理学报，2017（3）：87-91.
[22] 张福雪. 基于个性化需求的产业化住宅设计研究[D]. 沈阳建筑大学，2013.
[23] 曹新颖. SI住宅建设过程多主体协同机制研究[D]. 大连理工大学，2015.
[24] 孙丽梅. CSI体系保障性住房的产业化建设理论研究[D]. 大连理工大学，2014.
[25] 张守仪. SAR的理论和方法[J]. 建筑学报. 1981，6（6）：1-10.
[26] 范悦，程勇. 可持续开放住宅的过去和现在[J]. 建筑师. 2008（3）：90-94.
[27] 张宁. SI体系内装工业化研究[D]. 大连理工大学，2016.
[28] 王全良. 大力推广CSI住宅建设实现住宅产业发展新突破[J]. 住宅产业，2009：34-35.
[29] 住房和城乡建设部住宅产业化促进中心.CSI住宅建设技术导则（试行）[S].北京：中国建筑工业出版社，2010.
[30] 深尾精一，耿欣欣. 日本走向开放式建筑的发展史[J]. 新建筑. 2011.6.
[31] 马韵玉，王芳. 日本SI可变住宅节约理念[J]. 建设科技，2005（2）：46-48.
[32] 秦姗，伍止超，于磊. 日本KEP到KSI内装部品体系的发展研究[J]. 建筑学报. 2014（7）：17-23.
[33] 国家住宅与居住环境工程技术研究中心. 以住宅产业化手段打造雅世合金公寓[J]. 住宅产业，2013（1）：23-24.
[34] 鲍家声. 支撑体住宅[M]. 南京：江苏科学技术出版社，1988.
[35] 国家住宅与居住环境工程技术研究中心，本书编写组. SI住宅建造体系设计技术[M]. 北京：中国建筑工业出版社，2013.
[36] 刘长春. 工业化住宅室内装修模块化研究[M]. 北京：中国建筑工业出版社，2016.
[37] 房屋建筑学教材选编小组. 房屋建筑学[M]. 北京：中国建筑

工业出版社，1961.
[38] 杨金铎. 建筑构造 [M]. 北京：中国建材工业出版社，2013.
[39] 郝飞. 开放住宅在中国城市住宅演变中的表现及设计手法研究 [D]. 大连理工大学，2009.
[40] 松村秀一，田边新一. 21世纪型住宅模式 [M]. 陈滨，范悦，译. 北京：机械工业出版社，2006.
[41] 中国国家标准化管理委员会. 中华人民共和国国家标准住宅卫生间功能及尺寸系列GB/T11977—2008 [S]. 2008-11-04.
[42] 秦姗. 基于SI体系的可持续住宅理论研究与设计实践 [D]. 中国建筑设计研究院，2014.
[43] 刘长春，张宏，淳庆. 基于SI体系的工业化住宅模数协调应用研究 [J]. 建筑科学，2011，27（7）：59-61.
[44] 杨晓琳. 基于体系分离的高层开放住宅设计方法研究 [D]. 华南理工大学，2016.
[45] 何雨薇. SI体系住宅支撑体结构的实现方式及质量保证 [D] .大连理工大学，2016.
[46] 樊京伟. 当代国内SI住宅实践研究 [D]. 北方工业大学，2016.
[47] 李佳莹. 中国工业化住宅设计手法研究 [D]. 大连理工大学，2010.
[48] 李南日. 基于SI理念的高层住宅可持续设计方法研究 [D]. 大连理工大学，2010.
[49] 李鹏. 基于开放建筑理论的保障性工业化建造住宅设计研究 [D]. 哈尔滨工业大学，2013.
[50] 刘东卫. 新型住宅工业化背景下建筑内装填充体研发与设计建造 [J]. 建筑学报，2014（7）.
[51] 郝飞. 日本SI住宅的绿色建筑理念 [J]. 住宅产业，2008（2）.
[52] 胡婉旸. 住宅质量管理制度研究 [D]. 清华大学，2013.
[53] 王俊. 房地产项目精细化质量管理体系的构建研究 [D]. 中南大学，2013.
[54] 彭晖. 精细化管理在房地产企业工程管理中的应用研究 [D]. 天津大学，2011.
[55] 李东辉，范悦. 被动式太阳能采暖技术与SI住宅体系结合的适应性探讨 [J]. 住宅产业，2009（Z1）：69-71.
[56] 吴东航，章林伟. 日本住宅建设与产业化（第二版）[M]. 北京：中国建筑工业出版社，2016.
[57] 谷明旺. PC住宅中预制墙体不同安装方法的探讨 [J]. 深圳土木&建筑，2015（1）：87-90.

[58] 中华人民共和国住房和城乡建设部. 中华人民共和国国家标准 GB/T 50002—2013：建筑模数协调标准[S]. 北京：中国建筑工业出版社，2013.
[59] 中建一局集团第三建筑有限公司，本书编写组. SI住宅建造体系施工技术——中日技术集成型住宅示范案例·北京雅世合金公寓[M]. 北京：中国建筑工业出版社，2013.
[60] 中华人民共和国住房和城乡建设部. 中华人民共和国行业标准 JGJ1—2014：装配式混凝土结构技术规程[S]. 北京：中国建筑工业出版社，2014.
[61] 高颖. 住宅产业化——住宅部品体系集成化技术及策略研究[D]. 同济大学，2006.
[62] 娄霓. 住宅内装部品体系与结构体系的发展[J]. 建筑技艺，2013(1).
[63] 钟元. 面向制造和装配的产品设计指南[M]. 北京：机械工业出版社，2011.
[64] 中华人民共和国住房和城乡建设部. 中华人民共和国国家标准 GB/T 51231—2016：装配式混凝土建筑技术标准[S]. 北京：中国建筑工业出版社，2016.
[65] 金鸿祥. 刍议混凝土的预制和现浇[EB/OL]. https://www.toutiao.com/i6306981944198431234/
[66] 何晓凯. 浅谈装配式混凝土结构的优缺点[J]. 中国房地产业，2016(6).
[67] 袁海梅. 新型叠合梁的抗弯性能研究[D]. 湖南大学，2013.
[68] 刘永欣. 装配式建筑不同混凝土楼板的优化选型[D]. 聊城大学，2017.
[69] 孙迪. 预制-现浇组合混凝土楼板结构性能试验研究[D]. 华北理工大学，2015.
[70] 李逸晨. 装配式建筑及预制墙材构件的发展动态[J]. 砖瓦世界，2017(7)：43-51.
[71] 杨嗣信. 对混凝土框架剪力墙结构装配化施工的若干建议[J]. 建筑技术开发，2015，42(9)：8-11.
[72] 孔雯雯. 面向大规模定制的住宅装修产业化实现体系[D]. 大连理工大学，2014.
[73] 闫英俊，刘东卫，薛磊. SI住宅的技术集成及其内装工业化工法研发与应用[J]. 建筑学报，2012(4)：55-59.
[74] 中国建筑标准设计研究院. 装配式建筑系列标准应用实施指

南（装配式混凝土结构建筑）[M]. 北京：中国计划出版社，2016.
[75] 富笑玮，刘小新，朱伟. SI住宅干式内装系统墙体管线分离施工技术[J]. 施工技术，2011，40（14）：44-45.
[76] 孙平，李忠富，王要武. 房地产企业面向顾客满意的两阶段住宅设计与实施[J]. 土木工程学报，2005（10）：138-142.
[77] 李忠富，戴利人，孔雯雯. 面向大规模定制的住宅装修设计模式[J]. 建筑设计管理，2014，31（10）.
[78] 张敏. 基于BIM的SI内装部品管理信息系统[D]. 大连理工大学，2018.
[79] 刘禹，李忠富.SI体系建筑产业组织模式及其实现路径研究——基于敏捷建造模式[J]. 建筑经济，2016（02）：14-17.
[80] 李忠富，李晓丹. 建筑工业化与精益建造的支撑和协同关系研究[J]. 建筑经济，2016（11）：92-97.
[81] 建筑工业化及发展状况[J].中国建筑金属结构，2016（03）：22-25.
[82] 李慧民，赵向东，华珊等. 建筑工业化建造管理教程[M]. 北京：科学出版社，2017.04.
[83] 陈振基. 住宅产业化≠建筑工业化≠装配式建筑≠PC建筑[J]. 住宅与房地产，2017（08）：56-57.
[84] 庄丽，白国庆，董骅等. 浅谈我国装配式建筑的发展现状与未来发展趋势[J]. 价值工程，2017（17）：169-171.
[85] 齐宝库，张阳. 装配式建筑发展瓶颈与对策研究[J]. 沈阳建筑大学学报（社会科学版），2015（02）：156-159.
[86] 杨晓川，钱乔峰，汤朝晖. 国内建筑工业化背景下预制装配式建筑特点及适应性初探[J]. 价值工程，2015（27）：78-82.
[87] 李滨. 我国预制装配式建筑的现状与发展[J]. 中国科技信息，2014（07）：114-115.
[88] 柳时强. 内装工业化有利于产业转型升级[N]. 广东建设报.
[89] 陈虹霖. 住宅产业化进程中内装部品体系研究[D]. 重庆大学，2017.
[90] 徐敏. 内装工业化渐成建筑业发展新趋势[N]. 建筑时报.
[91] 周静敏，苗青，司红松等. 住宅产业化视角下的中国住宅装修发展与内装产业化前景研究[J]. 建筑学报，2014（07）：1-9.
[92] 胡惠琴. 新型内装工业化与住宅产业化发展[J]. 建筑学报，2014（07）：59-61.

[93] 李忠富. 再论住宅产业化与建筑工业化 [J]. 建筑经济，2018（01）：5-10.

[94] 李珊珊，郭航. 开放住宅的工业化建造研究 [J]. 城市住宅，2017（07）：61-64.

[95] 刘东卫，刘若凡，顾芳. 国际开放建筑的工业化建造理论与装配式住宅建设发展模式研究 [J]. 建筑技艺，2016（10）：60-67.

[96] 宋德萱，朱丹. 工业化建造在可持续住宅中的应用 [J]. 住宅科技，2014（08）：31-34.

[97] 李鹏. 基于开放建筑理论的保障性工业化建造住宅设计研究 [D]. 哈尔滨工业大学，2013.